商店叢書 (81)

餐飲業如何提昇業績

吳應權　編著

憲業企管顧問有限公司　發行

《餐飲業如何提昇業績》

序　言

餐飲業種類繁多，規模可大可小，經營者參與意願極高，跨入門檻不高，一旦經營上手，亦可建構起大企業或連鎖大企業；在「個人投資就業項目調查」資料裏，早已將「經營或投資餐飲業」列為首選目標。

餐飲業的興衰，是生活水準的最佳表徵，作者此書《餐飲業如何提昇業績》是專門「針對餐飲業之經營管理而撰寫」的進階工具書，是作者在餐飲業之授課教材，吸收精華而編輯。特點之一是「針對性強」，本書特點之二是「實用性強」，以作者在餐飲業的工作經驗，並吸收了大量的餐飲界管理案例，內容具體實在，操作性高。

希望這本書對讀者在經營中式或西式餐廳、飯店、酒店、小吃店、速食店，有所幫助，這是我們最大的欣慰！

2021 年 9 月

《餐飲業如何提昇業績》

目　錄

1 餐飲店組織機構與工作內容

餐飲店的組織機構是確定各成員之間相互關係的結構，其目的是為了增強實現經營目標的能力，更好地組織和控制所屬職工和群體的活動。

一、餐飲業的主要職能

餐飲管理的任務，是全面負責餐飲產品的產、供、銷活動，組織客源，擴大銷售，降低成本，提高品質，以滿足客人需要，獲得最大的經濟效益。

圖 1-1　餐飲組織縱向圖

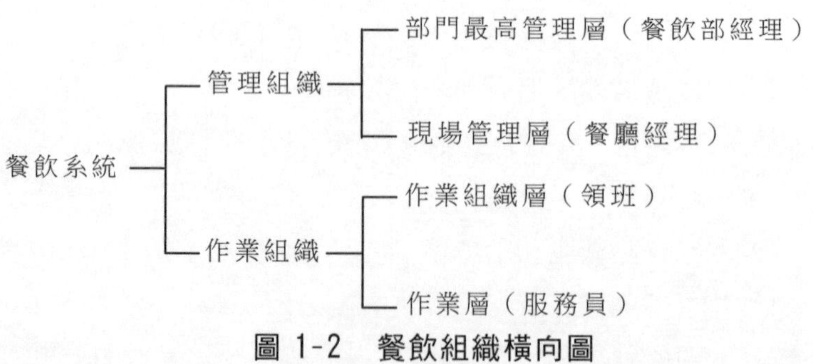

圖 1-2　餐飲組織橫向圖

管理機能——計劃、促銷、核算、成本控制、其他。

作業機能——採購、驗收、儲存、領發、生產、銷售、其他。

二、餐飲工作人員的崗位職責

餐飲工作人員各公司的名稱互異，但都應熟悉個人職責、工作項目內容、組織關係及工，作目的。

1. 經理

⑴組織機構關係

直屬主管——總經理。

管轄——餐廳經理及所有員工。

聯繫——其他部門經理、主管。

⑵主要職責

①管理整個餐飲部的正常運轉，執行計劃、組織、督導及控制等工作，使賓客得到更大的滿足，達到預期的效益。

②負責策劃餐飲特別推廣宣傳活動。

③每天審閱營業報表，進行營業分析，作出經營決策。

④制定各類人員操作流程和服務規範。

⑤建立和健全考勤、獎懲和分配等制度，並切實予以實施。

⑥與行政副總廚、公關營銷部、宴會預定員一起研究制定長期和季節性菜單、酒單。

⑦督促做好食品衛生和環境衛生。

⑧負責對大型團體就餐和重要宴會的巡視、督促。

⑨處理客戶的意見和投訴，緩和不愉快局面。

⑩負責員工的業務知識與技術培訓。

⑪審閱和批示有關報告和各項申請。

⑫協助人員部門做好定崗、定編、定員工作。

⑬參加餐廳例會及業務協調會，建立良好的公共關係。

⑭主持部門例會，協調各部門內部工作。

⑮分析預算成本、實際成本，制定售價，控制成本，達到預期指標。

⑯擬定最新水準的食品配方資料系統。

⑰協調內部衝突，處理好聘用、獎勵、處罰、調動等人事工作，處理員工意見及糾紛，建立良好的下屬關係。

2. 經理助理

⑴組織機構關係

直屬主管——經理。

聯繫——餐飲部。

⑵主要職責

①負責起草、整理、列印、存放、分發、呈送有關通知啟事、報告等。

②接聽電話，接待來訪，瞭解對方意圖並轉告經理。

③制定工作備忘錄，提醒經理及時作出安排。

④收集和整理餐飲方面的信息資料。

⑤負責部門薪資、獎金的發放。

⑥負責部門辦公物資用品的領發、保管。

⑦負責部門管理人員的考勤工作。

⑧完成經理交辦的其他各項任務。

3. 餐廳經理

⑴組織機構關係

直屬主管——經理。

管轄—— 指定範圍內的領班和服務人員。

聯繫——廚師長、管事部和餐廳內其他部門。

⑵主要職責

①掌握餐廳內的設施及活動監督及管理餐廳內的日常工作。

②安排員工班次，核准考勤表。

③對員工進行定期的培訓，確保餐廳的策略及標準得以貫徹執行。

④經常檢查餐廳內的清潔衛生、員工個人衛生、服務台衛生，以確保賓客的飲食安全。

⑤與賓客保持良好關係，協助營業推廣、徵詢及反映賓客的意見和要求，以便提高服務品質。

⑥與廚師長聯繫有關餐單準備事宜，保證食品控制在 最好水準。

⑦監督每次盤點及物品的保管。

⑧主持召開餐前會，傳達上級指示，作餐前的最後檢查，並在餐後作出總結。

⑨直接參與現場指揮工作，協助所屬員工服務和提出改善意見。

⑩審理有關行政檔，簽署領貨單及申請計劃。

⑪督促及提醒員工遵守餐廳的規章制度。

⑫推動下屬大力推銷產品。

⑬負責成本控制，嚴格堵塞偷吃、浪費、作弊等漏洞。

⑭填寫工作日記，反映餐廳的營業情況服務情況賓客投訴或建議等。

⑮負責餐廳的服務管理，保證每個服務員按照餐廳規定的服務流程、標準去做，為賓客提供高標準的服務。

⑯經常檢查餐廳常用貨物準備是否充足，確保餐廳正常運轉。

⑰每日瞭解當日供應品種、缺貨品種、推出的特選等，並在餐前會上通知到所有服務人員。

⑱及時檢查餐廳設備的狀況，做好維護保養工作、餐廳安全和防火工作。

4. 餐廳領班

⑴組織機構關係

直屬主管——餐廳經理。

管轄——服務員及見習生。

⑵主要職責

①接受餐廳經理指派的工作，全權負責本區域的服務工作。

②協助餐廳經理擬訂本餐廳的服務標準、工作流程。

③負責對本班組員工的考勤。

④根據客情安排好員工的工作班次，並視工作情況及時進行人員調整。

⑤督促每一個服務員以身作則大力向賓客推銷產品。

⑥指導和監督服務員按要求與規範工作。

⑦接受賓客訂單、結帳。

⑧帶領服務員做好班前準備工作與班後收尾工作。

⑨處理賓客投訴及突發事件。

⑩經常檢查餐廳設施是否完好，及時向有關部門彙報傢俱及營業設備的損壞情況，向餐廳經理報告維修事實。

⑪保證出口準時、無誤。

⑫營業結束後，帶領服務員搞好餐廳衛生，關好電燈、電力設備開關，鎖好門窗、貨櫃。

⑬配合餐廳經理對下屬員工進行業務培訓，不斷提高 員工的專

業知識和服務技能。

⑭與廚房員工及管事部員工保持良好的關係。

⑮當直屬餐廳經理不在時，代行其職。

⑯核查帳單，保證在交賓客簽字、付帳前完全正確。

⑰負責重要賓客的引座及送客致謝。

⑱完成餐廳經理臨時交辦事項。

5.餐廳迎賓員

(1)組織機構關係

直屬主管——餐廳經理。

聯繫——區域領班及服務員。

(2)主要職責

①在本餐廳進口處，禮貌地迎賓客，引領賓客到適當座位，協助拉椅，以便賓客入座。

②通知區域領班或服務員，及時送上菜單及其他服務。

③清楚認識餐廳內所有座位的位置及容量，確保相應的座位上有相適當的人數。

④將賓客平均分配到不同的區域，平衡工作量。

⑤在營業高峰期，若餐廳座位全滿，應建議賓客等候或將其名字登記在記錄本內，以誠懇助人的態度向賓客解釋，有位置立即予以安排。

⑥當賓客表示不願意等候時，應推薦其到酒店內其他餐廳。

⑦記錄所有意見及投訴，盡可能及時彙報給直屬餐廳經理，以便處理。

⑧接受賓客的預訂。

⑨婉言謝絕賓客的預訂。

⑩幫助賓客放衣帽雨傘等物品。

6.餐廳服務員

(1)組織機構關係

直屬主管——餐廳經理、領班。

管轄——見習生。

聯繫——廚房員工、管事部員工。

(2)主要職責

①負責擦淨餐具、服務用具，搞好餐廳衛生工作。

②按餐廳指定的規格流程擺台，服務前做好一切準備工作。保證所有餐具清潔無斑跡，裝滿所有調味盅。

③負責補充工作台，撤走餐廳及將工作台上餐具送至洗碗間。

④熟悉各種菜餚、酒水，做好推銷工作。

⑤按餐廳規定的服務流程和規格，為賓客提供盡善盡美的服務。

⑥負責賓客走後翻台或為下一餐擺台。

⑦接受客人訂單，做好收款結帳工作。

⑧與見習生一起，做好收尾結束工作。

⑨帶領見習生到倉庫領貨，負責餐廳用具的點數、送 洗、記錄工作。

⑩保證賓客準時無誤地得到出品。

⑪隨時留意賓客的動靜，以便賓客呼喚時能迅速作出反應。

⑫積極參加培訓，不斷提高服務技能、服務品質。

⑬牢記使賓客滿意並不難，但需要多一些微笑、多一些問候、多一些服務。

7. 餐廳傳菜員

⑴組織機構關係

直屬主管——廚房主管或餐廳主管。

聯繫——廚房員工、餐廳服務員。

⑵主要職責

①負責將領班訂單上所有菜餚按上菜次序準確無誤地送到點菜賓客的值台服務員處。

②開餐前負責準備好調料、配料及走菜用具，並主動配合廚師做好出菜前的準備工作。

③協調餐廳服務員將工作台上的髒餐具、空菜盤撤回洗碗間並分類擺放。

④負責小毛巾的洗滌、消毒工作或去洗衣房領取洗好的小毛巾。

⑤負責傳菜和規定地段的清潔衛生。

⑥保管出菜單，以備核查。

8. 宴會部經理

⑴組織機構關係

直屬主管——餐飲部經理。

管轄——宴會廳經理、銷售預訂經理。

聯繫——宴會廚房、管事部、酒吧。

⑵主要職責

①制定宴會部的市場推銷計劃、經營預算和目標，建立並完善宴會部的工作流程和標準，制定宴會各項規章制度並指揮實施。

②參加餐廳管理人員會議和餐飲部例會、宴會部例會，完成上傳下達工作。

③負責下屬的任命，安排工作並督導日常工作，控制宴會部市場

銷售、服務品質、成本，保證宴會部各環節正常運轉。

④建立完善宴會日記、客戶合約和宴會預訂單的存檔。

⑤與餐飲部經理和行政總廚溝通協調，共同議定宴會 的菜單、價格。

⑥與其他部門溝通、協調、密切配合。

⑦定期對下屬進行績效評估，按獎懲制度實施懲懲；組織、督導、實施宴會部的培訓工作，提高員工素質。

⑧完成餐飲部經理分派的其他工作。

9. 宴會銷售經理

(1)組織機構關係

直屬領導——宴會部經理。

聯繫——宴會廚房、管事部、酒吧銷售部等。

(2)主要職責

①制定一週的出訪計劃並提交宴會部經理，週末與宴會部共同回顧一週的出訪情況，並作出總結。

②填寫卡片，做銷售報告，詳細記錄每次出訪情況，按字母順序排列存放，以便查訪。

③與銷售部密切溝通，共同處理經銷售部接洽的活動。

④出訪宴會客戶。

⑤解決來訪賓客的需求，向賓客提供必要信息、建議，供賓客參考。

⑥起草確認信，並保存賓客寄回經簽字確認後的副本。

⑦如既定活動發生變動，要填發更改單。

⑧實地檢查接待工作準備情況，保證所有安排兌現；與宴會廳經理協調，確保接待服務的落實。

⑨在開餐前恭候賓客的到來。

⑩與有關部門協調，解決賓客的特別需求。

⑪活動完畢後，向客戶發感謝信。

⑫收集宴會活動後賓客反映的情況，回饋給宴會部經理，以便處理或修正。

⑬處理宴會部經理指派的與宴會有關的特殊事務，參加餐廳的活動，做好公關。

10.管理事部經理

(1)組織機構關係

直屬主管——經理。

管轄——管事部領班、洗碗工、擦銀工、雜役、保管員。

(2)主要職責

①直接向餐飲部經理彙報工作，全權負責整個管事部的運轉，包括制定與實施工作計劃，培訓管事部的員工，合理控制餐具破損數目和遺失數目。

②確保管轄範圍內的清潔衛生，餐具用品衛生要達到 政府衛生、消毒標準，負責宴會廳二級庫各種餐具物品的保管。

③負責每日、每季及每年的盤點工作，統計和記錄各餐廳及廚房的餐具，控制各處的留存量。

④督導屬下每日按正確的工作流程完成本職工作。

⑤激發員工積極性，合理安排工作。

11.管事部領班

(1)組織機構關係

直屬主管——管事部經理。

管轄——擦銀工、洗碗工、雜役。

⑵主要職責

①負責督促員工，維持日常順利運轉。

②安排本區域員工任務，根據工作需要合理安排人手。

③保持所轄區域內的清潔衛生。

④負責向廚房、餐廳和酒吧提供所需用品和設備，籌劃和配備宴會等活動的餐具、物品。

⑤根據使用量配發各種洗滌劑和其他化學用品。

⑥協調管事部經理進行各種設備、餐具的盤點工作。

⑦監督本區域員工按規定的流程和要求工作，保證清潔衛生的品質，做好員工的考勤工作。

⑧與廚房和餐廳保持良好的協作關係，加強溝通。

⑨協助管事部經理落實有關培訓課程。

⑩督促屬下員工遵守餐廳的所有規章制度、條例。

⑪控制洗滌過程中的餐具破損。

12.擦銀工

⑴組織機構關係

直屬主管——管事部領班。

聯繫——宴會廳、倉庫保管員。

⑵主要職責

①保證餐飲部使用的金、銀餐具和銅器清潔光亮。

②負責每天擦洗扒房的各種噴烹製車、切割車等。

③保證銀器所用的各種化學清潔劑正確無誤。

④掌握正確的擦銀器的流程，精心維護銀器，盡可能延長其使用壽命。

⑤控制銀餐具的損耗率。

13.洗碗工

(1)組織機構關係

直屬主管——領班。

聯繫——廚房、餐廳。

(2)主要職責

①保持工作場所清潔、衛生。

②上、下班需檢查洗碗機是否正常，清潔、擦乾機器設備。

③按規定的操作流程及時清潔餐具，避免髒餐具積壓，保住保證洗滌品質。

④正確使用和控制各種清潔劑和化學用品。

⑤完成上級所佈置的其他各項工作。

14.雜役

(1)組織機構關係

直屬主管——領班。

聯繫——有關廚房、洗碗間。

(2)主要職責

①定時清除或更換各處垃圾桶，收集和清理所有的紙盒、空瓶等可回收物品。

②按規定的時間清掃指定的區域，保持衛生。

③幫助收集和儲存各種經營設備，將其搬放到指定的庫房。

④為大型宴會活動準備場地，搬運物品。

⑤完成上級所佈置的其他臨時性工作。

2 工作人員的配置方案

餐飲業部門的人員配置，首先測定人員配置的有關基數，如經營規模與烹調規模之間的比例、服務員與餐位數之間的比例、人均工作效率、工種之間的比例；再根據這些基數之間的特定關係，測出基本人數；再根據實際的排班情況、工種狀況(如大小工種、替班等)進行修正；最後確定部門用人數量。

在進行人員配置的測算時，要將烹調部門與營業部門的人員配置分開處理，在烹調部門中，廚房部人員配置與點心部人員配置，也是分別處理的。

一、人員配置的考慮因素

最為重要的是有關基數的測定，基數測不準，便很難得出合乎實際的結論。

1. 服務方式

經營方式實際決定了服務方式，假設把餐廳的服務程度分成 0～100 多種檔次。服務程度為 0 的餐廳是不需要服務的自動售貨機；簡單的服務包括自助餐、速食，用人較少；複雜服務如豪華級宴會服務，注意細節，分工精細，用人較多；介乎於簡單與複雜之間的是中等程度的服務，如中檔餐廳的服務。

服務程度低，服務技能要求簡單，人員配置相對少些；隨著服務程度逐漸增大，服務技能要求也相應要求高，人員配置相對也增多。

2. 經營方式

餐廳以零點為主或是以宴會為主、還是兩者兼而有之，因為同樣的餐位數，零點餐廳的週轉率比宴會餐廳的週轉率要高，因而零點餐廳所要求的食品供應規模比宴會餐廳的要大。倘若專業做火鍋生意，對人員配置的側重點也不同。

3. 經營規模

經營規模即餐廳的餐位數總量是多少，其週轉率大約在什麼樣的水平上。由於烹調、銷售、服務三者要同步協調，所以經營規模的大小規定著烹調規模的大小，實際上也限制了烹調人員的多少。

4. 經營檔次

中高檔經營與大眾化經營，對烹調出品的要求是不同的。相對而言，前者可能分工較細，強調環節的緊湊和保證出品品質，要求人員多些，而後者在各方面的要求沒有那麼高，人員就相對少些。

5. 經營時間

經營時間的長短對人員配置的影響是十分明顯的，由早上 6：30 至次日淩晨 1 點的連續經營比之正常的早、午、晚三市經營所要求的人員配置顯然要多。同時，經營時間與餐位週轉率有關，週轉率越高，要求的烹調出品量就越多，人員配置的要求也越高；反之，週轉率越低，人員配置的要求就越低。

6. 品種構成

一個餐廳銷售品種的構成，或海鮮、野味、綜合風味，有直接的影響。菜單品種數量較少的餐廳，只需要較少的烹調和服務人員，而且原料的採購和保管也不需太多的人員。菜單品種增多，品種構成也就隨著複雜，對烹調製作的要求也隨之增多，因而對人員配置也相應地增多。

同時，品種製作過程的複雜程度，也是一個考慮因素。假設把品種製作過程的複雜程度分為 0～100 的範圍。複雜程度為 0 的品種製作是現成的熟食品，只需在銷售前進行加熱或拼盤處理，在這種條件下，烹調人員的配置數量最低。相反，複雜程度為 100 的品種製作，從宰殺、起肉、刀工處理、醃制、上漿或釀制、再到加熱裝盤等，在這種條件下，烹調人員的配置數量不僅相應地增多，而且對技術的要求也隨之提高。

7. 設備條件

烹調部門的設備條件對人員配置也有影響。如果是現代化的廚具，加工設備好，那麼可考慮工種人員相應地減少；如果設備較差，就要考慮有足夠的人員配置。例如，用現代化的切肉機切肉片只要 5 分鐘，而同樣分量的工作，由人工完成需要 15 分鐘。

8. 環境佈局

點心部的熟籠和煎炸崗在 6 樓，烘烤則在 4 樓，結果給點心供應帶來諸多麻煩。所以合理的餐飲佈局是合理安排人員的客觀條件之一。

9. 同業參數

同業參數即同業在上述幾方面的參考資料。

按照早、午、晚三市正常班次計，餐飲店所有員工(包括管理者)與餐位數的比例一般是 35：100。根據餐飲業傳統資料的測算，餐飲店員工與餐位數之間的比例約為 1：18。但隨著餐飲業近 10 年的發展，這個比例已改變為 1：2.3～3.5。

以一個廚房和一個零點餐廳的員工總數計，廚房部人數與餐廳人數之間的比例約為 4：6，有時可達 3：7。

要注意的是，同業的參數畢竟只是一種參考，最終還是取決於本企業的實際情況。

10.成本限制

這是指餐廳當局決策層對各部門員工人數在成本上的總體限制，即對人工成本的總體把握。

在充分考慮和詳細分析這 10 個方面的問題後，就可以測定餐飲部門人員配置的基數了。

二、烹調部門人員配置方案

烹調部門人員配置，區分為廚房部、點心部的人員配置。

1. 廚房部人員配置

進行廚房部人員配置時，根據上述問題的綜合考慮，主要是測定兩個基數。

(1)第一個基數：後鍋數與餐位數的比例

餐飲運作是烹調、銷售、服務三位一體，即烹調部門與餐廳部門必須在供應能力與接待能力之間達到協調，這種協調也可以理解為烹調規模與經營規模之間的平衡。衡量廚房部的烹調規模是設立後鍋的數量，有多少個後鍋即確定了廚房部的供應能力；衡量餐廳的接待能力是餐位數，即餐位數的多少便標誌著餐廳的經營規模。因此，後鍋數與餐位數便是要測定的第一個基數。

關於第一個基數，以餐飲業的資料(包括過去和現在)測算，一般在 1：60～100，即是一個後鍋出品負責 60～100 個餐位的供應。

其中，1：60～80 被認為是零點餐廳的最佳選擇。因為零點餐廳週圍轉率較高，品種結構多樣，且突發的、彈性的需求經常發生，把每個後鍋的供應量限制在 60～80 是明智的，特別是對於中高檔以上經營的餐廳來說，這樣的比例能保證合理的出品品質。

1：100 的比例一般認為是宴會廚房的最佳選擇，因為宴會餐廳雖然檔次較高，品種品質要求高，但宴會餐廳有個特點，就是週轉率在一次或一次以下，所以把比例定在這個範圍，可減少人員和設備的浪費。

然而，這些比例並不是絕對的。如果在設備、佈局、人員素質等方面都佔有優勢的話，也可以把 1：100 比例作為零點餐廳廚房的測定基數；如果是零點、宴會兼備之，那麼就要充分考慮其經營的性質和時間等方面的影響，再來確定這個基數。

⑵第二個基數：後鍋與其他工種的比例

既然後鍋是作為廚房規模的一個標誌，那麼後鍋與其他工種必定有內在的聯繫。

關於第二個基數，傳統的觀點如表 2-1 所示：

表 2-1　傳統的廚房人員配置比例

後鍋	打荷	砧板	上什	水台	菜部	推銷	雜工
1	1	1	0.5	0.5	0.5	1	0.5

即設立一個後鍋，要配置 5 個相關的人員。在傳統的分工中，雜工和推銷是兩回事。按照這個比例，廚房部的人員略為鬆動，在生意淡季，顯得人工成本會偏高。

餐飲管理者有時會認為，1 個後鍋配置 3 個相關人員便足夠了。如表 2-2 所示：

因為這種比例是最小人員配置方案。菜部工作由餐廳部門中的洗碗工負責，雜工由打荷兼作。

表 2-2 流行的廚房人員配置比例

後鍋	打荷	砧板	上什	水台
1	1	0.7	0.7	0.7

相對來說，這個工種比例比傳統的要小，但並非說明這些比例是絕對的。假定廚房設備較差，供應品種較多，預製加工工作較多，採取較大的比例是合適的。測定這個基數時，可把第一個基數加以一起考慮。例如，後鍋數與餐位的比例取 1：60，廚房壓力沒那麼大，在這種情況下，可以考慮採用 1：3 的工種比例。

確定了這兩個基數，便可測定廚房部人員的基本配置了。現在流行的做法是把廚房所有工種分成大、中、小、3 個檔次。所以在確定替班人員時，一般都是同線替班、對等替班。同線替班即是按後鍋線、砧板線分開替班，那當然在規模小的廚房部裏也可以交叉替班；對等替班即是大工替大工、中工替中工。

2. 點心部人員配置

點心部的人員配置方法與廚房部的做法不同，點心部是採用人平勞效法去進行人員配置。

這種方法是：測定兩個基數，一是每個餐位的點心營業額，另一個是測定每個點心部人員的人平均工作效率(即人平勞效)以此為準，算出點心部總人數，然後分配各工種的具體人數。

測定這兩個基數時要注意，每位點心營業額是指每天計，包括早茶市的點心銷售額(除去茶價等副營收入)、餅屋外賣和訂做、飯市的點心(如主食等)銷售、宴會或酒會的點心營業額。換句話說，凡是點心部出品銷售所實現的收入，再除以餐位數，得出的商數就是每位平均點心營業額。由於這個點心營業額已含週轉率在內，所以計算餐位數時不用計入週轉率。

點心部的人平勞效是個綜合指標，它可依照既定的指標測出，也可根據同行同檔次同規模的有關資料測出。一般地說，人平勞效是以每月或每年為單位，計算時應換算成以每天為時間單位。

例如，DH 酒店餐飲部共有餐位 800 個，預測每天每個餐位的平均點心營業額是 21 元(包含了餐位週轉率)，測定每個點心部人員的每天平均勞動效率是 800 元，那麼每天的點心營業額應是：

800×21=16800(約等於 17000)

再用人平勞效除以這個總數：

17000÷800=21 人

即點心部應配置 21 人。因為計出來的是點心部人數總額，故還要進一步按照崗位和班次去分配人員，這就需要經驗的判斷了。

這兩種方法為烹調設計中的人員配置提供了兩種選擇模式。這兩種方法至少能夠在開張前的烹調設計中提供一種非常實用的方法；當要分析營運中的人工成本時，它又能提供一些非常有效的分析資料；當要測定分部核算的某些資料時，它是個很好的參考座標。

三、營業部門人員配置方案

餐廳的營業部門人力資源配置，主要是討論餐廳各崗位的人員配置。中式餐飲機構多採用全職制員工，在旺季時也只是增加部份季節性臨時工，很少用到鐘點工。

1. 餐位數與服務員的比例

餐廳服務員的配置，主要是測定餐位數與服務員之間的比例基數。這個基數按傳統的比例是 1：20，前者是指服務員，後者是指餐位數。現在流行的配置基數如表 2-3 所示。

表 2-3　餐位數與服務員之間的比例參數

餐桌	配置基數	備註
方台(4～6 人)	1：4～6 張	
大台(8～10 人)	1：2 張	
廳房	2：3	換 80%週轉率計算

2. 影響人員配置比例的因素

(1)服務要求

一般來說，服務要求越高，服務員與餐位數的比例就越低，例如在高檔次的餐廳裏，要求一個服務員只負責 4 張小桌的服務；服務要求越低，需要的人也就越少。

(2)管理要求

一是每天工作按 8 小時計，連同吃飯(兩餐計算 1 小時)，實際上是 9 小時。二是每月休息按 4 天計，一個星期工作 6 天。三是所有工作時間都應考慮餐廳的開檔和收檔工作，開檔工作應比開市時間提前半小時，收檔工作應比經營結束時間推遲一個小時。

(3)經營時間和高峰期

如果經營時間至少是茶市、午飯和晚飯 3 個經營市別，有些酒店的餐飲部還經營下午茶或夜宵。經營時間越長，需要配置的人數總量就越多。每個餐廳都會有個高峰期，在人力資源配置上，要保證高峰期間的用人要求，又要兼顧其他經營時間的用人要求。

3. 人員配置技巧

(1)每天營業量分析

餐飲品種的銷售在同一星期中的不同需求量往往不同。這種需求量的變化，大體會有一個模式，所以有必要對每天的營業量做具體的分析，其分析內容是計算出各個市別的營業收入和餐位週轉率，確定該餐廳營業的高峰期。

如果是新開張的餐廳，就需要以同區域、同質或同類的餐廳作為預測數。其實例分析如表 2-4 所示。

表 2-4　海鮮餐廳餐位週轉率預測(%)

	一樓大廳(330 位)			二樓廳房(18 個)		
市別	早	中	晚	早	中	晚
週一	150	80	70		60	90
週二	160	60	75		65	95
週三	140	65	80		70	98
週四	170	70	85		75	100
週五	150	75	90		75	90
週六	180	100	100	100	80	80
週日	200	90	90	100	85	70
中位數	170	80	80		70	90

之所以要取中位數而不求平均數，是因為中位數最能反映餐位週轉率的趨勢，而不受最高兩極端的影響。例如，一樓大廳早茶市的預測週轉率為 150%、160%、140%、170%、150%、180%、200%，如果求平均數是 164%，而中位數則是 170%。這個中位數比較能代表貼近實際的就餐人數。因為某天最低數也許是由於暴風雨造成的，而某天的最高數也許是因為該天是某個節日或有多台宴會活動。極端性的資料對平均數的影響較大，但不能正常反映營業規律。

⑵分區定人

餐廳一般分開若干區域來管理，有了區域之後，就可以上述的比例分區域確定服務員的人數。如果餐廳分樓層，其道理也一樣。

⑶分班編人

根據經營時間，餐廳一般分班編人。即把服務員分成若干班次，然後確定每個班次的上班時間，再根據餐廳的經營高峰期來確定每個班次的安排。

在考慮了班次和休息的安排後，最後確定的人數就是實際需要人數。

表 2-5　餐廳班次安排簡表

	早茶		午飯		晚飯
時間	6～9 點	9～12 點	12～15 點	15～17 點	17～22 點
A 班(6 人)	→	→	→		
B 班(6 人)				→	→
C 班(6 人)	→				→
D 班(6 人)			→	→	→
	12 人	6 人	12 人	12 人	18 人

3 如何計算餐飲店損益平衡點

經過市場調查和市場需求預測之後，店鋪創建者對於店鋪規模、經營商品類型、市場需求現狀及未來發展趨勢等方面均已有了一個大致的瞭解，接下來進行投資預算，以便進行籌資和資金安排。

投資預算的工作必須具體落實，它對於避免創建過程中的資金不足或資金閒置有著十分重要的意義。通常預算要有根有據，且顯示在業務表上。透過預算，可以讓投資者知道多長時間能收回自己的投資，以及能賺取多大的利潤。

一、估算店鋪每月支出的費用

為配合店鋪營運的合理化及資金的合理運用，店鋪經營者應對每月的支出費用作細緻的估算。這部份費用多為固定消耗，無論生意是否收益都得支出。因此，店主要詳細估算每月的費用，做到心中有數，在不影響店鋪正常營業的情況下，並儘量節約這部份開支。店鋪每月的支出費用一般包括以下方面：

1. 人員管理費用

管理費用是指企業行政管理部門為組織和管理生產經營活動而支出的各項費用。

管理費用屬於期間費用，在發生的當期就計入當期的損益。對店鋪來說，一般包括薪金、津貼、加班費、資金、退職準備金、福利金等。

這部份費用可根據當地的收入水準及店鋪的人員數量情況來估算。

2. 設備維護費用

對有些店鋪經營來說，設備是保障店鋪正常運營的關鍵。為防止設備性能劣化或降低設備失效的概率，按事先規定的計劃或相應技術條件的規定進行的技術管理措施。設備維護和保養一般包括：如設備的維修費、設備折舊費、店鋪修飾費、保險費等。這部份費用根據需要使用時間、損耗量來估算，當然與設備品質也有直接的關係。

3. 維持費用

維持費用是為了維持店鋪的正常運營所消耗的費用。如進貨款、水電費、事務費、雜項費等進貨款根據店鋪的產品銷售情況來估算；水電費一般以店鋪當地的收費標準來估算；事務費、雜項費根據店鋪的具體情況來估算。

4. 變動費用

從店鋪的角度考慮，變動費用多指商家為了刺激消費者的購買需求而舉辦一系列的促銷活動所花費的費用。一般包括廣告宣傳費、包裝費、盤損、營業稅等。這部份費用根據店鋪的經營情況、促銷活動的大小及收支情況來估算。

二、估算固定設備的投入費用

決定開店發展自己的事業之後，就需要估算開店時在固定設備上所需投入的資金數目：畢竟開創事業中最為重要的是瞭解和解決財務費用上的需求，它是決定日後成敗的關鍵。估算固定設備的投入費用，一般包括以下幾個方面：

1. 店鋪裝潢

店面裝潢直接決定著店鋪的風格，以及經營的產品的檔次，潛在表明了消費群體，因此，在店鋪的裝潢設計方面，店主最先考慮的是定位及主要客戶群。目前店內營業面積至少達到 30 平方米才能滿足消費者購買商品的需求，由此，在裝潢上，店內色調必須滿足顧客的心理需求。

2. 店內環境設施

店鋪要為顧客提供一個舒適的購物環境，保證冬暖夏涼。這就需要購置冷暖氣設備。以促使顧客在店內停留較長的時間並購買較多的商品。目前店內多使用冷氣機來調節溫度，冷氣機有懸吊式和直立式兩種。懸吊式冷氣機的優點是不佔空間的，使店內貨架增加，可陳列的商品增多，營業額隨之會提昇；缺點是冷度較差，價格偏高。直立式冷氣機優點為冷度較強、價格較便宜；缺點是佔空間，如果店內面積不大就會影響商品陳列，以及營業額的提昇。

3. 水電裝備

在店內的所有工程中，最複雜、工程品質要求最高的就是水電。在施工期間，從配線、拉管到裝開關箱，從送電照明、給水與排水到消防安全，所有過程和材料的品質皆須嚴格要求，這樣整個店才能達到安全、美觀、實用的標準。

4. 陳列商品的貨架

貨架的功能是陳列商品，讓消費者在店內很容易找到所需的商品。貨架的構成有單面架、雙面架、棚板、前護網、側護、背網、掛鈎等。

5. 招牌製作

招牌的亮度與色調是促使顧客入店的主要原因。因此，在設計與裝置招牌時，要做到色澤讓消費者接受、位置明顯、亮度明亮等。

6. 購置收銀機

一般一家店需要購買兩台，以備其中一台有故障時，另一台還可以運作。

以上是硬體及設備的投資項目。另外，還有一些項目並未包括在內，例如貼地磚、拆除牆壁、裝落地門窗等。除了上述涉及的設備外，店主另外增加其他設備，則費用要列入再計算。

三、計算損益平衡點

不論是想開店或已經開店，計算精確的損益平衡點(以下簡稱損平點)，可以幫助店鋪有效地推展銷售計劃及控制成本。所謂損平點，就是成本和營業額相等的點，每個月的營業額只有超過損平點，店鋪才能贏利，以免虧損。損平點是店鋪的營業額的底限。

但很多人在計算損益平衡點的固定成本時，常常未將裝潢的折舊算進去。如果是自有房屋或無租期限制，可以 5 年計算；但如果有租期限制，就要以實際租期作為分攤年限。

但單純以損平點仍無法準確估計應達成的營業額。店鋪常只從成本去估計營業額，而忽略當地商圈的消費實力，造成「一廂情願」的經營盲點。例如依據成本算出每個月的營業額要 20 萬元才能打平，但如果當地商圈根本不可能有 20 萬元的消費能力，則必須千方百計地把固定成本降下來，使損平點營業額盡可能符合實際的消費能力，否則，虧損將不可避免。

損益平衡點＝固定成本÷(1－毛利率)

由於店鋪經營的服飾有很多種類，因此，毛利率的估算通常是依銷售經驗取約略值。如售價 100 元的商品，成本 80 元，則其毛利率為 20%。

例：王先生和 3 個朋友合開了一家茶藝館。(單位：元)

⑴每月固定成本 60000 元；

水電費 12000 元；

薪水(每個合夥人 35000 元，未僱其他員工)140000 元；

裝潢折舊(裝潢費租期×12 個月)17000 元

各項費用合計 229000 元。

⑵毛利率 50%。

⑶損平點為 229000÷(1－50%)＝458000(元)

所以王先生的店每個月的營業額至少要達 458000 元，收支才能平衡。

損平點只能預估不賠錢的營業標準，如果想要有更多利潤，就得計算投資報酬率。如果每年營業淨利未達到開店總資本的 8.5%，則寧可將資金投向其他領域以獲取更高的報酬。

4 如何估算餐廳規模

投資開店取決於你所開餐飲店的規模和追求目標。

1. 投資能力

確定餐廳的面積首先取決於投資能力。在你的投資預算中，有一大部份資金用於房租。即使你的餐廳有一個理想的面積標準，但是如果房租超過你的預算範圍，你也只能放棄。如果房租預算能合乎你所投資範圍之內的標準，那麼，餐廳的面積當然越大越好。

假如，透過市場調查，確定自己所經營餐廳的顧客均消費額為 30 元，選取每餐每一個座位只上一次顧客為預期的一般經營狀況，即一般應當實現的經營狀況，則 120 個座位每天可接待 240 位顧客，每位顧客平均消費為 30 元，全天的預期銷售額為 7200 元；全月的預期銷售為 216000 元(7200×30＝216000)；全年預期的銷售為 2592000 元左右(216000×12＝2592000)左右。毛利潤是指菜品價格扣除原、輔料等直接成本後利潤所佔比率。一般來講，餐飲企業的毛利潤率大概為 40%左右。

因此，案例中的毛利潤為：

全年毛利潤＝2592000×40%＝1036800(元)

只有透過綜合考慮餐廳的投資能力、房租價格、座位容量、消費水準和利潤標準，並進行定量的計算後，才能確定合理的餐廳面積，以獲取更多的利潤。

2. 店面客容量

計算店面的客容量，就是確定所選的店面可以安排多少座位和有效經營時間。因為店面內要有廚房等操作面積以及庫房和衛生間等輔助面積、通道。除去這些面積後才是可以用於經營的餐廳面積。一般營業面積通常為總面積的 50%～70%。每一個座位所佔面積因餐台形式不同而不同。

例如 4 人長方形餐桌每一個座位約佔 0.5 平方米；8 人和 10 人圓餐桌每一個座位約佔 0.7 平方米；12 人圓餐桌的每一個座位約佔 0.8 平方米；包間每一個座位約佔 1～2 平方米。

投資者可以利用上面的數據計算一下大概的座位數。例如，假定餐廳不設包間，餐廳營業面積佔整個餐廳面積的 60%，每一個座位平均佔位 0.6 平方米，餐廳的總面積為 120 平方米。那麼可以安排的座位數為：

座位數總面積×營業面積所佔的比例÷每一個座位平均所佔的面積＝120×60%÷0.6＝120(個)

如果在這個餐廳裏面增加兩個外包間，每一個包間的面積為 10 平方米，各設 10 個座位，那麼可以安排的座位數額為：

座位數＝10×2+(120×60%－10×2)÷0.6＝107(個)

設置包間雖然減少了座位總數，但是包間的人均消費要高於大堂，所以總的收入應該上昇而不是下降。

5 憑三點，把毛利率提昇到 70%！

2007 年創立的「郭家大院」，穩紮穩打如今在北京和南京已經開設了 8 家門店。這個創建至今已滿十年的品牌，可謂是餐飲行業的老手了。

2016 年，郭家大院進行了重新定位和運營調整，將品牌使命定位於「專注做地道的江蘇菜」，同時更名為「郭家大院幸福魚頭」。

品牌調整後，毛利率從 52.3%提昇到了 71.1%，營業額同比提高了 25%以上，年營業額做到了六千萬。

中餐難做，「郭家大院」的背後有哪些秘訣呢？

第一步，給菜單做減法：和招牌菜同類的捨棄掉

經過優化，郭家大院的功能表從原來的 205 道減到 57 道。在照顧到品類要全的同時，他們將和招牌菜同品類的統統捨棄。

因為顧客點菜，一般不會點兩道同一個類型的菜。郭家大院的主打菜是幸福魚頭，他們堅決地砍掉了菜單上所有其他魚類菜品。

郭家大院堅信：只要把魚頭做好，因為缺失其他魚類菜品走了兩桌客人，也會因為魚頭來五桌、十桌。

魚頭從採購源頭到烹飪、裝盤，品質都做了相應的提昇，價格也從原價 88 元提昇到 120 多元。經過半年的驗證，營業額、利潤的提高都證明了減菜單的明智。

第二步，將菜品標準化：保證 15 分鐘內上菜

通過資料分析，發現功能表上賣得好的菜品主要有十幾種。受到

啟發後，他們開始為這些銷量排名在前十幾到二十的菜品研發料理包。

料理包的投入使用使得門店生產變得更加高效，例如特色菜酸湯肥牛，一個人兩個小時內生產的料理包足夠多家門店一個月使用。

郭家大院所有的特色菜品都實現了標準化的烹飪流程，基本能夠保證顧客點完餐的一刻鐘內就把菜上齊。

包括主打菜魚頭，也是規定好的半片魚頭，兩包料，後廚操作人員直接使用料理包就能進行烹飪。

第三步，打造人才體系：八成以上人才自己培養

十年的發展，郭家大院已經形成自己的人才培養體系，實現了內部百分之八十以上的人才都是由自己培養出來的，包括的店長、廚師長，公司中層幹部。

這種強大的內部造血功能，能夠支撐他們放快對外開店腳步和發展新品牌的計畫。

無論是菜品的標準化還是人才培養體系，背後都是有一套完整的流程作為支撐。

餐飲是一個高度依賴「人」主動性的行業，招人難、教人難、管人難、留人難……人員的組織力問題是眾多餐飲老闆背上的芒刺，時不時隱隱作痛。

6 編制餐飲營業收入計劃

營業收入計劃是餐飲利潤計劃的基礎。它根據餐廳上座率、接待人次、人均消耗來編制。餐飲營業收入的高低受不同餐廳等級規格、接待對象、市場環境、顧客消費結構等多種因素的影響，編制營業收入計劃，需要區別不同餐廳的具體情況，至於營業收入計劃的內容，則和銷售計劃基本相同。

餐飲經營計劃的編制是營業收入計劃為起點的，編制營業收入計劃，一般分為如下步驟：

1. 確定餐廳上座率和接待人次

它要求以餐廳為基礎，根據歷史資料和接待能力，分析市場發展趨勢和準備採取的推銷措施，將產品供給和市場需求結合起來，確定餐廳上座率和接待人次。其中，餐廳接待人次要充分考慮住店客人，同時，又要考慮店外客人和附近居民的需要。

2. 確定接待人次

住店客人的接待人次一般是根據客房出租率計劃分析住店客人到不同餐廳用餐的比率。店外客人則根據檔案資料和市場發展趨勢來確定。大型餐館則根據不同類型的餐廳分別確定。

3. 確定餐廳人均消費

餐飲人均消費應將食物和飲料分開，食品確定人均消費額，飲料確定銷售比率。一些餐館餐飲人均消費是將食品和飲料一起計算。不管屬於那一種，都要考慮 3 個因素：一是各餐廳已達到的水準；二是市場環境可能對餐飲人均消費帶來的影響；三是不同餐廳的檔次結構和不同餐次的客人消費水準。

4. 編制營業收入計劃方案

營業收入計劃一般可通過季節指數分解到各月，也可逐月確定。季節指數的確定，既可以餐廳為基礎，又可以全部餐飲銷售額為基礎。營業收入計劃方案則都以餐廳為基礎，最後匯總，形成食品、飲料和其他收入計劃。

案例：飯店有客房 320 間，年度計劃出租率 72.5%，雙開率 68.4%。賓館有餐廳 5 個，餐飲部門管理人員在收集計劃資料的基礎上，研究了市場供求關係，做好了銷售預測。得到如下資料，見表 6-1 和表 6-2，餐飲部營業收入計劃編制工作(早餐不接店外客人)。

案例分析：

⑴確定各餐廳早餐接待人次，如中餐廳為：

接待人次=320×365×72.5%(1+68.4%)×20%

=28520(人次)

⑵確定下餐接待人次，如上餐廳為：

店內客人次=320×365×72.5%(1+68.4%)×28%

=39928(人次)

店外客人次=210×2×365×52.45%

=80406(人次)

合計人次=39928+80406

=120334(人次)

其他各餐廳預算方法相同。

表 6-1　各餐廳銷售預測表

餐廳 / 預測 / 項目	中餐廳	西餐廳	宴會廳	咖啡廳	酒吧
座位數	210	120	180	80	50
早餐店客	20%	30%	25%	10%	—
正餐店客	28%	16%	—	32%	8%
正餐外客上座率	52.45%	58.19%	68.7%	15.8%	16.29%—
早餐食物人均消費	8.5 元	12.4 元	9.4 元	6.8 元	3.6 元
正餐食物人的消費	25.6 元	32.8 元	58.4 元	15.4 元	62.8%
飲料比率	18.6%	21.3%	23.5%	12.4%	

表 6-2　各餐廳季節指數表

月 / 指數 / 年	1	2	3	……	12	合計
中餐廳	5.38	6.12	7.26		6.54	100%
西餐廳	5.86	6.43	7.14		7.25	100%
宴會廳	6.23	6.58	7.05		7.16	100%
咖啡廳	5.96	6.24	7.35		7.48	100%
酒吧	6.12	6.35	7.46		6.59	100%

(3)根據銷售預測，編制餐飲營業收入計劃表(見表 6-3)：

表 6-3　餐飲部營業收入計劃表

計劃期 / 計劃數 / 項目 / 餐廳		年度			1月			2-12月
		早餐	正餐	合計	早餐	正餐	合計	……
中餐廳	接待人次	28520	120334	148854	1534	6474	8008	
	上座率	37.21%	78.5%	64.73%	23.56%	49.72%	41%	
	食品收入	24.24	308.055	332.295	1.304	16.573	17.877	
	飲料收入	4.509	57.298	61.807	0.243	3.083	3.326	
	合計收入	28.749	365.353	394.102	1.547	19.656	21.203	
西餐廳	接待人次	42780	73790	116570	2507	4324	6831	
	上座率	97.67%	84.24%	88.71%	67.39	58.12%	61.21%	
	食品收入	53.047	242.031	295.078	3.109	14.183	17.292	
	飲料收入	11.299	51.549	62.848	0.662	3.021	3.683	
	合計收入	64.346	293.58	357.926	3.771	17.204	20.975	
宴會廳	接待人次	35650	90271	125922	2221	5624	7845	
	上座率	54.26%	68.7%	63.89%	39.8%	50.39%	46.86%	
	食品收入	33.511	527.188	560.699	2.088	32.844	34.932	
	飲料收入	7.875	123.899	131.764	0.491	7.718	8.209	
	合計收入	41.386	651.077	692.463	2.579	40.562	43.141	
咖啡廳	接待人次	14260	54859	69119	850	3270	4120	
	上座率	48.84%	93.94%	78.9%	34.27%	65.93%	55.38%	
	食品收入	9.697	84.483	94.18	0.578	5.036	5.614	
	飲料收入	1.202	10.476	11.678	0.072	0.624	0.696	
	合計收入	10.899	94.959	105.858	0.65	5.66	6.31	

續表

酒吧間	接待人次	—	17354	17354	—	1062	1062	
	上座率	—	47.55%	47.55%	—	34.25%	34.25%	
	食品收入	—	66.247	66.247	—	0.382	0.382	
	飲料收入	—	3.923	3.923	—	0.24	0.24	
	合計收入	—	10.17	10.17	—	0.622	0.622	
部門合計	接待人次	121210	256609	477819	7112	20754	27886	
	上座率	56.29%	75.33%	70%	38.88%	52.3%	70.23%	
	食品收入	120.495	1168.004	1288.499	7.079	69.018	76.097	
	飲料收入	24.885	247.135	272.02	1.468	14.686	16.154	
	合計收入	145.38	1415.139	1560.519	8.547	83.704	92.251	

7 編制營業利潤計劃的奧秘

營業利潤是經濟效益的本質表現。營業收入減去營業成本、營業費用和營業稅金，就是營業利潤。

在餐飲部門營業利潤形成後，營業利潤計劃只反映部門經營效果。在涉外餐館，營業利潤計劃還包括稅金安排和利潤分配。因此，計劃指標內容還包括利潤額、利潤率、成本利潤率、資金利潤率、實現稅利等。

餐飲營業利潤計劃的編制，主要是將收入、成本和費用計劃匯總，形成計劃方案。其方法分為 2 個步驟：

1. 先編制餐飲計劃營業明細表

它以餐廳為基礎，將各餐廳營業收入、營業成本和營業毛利匯總，形成計劃方案，作為餐飲管理成本控制的主要依據。

2. 再編制餐飲企業利潤計劃表

可以部門為基礎，也可以全店為基礎。其方法是將整個餐飲企業的收入、成本、費用匯總，形成餐飲企業損益計劃表。它是餐飲經營計劃的本質內容。其中，營業明細表是利潤計劃表的補充。兩者結合使用，成為餐飲業務管理的重要工具。

案例：以大立餐廳為例，餐飲部門下年度起將加收 10%的服務費。請根據餐飲部門的收入、成本和費用計劃。編制餐飲營業明細表和部門利潤計劃表。

案例分析：

1. 匯總餐飲收入和成本計劃，編制營業明細表。內容見表 7-1。

2. 編制營業明細表時，部門毛收入中包括食品和飲料 10%的服務費。

3. 匯總餐飲收入、成本和費用計劃，編制餐飲部門損益計劃表，此表以年度為基礎，全年和每月增色一張，作為計劃控制的依據，內容見表 7-2(未加職工餐廳和簽單成本)。

表 7-1　餐飲部門營業明細表

單位：萬元

項目	年計劃	1 月	2 月	3 月	……	12 月
營業收入	1650.519	91.869	99.558	111.06		109.495
中餐廳	394.102	21.203	24.119	1		25.774
西餐廳	357.926	20.975	23.015	28.612		25.95
宴會廳	692.463	43.141	45.564	25.556		49.58
咖啡廳	105.858	6.31	6.606	48.819		7.918
酒吧	10.17	0.24	0.249	7.781		0.273
服務費	156.052	9.187	9.955	0.293		10.95
				11.106		
營業成本	479.255	28.059	30.485	34.206		33.57
中餐廳	140.209	7.544	8.582	10.18		9.17
西餐廳	108.574	6.362	6.98	7.751		7.871
宴會廳	185.897	11.582	12.232	13.106		13.31
咖啡廳	42.194	2.515	2.633	3.101		3.156
酒吧	2.363	0.056	0.0579	0.0681		0.0634
營業毛利	1081.264	63.81	69.537	76.855		75.925
中餐廳	253.893	13.659	15.537	18.432		16.604
西餐廳	249.352	14.613	16.035	17.805		18.079
宴會廳	506.566	31.559	33.332	35.713		36.27
咖啡廳	63.664	3.795	3.973	4.68		4.762
酒吧	1.56	0.148	0.191	0.225		0.21
部門毛收入	1237.316	72.997	79.023	87.961		86.875

表 7-2　餐飲部門損益計劃表

單位：萬元

計劃數	實際完成	到當月累計	上月同期	去年同期
接待人次	477819			
上座率	70%			
營業收入	1560.519			
食品	1288.499			
飲料	272.02			
服務費	156.0525			
營業成本	479.255			
食品	411.758			
飲料	67.497			
營業毛利	1081.264			
食品	876.741			
飲料	204.523			
毛收入	1237.316			
人事成本	297.4			
工薪	162.96			
膳食	84.97			
其他	49.47			
管理費用	59.3			
銷售費用	39.013			
維修費用裝飾	28.089			
費用	23.408			
交際費用	24.968			
水電費用	53.02			
燃料動力洗滌	48.75			
費用	18.65			
清潔用品	21.968			
服務用品餐具	21.847			
消耗	18.726			
不可預見費折	28.47			
舊	186.75			
營業稅	85.829			
營業利潤	281.128			

8 動動桌椅就能提高利潤，旺店的秘密

不斷飛漲的原材料、房租、人工，壓得餐飲業喘不過氣，也提出了一個經營新課題：當成本結構改變時，如何通過提昇運營效率，向「三座大山」要利潤？

今天這個案例裏的三張圖，或許可以給你啟發：

只要動一個小細節，全盤皆活，旺店的秘密，就藏在這些細節裏。

大部分的房租都是漲了容易降了難，而且是逐年上漲的。除了去跟房東談，還有什麼辦法？

細心的餐飲人或許發現，在餐廳裏面，有一些桌子和椅子特別受客人喜歡，但有一些卻是客人很少去碰的，尤其是某個角落裏的某個位置。

鹿港小鎮認為，很少使用的座位雖然不占餐桌面積，但是卻占餐廳的經營面積。

商務聚餐、朋友聚會、情侶約會，對桌子的需求是不一樣的。一個餐廳設計之初的桌椅數量及配比，其實在一定程度上就拒絕了一部分人進店。

以餐廳做範例，這家店有 400 多平方，年租金 200 多萬，大概有 120 個座位。顧捷說，不是說在裝修的時候設計了多少桌子，就會產生相應的那麼多營業額。其實沒這麼簡單。

速食叫座位效率，正餐叫桌均效率。鹿港小鎮經過一段時間的資料分析發現，每單 2－3 人的比例是比較高的，占比 65%，4－5 人的

占比 24%。然後他們就把桌椅配比做了調整，4 人桌和 2 人桌的比例調高了。最後面積是一樣的，座位數增加了。

增加了以後，翻台率會降下來，這個下來不要緊。最後營業額是昇高的，因為每一張桌子的使用效率提高了。這樣平均下來，營業額反而是 156 萬（之前是 148 萬），這樣租金占比就少了，也就是說你的平效高了。

所以說，純粹跟甲方談租金是比較難的，而是要去找營業額非常好，租金非常貴的餐廳，去重新考量他們的桌椅配比。

這個錢花得不會很多。顧捷說，如果一個餐企有一百家店鋪，可能前二十家店利潤占整體的 20%，調整桌椅配比後這個利潤是會提昇的。

業內都說，餐位設計要學星巴克，怎麼學星巴克？開一家店，放多少個餐位才是合理的？2 人台和 4 人台的比例怎麼分配？如何讓餐位效率最大化？

今天，我們給你一套公式，套用一下，你也能設計出合理的餐位。

餐廳開業期間，每天的用餐高峰也都會有顧客排隊。原本為「生意火爆」興奮的白小白，看看正在用餐的顧客，再看看門口排隊的顧客，忽然就高興不起來了——顧客排隊不是因為店裏滿座，而是大多數四人桌都被倆人客戶占著。而門口排隊的顧客，也大多是兩個人在等小桌。

除了客單價、翻台率，美國康奈爾大學雪麗教授提出「每餐位小時收益」（RevPASH）的概念，簡言之，餐位使用率也是考核餐廳收益的重要指標。顯然，按照雪麗教授每餐位小時收益的概念，白小白的餐廳並沒有實現餐位效率最大化。

怎麼才能實現？餐廳效率不在於餐位多，而在於餐位的有效利用率

如今餐飲業的競爭在於效率，運營效率的高低決定著餐廳利潤。面積、客單價早已不是餐廳利潤的最高標準，效率才是利潤最大化的關鍵所在。

每餐位小時收益=餐廳收益總額/（座位數 X 用餐小時數）

餐位的重要性不在於多，而在於利用率——如果餐位利用率高，會提高整體的 RevPASH。在同一時間段內，儘量讓每個座位都在幫餐廳賺錢，沒有閒置，餐位元組合和用餐人數組合的匹配度盡可能地高。

「如果把店面從 200 平縮減到 150 平，我每年的營業額可以從 1000 萬做到 1200 萬。」以高翻台率著稱的雲味館米線哥曾這樣說。

可見，並不是餐廳越大，營業額就能做的越高，而是在合適的面積，盈利最大化。同樣的道理，餐位設置也不在於多，而是怎麼最大程度利用、與自身的客源數量和構成相匹配，實現效率最大化。

有一定運營經驗的餐廳，可以根據歷史運營資料，分析出進店顧客的人數組合特點，從而調整餐位元組合。

方法論：

用這些公式規劃餐位元，單位時間接納更多顧客

餐廳一共 130 平方米，後廚占 30 平方米。前廳的 100 平方米裏設計了 60 個餐位，其中有 9 個四人台、4 個六人台，並未設計單獨的兩人台，只是六人台可拆分為兩人台和四人台的組合。

餐廳門前排隊時，店內其實並未滿座，大多數四人台被兩個人佔用著。另外，六人台拆分成兩人台和四人台使用時，會佔用走道空間，對動線有一定影響。

餐廳的餐位使用率是否合理，用兩個公式

餐廳日就餐人數為 50 人，座位數為 60 個，餐桌數為 13 個。

如此算來，該餐廳的餐位使用率為 83%，餐桌使用率為 385%。也就是說，餐桌已經翻台近 4 次，但餐位並沒有滿座。

當餐位使用率明顯低於餐桌使用率時，說明在運營中有大量餐位沒有被有效利用。

餐廳資料顯示，2 人用餐的顧客占 62%，4 人用餐的顧客占 31%，6 人用餐的顧客占 7%，（餐廳較少使用奇數餐位數的餐桌，用餐人數大多用偶數做標記，比如 3 人用餐計入 4 人用餐顧客、5 人用餐計入 6 人用餐組合）。

怎樣根據歷史用餐人數組合，設計出高利用率的餐位組合？

平均用餐組合的人數

根據運營歷史數據中用餐人數組合和所占比例，用「加權平均」算出平均用餐組合人數。

2 人×62%＝1.24

4 人×31%＝1.24

6 人×7%＝0.42

1.24＋1.24＋0.42＝2.9

餐廳應設餐桌總數

餐位數＋平均用餐人數組合＝餐廳應設的餐桌數

60÷2.9＝20.68

餐廳最優餐位組合

餐桌總總 X 各用餐人數組合的占比=最優的餐位組合

20.68×62%(2 人臺)＝12.82 張 2 人臺

20.68×31%(4 人臺)＝6.41 張 4 人臺

20.68×7%(6 人臺)＝1.44 張人臺

計算得出，餐廳平均用餐組合的人數是 2.9，餐廳應設的餐桌數是 20.68，換算得出，她的餐廳最優餐位元組合應該是：

12.82 張 2 人台，6.41 張 4 人台，1. 44 張 6 人台

如此，在同樣時段和客流情況下，才能服務更多顧客，餐廳收益才能最大化。桌子小，後期更容易提高餐位利用率

1. 記錄運營用餐人數組合資料

有一定運營經驗的餐廳，點單收銀系統、排隊軟體都可以記錄用餐人數組合。除了相關軟體的記錄資料，餐廳也要有意識地重點進行記錄。

經過一段時間的資料分析發現，每單 2－3 人的比例是比較高的，占比 65%，4－5 人的占比 24%。然後他們就把桌椅配比做了調整，4 人桌和 2 人桌的比例調高了。最後面積是一樣的，座位數增加了。

增加了以後，翻台率會降下來。這個下來不要緊，最後營業額是昇高的，因為每一張桌子的使用率提高了。

2. 使用靈活的餐位組合

在寸土寸金的一線城市，很多餐廳不只是把空間利用最大化，更在餐位元設計上進行靈活組合，以提高餐位利用率。

這些餐廳桌子以兩人桌居多，兩人用餐時不會浪費餐位，四人用餐就把兩張兩人台拼桌、鋪上大桌布，如果六個人一起用餐，就在拼桌上加上一個圓

轉盤，保證每個餐位上的顧客都方面夾菜。這樣高效的餐位靈活利用，具有很好的借鑒意義。

3. 餐座配備

餐座配備也是構成餐廳良好氣氛的關鍵之一，餐座配備要根據餐廳的氣氛、裝修檔次、消費層次及經營特色來確定。餐座選好了，餐廳的魅力會與日俱增。

一般來說，裝修檔次越高，餐座配備越精緻、豪華；普通的餐飲店的餐座使用木質方桌的較多；速食店則習慣於使用堅硬的塑膠椅和塑膠桌。

不管選擇何種餐座，配備時都須注意以下幾點。

⑴椅子的高度與餐桌的高度搭配以及斜度要合理。例如，桌子高度 75 釐米，則椅子高(連背)應為 85 釐米，座面與地面距離應為 45 釐米。否則，椅子過高就會影響服務員的操作。

⑵椅背傾斜度為 15 度。

⑶從前緣到椅背，椅子的深度應為 40 釐米左右。

⑷每張餐椅與餐桌之間最好保留 60～70 釐米的空間，而有扶手的椅子則最好留 70 釐米以上的距離。

9 餐飲店作業時間的改善

作業流程績效的控制與改善是績效管理的一個重點，也是一個作業流程優化的過程，即作業流程簡單化、標準化，並建立以客戶為導向的績效體系。作業流程績效管理循環，如圖所示。

圖 9-1　作業流程績效管理循環

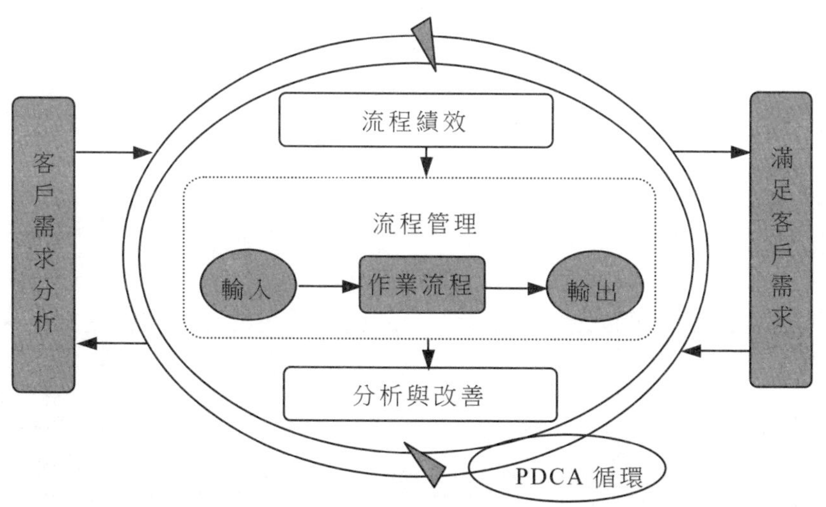

我們以自助式餐廳，具體事例分析作業流程績效控制與改善的具體實施。

每位顧客平均用餐時間為 20 分鐘。

· 平均 2～3 個人佔用一張桌子。

· 餐廳共有 40 張桌子，每張可容納 4 個人。

· 該餐廳作業時間及顧客人數，如表 9-1 所示。

表 9-1　餐廳作業時間及顧客人數統計

時間	顧客人數
11：30～11：45	15
11：45～12：00	35
12：00～12：15	30
12：15～12：30	15
12：30～12：45	10
12：45～1：00	5
統計	110

該餐廳的具體作業流程，如表 9-2 所示。

表 9-2　餐廳的具體作業流程

時間	顧客群到達累計數	顧客群離開累計數	顧客占桌或等待數	桌子使用數	顧客群等待數	期望等待時間
11:30～11:45	15	0	15	15		
11:45～12:00	35（50）	0	50	40	10	7.5 分
12:00～12:15	30（80）	15	65	40	25	18.75 分
12:15～12:30	15（95）	35（50）	45	40	5	3.75 分
12:30～12:45	10（105）	30（80）	25	25		
12:45～1:00	5（110）	15（95）	15	15		
1:00～1:30		15（110）	0			

在表 9-1 和表 9-2 中，可以發現該餐廳的作業流程安排是滿負荷的，達到了最佳效果，即最佳績效水準，從這裏可以總結出，作業流程績效管理的一個重要應用，如圖 9-2 所示。

圖 9-2　作業流程績效分析的應用

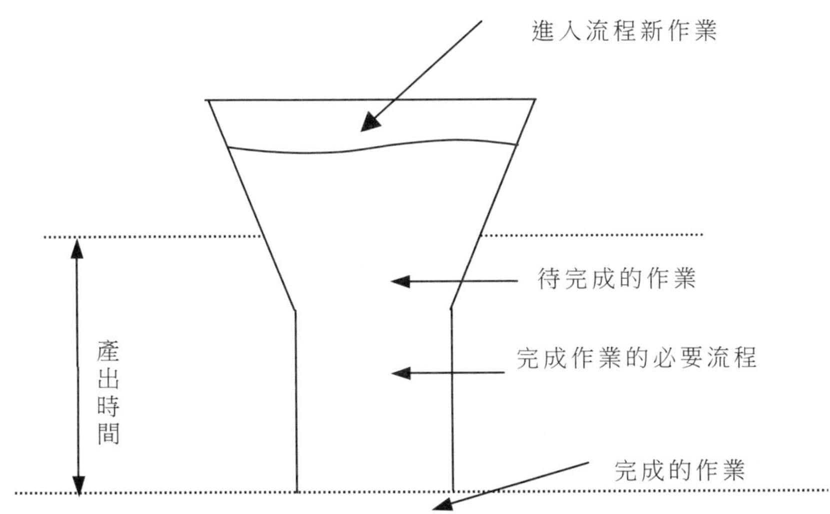

進行作業流程分析或者說進行流程績效管理的目的之一是找出「瓶頸」作業，提高企業產能。

「瓶頸」作業主要是由生產作業中的「瓶頸」工序引起的。在整個生產過程中，由於工序中的設備生產能力並不完全一致，工序中生產能力最低的就是「瓶頸」工序，它決定了整個技術的生產能力。應通過對「瓶頸」工序的分析，拆分作業動作，盡可能地將「瓶頸」工序的動作分配到其他工序，由前後道工序幫助完成，從而達到提高產能的目的。

下面舉例說明解決作業「瓶頸」工序，提高「瓶頸」作業產能的常用方法。

1.分擔轉移

將耗時長的工序，進行分擔轉移，如圖 9-3 所示。

圖 9-3　分擔轉移法

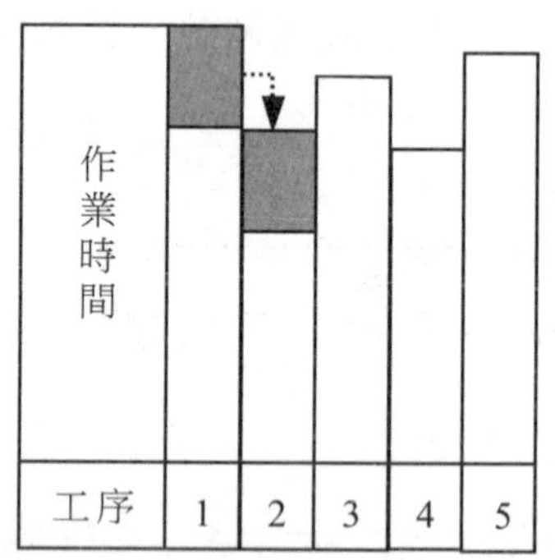

在沒有平衡改善前，工序 1 是整個作業過程的「瓶頸」工序，制約著整個生產過程，可以將工序 1 的一部分轉移到工序 2 中。這樣，整個作業的「瓶頸」工序變成了工序 5，但相對於原來的工序 1 來說，「瓶頸」口相應地變寬了。

2.進行作業改善壓縮

圖 9-4　作業改善壓縮法

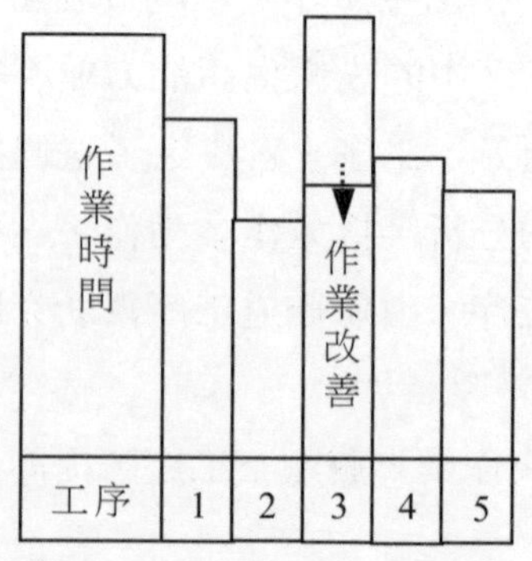

按照作業流程改善的方法，對生產線進行改造，例如，增加工裝模具、變更設計或增加作業人員。這樣，改善的結果使得整道「瓶頸」工序壓縮降低，整個作業時間也隨之相應地縮短，生產效益隨之提昇，如圖 9-4 所示。

3.增加人員縮短循環時間

有時產生「瓶頸」的原因是工作量太大，操作人員不足。此時，可以直接增加操作人員，由多人分攤原來的工作量，以直接消除原有的「瓶頸」，如圖 9-5 所示，向工序 2 處增加了一名操作人員，增加了平衡率，「瓶頸」降低為工序 5，同樣對工序 5 也可進行類似的改善。

圖 9-5　增加人員縮短循環時間

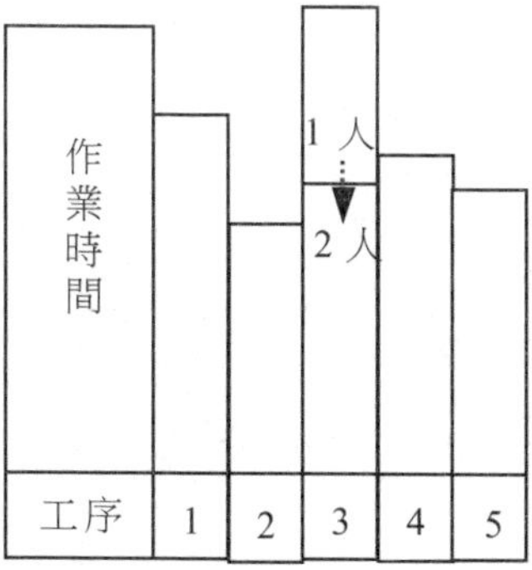

4.作業分解刪除

若作業過程中某道工序的工作時間特別短，可將這道工序分解後，重新分配到其他工序中，以提高生產線的平衡率，如圖 9-6 所示，將工序 4 分解，分別分配到工序 1、2、3 中完成。

圖 9-6　分解刪除法

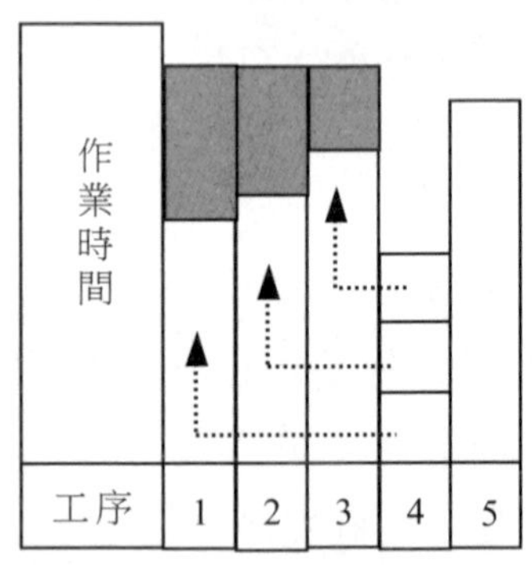

5.作業工序重排

將其他工序的一部分作業分配到作業時間較少的工序中，從而提高整體平衡率，如圖 9-7 所示，將作業時間較長的工序 1、4 的部分作業分別分配到作業時間較短的工序 3 中。

圖 9-7　工序重排法

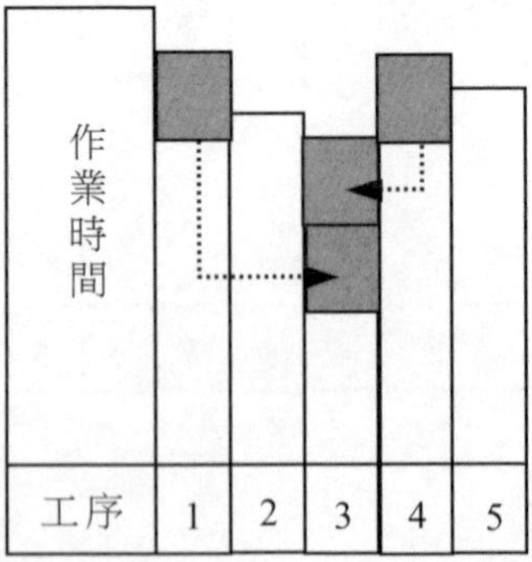

6.作業改善後合併工序

當用前面幾種方法改善工序流程後，可重新思考新的工序之間是否還存在著合併的空間。將可以合併的工序盡最大可能合併和簡化，這樣，整條生產線的「瓶頸」相應地也越來越少，使得平衡率和生產效率得到有效持續的提昇，如圖 9-8 所示。

圖 9-8　工序合併法

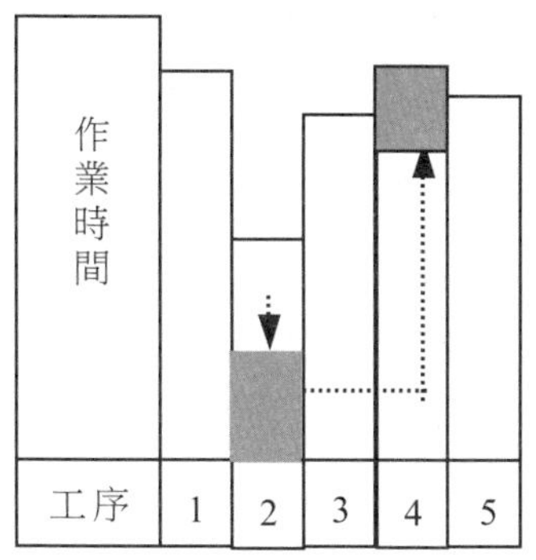

10 餐飲業如何選擇推出明檔

我們先來瞭解一下「明檔」，明檔就是一種自助餐方式，以廚師現場製作為生產特點，廚師在明檔地區(或者叫名檔區域)進行扒、烤、煎、炸、煮等「現場烹飪」。這種開放的烹調方式與日式鐵板燒帶有表演性質的烹調方式有本質的區別。明檔在烹調中是純粹的烹調，其中沒有任何表演廚技的成分，這是與日式鐵板燒既有烹飪又有廚技表演性質的烹調最大的區別。

1.「明檔」的由來

對進入餐館吃飯的人來說，餐館的後廚一直以來都是他們最為關注的地方，大家都明白病從口入的道理，當一盤盤菜餚轉眼間就從一個自己完全不瞭解的地方端出來擺上桌面時，不免讓人要去聯想，這一盤盤菜餚都是如何而來的。然而，一個「廚房重地，閒人免進」的牌子把想探後廚究竟的人們擋在門外。一旦蟑螂、老鼠到處躥，餐具到處堆、沒有任何消毒設備的骯髒零亂的場景浮現在客人的腦海中，影響食慾不說，餐館也會因此丟掉一大批老客戶。

於是，為了解除這些疑惑，一些餐館的老闆就採用了「明檔」這種方式。所謂「明檔」，就是用透明的玻璃把整個廚房的工作區與餐館的就餐區隔開，這樣一來，廚房內所有操作景象都「一覽無餘」——刀工、配菜工、火頭工，所有人熱火朝天的忙碌之景，客人在就餐的同時都可以看得清清楚楚，廚房內的工作敞亮在客人眼前，他們可以直接監督廚師們的操作是否規範，這樣也就吃得放心。另外，在就餐的同時還能觀看廚師如何烹製菜餚，能滿足那些想探餐館廚房究竟的人的好奇心，對他們來說也是一件很時髦、很不尋常的事。

總之，一句話，明檔可以反映一家餐館綜合水準的高低，這也直接影響到餐館營業額的高低。

總結起來，明檔主要有四大特徵。

・明檔能迅速促進顧客消費，相當於餐館的活動廣告。

・明檔出現在就餐廳面內，顧客可以直觀地鑑別和選擇菜品是否符合其購買需求。

・不同品種的明檔菜品分別陳列，使得顧客有了更多的選擇機會。

・顧客可以看到菜品整個的製作過程，食用起來更加放心。

明檔發展突飛猛進，近來一些完全透明的「明檔」不斷湧現。

明檔是餐館業發展到一定時期的必然產物，這種概念隨著餐館經營的不斷深入而逐漸形成。近幾年，明檔展示從沿海發達省份傳來，在未來的日子裏，它將繼續引領餐館業的發展變化。明檔菜品擺放的建議如下：

⑴保持客人的新鮮感與食慾感

餐館可以將菜餚和所用器皿結合起來，形成一個組合。例如，一家餐館推出的雪菜炒豆飯透過明檔展示，廚師巧妙地把它擺成魚的造型，豆飯突出魚鱗的形狀，雪菜擺成魚嘴的形狀，吸引客人的注意，既給客人一個新鮮的感覺，也增強了客人的食慾。

⑵擺放樣品菜要飽滿

這裏重點是要突出主料和副料。

⑶樣品菜要保持清爽新鮮

例如，把泡椒墨魚仔擺成月亮形狀，中間放白蘿蔔，上面放墨魚仔，這樣既清楚又節約成本；洋蔥可以擺成燈籠狀，看起來清爽新鮮，有立體感。

2. 明檔廚房建好，卻從沒人告訴我……

有老闆趕流行上了明檔廚房，顧客看見的卻是廚師儀錶懶散，產品雜亂無章；

有的店明檔和暗廚徹底分開，「明＋暗」銜接動線打破，員工徒增了 30%的工作量……

當明檔廚房成為越來越多餐廳的「標配」，卻也聽到更多不加分反而減分的回饋。

做明檔廚房，對於餐飲企業要求特別高，作為品牌創始人首先要想清楚這幾個問題：

⑴業態適不適合建明檔廚房？

比如中式正餐不建議輕易上明檔。首先要考慮雜訊污染，風機和爐灶工作時雜訊特別大；其次主打手工現做，很多初加工要在後廚完成，明檔的美感失去意義。而火鍋、速食等更適合做明檔，初加工往往已在央廚完成，明檔展示擺盤、食材等效果好。

⑵有沒有嚴格的標準管理和稽核制度？

你想給顧客展示產品的高品質，操作流程的全透明；可顧客看到的卻是產品擺放雜亂無章，員工儀錶無精打采。

你想給顧客安全感，不料卻讓顧客在心裏多打了個問號。這樣的明檔，毫無觀賞感可言，其實成了減分項

種種讓人觀之不爽的細節，正是源於很多企業標準流程管理不完善，或者有制度無稽核，後期監督管理不到位。

⑶拿最好的位置做明檔，你算過投入產出比嗎？

首先，建明檔廚房本身是一項需要資金實力的大工程。其次，越來越多明檔廚房搬到前廳中心位置，往往會佔據 10%—15%的就餐區面積，店裏最好的位置用於營業的部分隨之減少。

再次，還要看明檔和暗廚的結合是否合理，有的火鍋店把兩者完全分開之後，後廚直接增加 5 個人。

因此，明廚亮灶雖然是餐飲業的大趨勢，但種種明暗成本，如果你沒算清楚，可能會在運營中欲哭無淚。

⑷明檔廚房設計的硬體問題，你能解決嗎？

對商場店來說，把明檔廚房設在前廳需要解決排水等物業問題。商場往往只在後廚預留排水口，在前廳做明廚要留出新的上下水位置，這時需要跟你樓下商戶進行協商，有的店在一樓但負一樓是超市，可能要協商很久才解決。

還有，有的商場不允許你在邊邊角角使用玻璃，明檔廚房想建都不可能。

⑸明檔設計是否起到加分作用？

有的明檔廚房在就餐區中心島，是就餐區顧客從不同角度都能看到的舞臺，顧客可以觀賞食材並瞭解食材的製作過程，就好像在欣賞

一場表演——廚師切配的表演，食材的表演，擺盤的表演等，這本身就屬於視覺美學分支。

但是，有多少餐廳能把明檔做出儀式感？做不到，可能又是減分。

⑹中餐有沒有更好的明檔解決方案？

中餐正餐的烹飪過程，決定了不太適合上明檔，而禾珍珠小鍋米飯的解決方案是，展示米飯—— 一排小鍋米飯現場蒸制，再加上大鍋裏提前做好的鹵菜，既展示了產品特色，又不會有雜訊和油煙。這就起到了加分作用。

⑺哪些能展示哪些不宜展示？

一家火鍋店，老闆一心一意做明檔，可謂「一覽無餘」：拖把桶、抹布、垃圾……

還有泔水、洗碗、殺魚等毫無美感的環節，最好不在明檔廚房展示，不加分還可能直接影響顧客胃口。

⑻表面上考驗明檔展示，實際上考驗供應鏈優勢。

當明廚亮灶成為行業「標配」，裏面裝什麼形成差異化優勢就更重要。食材展示區，背後考驗的是你的上下游供應鏈打通能力。

11 餐飲市場先定位

餐館市場定位是指為了讓餐館產品在目標賓客的心目中樹立明確及深受歡迎的形象而進行的各種決策及活動。透過市場定位，使餐館經營者明白餐館所處的位置，面對的是什麼類型和層次的賓客，才能根據需求設計餐館產品，展開促銷活動。餐館經營的成敗取決於對目標市場的研究與分析，而其關鍵又在於餐館的市場定位是否準確可行。

1. 餐館類型定位的考慮項目

⑴消費水準

就是你的餐館將要服務的群體有多少錢。這點可以參考當地人均收入標準及消費水準，與地方經濟發達與否密切相關。一般來說，消費水準決定的是餐館的檔次，百姓消費不活躍的地區去開高檔餐館就不太合適。

按檔次來分，餐館可分為豪華型餐館、大眾型餐館等基本類型。

①豪華型餐館。在某一特定區域擁有較高聲譽，裝修豪華，環境優美，並且在菜品製作方面也十分考究。除具有一般餐館的特點外，它可以提供高品質的菜肴、高水準的服務及舒適怡人的就餐環境。這種餐館往往擁有一批相對統一的高水準的烹調和服務人員，其服務對象主要是城市高收入消費群體。

②大眾型餐館。從餐館的數量上看，大眾型餐館數量最多。在經營方向上，大眾型餐館的經營品種比較單一，原材料以中低檔為主，

口味以當地大多數人可以接受的為主。這類餐館以自身的特點、規模、檔次、服務的差別，在賓客中樹立各自的地位與形象。

⑵消費群體

對餐館市場定位的目的不是你要利用餐館做什麼，而是你要在那些可能成為你的客戶的消費者心中留下些什麼。瞭解餐館目標群體的消費習慣、消費方式和消費喜好非常重要。這決定了餐館將要提供那種類型的服務。

按照服務的方式來劃分，餐館可分為餐桌服務式餐館、外帶服務式餐館、自助式餐館等基本類型。

①餐桌服務式餐館。一般擁有一定面積的店面，有服務員引領賓客入座，並拿出菜單讓賓客點菜，然後送餐上桌並提供相應的席間服務。這類餐館在餐館業中佔的比重最大，常常稱為酒樓、酒家、飯館等。在發達的城市，配有高素質的服務人員、高技術的廚師隊伍，甚至配有專業營養師的豪華型餐桌服務式餐館非常受追捧。

②外帶服務式餐館。以速食店為代表，主要為賓客提供外帶服務。廚師將菜製作以後，不是裝盤上給賓客，而是將菜品用餐盒包裝好，由賓客帶至餐館以外的地方去吃。這種餐館一般是由於投資者沒有太多的資金，或者在選址上選擇了不太「寬鬆」的店面。但這種餐館有一個最大的優勢就是能夠為賓客提供送餐服務，特別適合開在寫字樓、學校聚集的地方。一個電話、一份套餐，方便了賓客，也推廣了自己。

③自助餐館。以自助方式提供服務的用餐場所，餐館把菜品和餐具全部放在長桌或櫃台上，由賓客自己拿取餐盤、餐具，賓客挑選自己喜歡吃的食品，並在餐館就座用餐。在整個用餐過程中，只有很少的服務員為賓客提供服務。這種餐館在城市商場的一樓或頂樓比較

多，便於賓客在逛完商場之後來此處用餐。有的也在商業街區開設，並以幾種特色佳餚來吸引賓客的眼球。

⑶產品定位

在確定餐館檔次和服務方式之後，你還得想想，你的餐館想要或者能為目標客戶提供什麼樣的食品和服務。這當中，也包含了餐館投資者個人的偏好。當然，其中並非毫無規律可循。例如，你不能到北方人聚集的地方去賣粵菜，否則你可能賠得血本無歸。

按照餐品類型，餐館又可以分為中餐廳、西餐廳、咖啡廳、料理店、特色餐館、速食店等餐館類型。

①中餐廳。中餐文化源遠流長，菜系眾多，常有「四大菜系」、「八大菜系」之說，如川菜、粵菜、浙菜、湘菜、上海菜等，老少皆宜。不過一般的中餐廳都會以某種菜系為主營業務，例如粵菜館、川菜館、湘菜館等。

②西餐廳。指歐美國家的料理餐館。歐美各國菜式、服務均有差異，比較知名的有法國菜、義大利菜、美國菜等，英國菜、瑞士菜及德國菜則居少數。

在中國，一般只有大酒店的西餐廳才會提供正規的西餐服務，而中小型西餐廳往往融合咖啡廳的經驗元素，提供西式簡餐服務或自助西餐服務。

③咖啡廳。以咖啡、飲料、酒水、甜點、小吃等食物為主，也提供零星餐點，如西式簡餐、中西式炒飯、套餐、煲仔飯、燙飯等。隨著經濟發展，居民生活水準的提高，咖啡廳在中小城市開始慢慢盛行，越來越受到具有小資情調的都市年輕男女的青睞。

④料理店。眼下以日韓料理店數量最多。日本料理店裝飾淡雅、清新，料理樣品精緻，味道清爽不油膩，具有典型的日式文化氣氛；

韓國料理則以五穀為主食，採用家常蔬菜或海濱鮮食為輔料，注重用色調來取悅消費者，並輔以鮮辣味道來勾起消費者的食慾，同時配合特色醬汁增加料理的鮮美味道。

⑤特色餐館。通常以劍走偏鋒的方式專門經營一種餐飲產品來滿足特定賓客群體的消費需求，如風味餐館、海鮮餐館、野味餐館、古典餐館、食街、燒烤店、火鍋店等。

2. 餐館市場如何定位

餐館進行市場定位的目的在於，在目標賓客心中留下區別於其他餐館的特別印象。

開店賺錢的途徑就是要滿足顧客的需求，以使顧客購買自己的商品或服務。投資餐廳也是一樣，要想成功，就必須準確定位，有自己的經營特色，才能投資有道。

目前，餐飲市場上的小餐廳，從菜餚上看，多數是川菜、湘菜、粵菜等。餐廳要想盈利就要有自己的招牌菜，也就是自己的拳頭產品，以創造顧客來店的理由。

猶如孩子順利降生，如何養育學問很大，考慮不週孩子也可能夭折。因為，無論是什麼層次的消費者在口味上都有「喜新厭舊」的本能，只要味道好，越是有自己的特色，越能吸引絡繹不絕的顧客，使餐廳長盛不衰。

例如一家主營「煲仔飯」和「蒸飯」的餐廳老闆認為：「投資餐廳必須要有自己的『招牌菜』，我店的特色就是『荷葉蒸飯』，因為味道獨特，所以生意一直很火。」

位於某大學城一家經營面積不足30平方米的餐廳，定位的目標消費群體就是大學城的學生。該店老闆陳女士的投資理念是：方便學生消費群。她覺得，學生在學校是不可能自己做飯的，所以在大學週圍開餐廳基本不用愁客源，只要是速食、小吃的品種多一些，學生一放學就會前來光顧。

陳女士還頗有體會地說：「每天一到吃飯時間，我恨不得店面再大上幾十平方米。顧客排隊吃飯是常有的事，倒不是因為我的飯菜特別好吃，主要是比較符合學生的口味和消費水準。如速食一般，可以在幾個炒菜中任意選擇，而且分量也足。」

陳女士的投資成本主要有：店鋪每月房租；人員薪資和各項支出。陳女士的速食店開業至今已有5年。

由此可見，在學生區和購物廣場、火車站等繁華路段開設餐廳，菜品的特色和口味尤為重要。此外，經營者還應在服務、環境等方面多下工夫，想辦法把相對流動的顧客變成固定消費者。

(1)鎖定目標客戶

你想為那個消費層次的人群提供服務？他們有怎樣的消費需求？他們的消費實力有多大？他們的消費偏好是怎樣的？弄清這些問題，對消費者進行篩選，挑出最有可能成為你的客戶的那部份群體，投其所好提供相應的服務。

(2)樹立個體形象

鎖定目標客戶之後，就該思考，餐館該以怎樣的面目亮相呢？什麼樣的形象最能贏得消費者的信任和好感呢？簡而言之，就是你要如何包裝自己。這是每個餐館經營者在開業籌備期間必須想清楚的問題。

「投其所好」是一個重要的法則。如果你的賓客時間總是不夠用，或許你就要以「快」制勝；如果你的賓客比較節儉，那麼你的產品就不能定價太高；如果你的賓客比較注重品質和健康，那麼你不妨打「綠色環保」牌；如果你的賓客追求個性，主題餐館就是值得你考慮的賣點。

⑶強化宣傳行銷

這是一個「酒香也怕巷子深」的年代，這是一個信息爆炸的年代，這是一個餐館多到令人挑花眼的年代——這樣的年代，你完全憑實力取勝？可能性不是沒有，但接近於零。完成餐館的包裝後，你還得想辦法將餐館推銷出去。各種媒介(包括報紙、雜誌、電視、網路、手機等)都將為你提供宣傳管道。適當的炒作，讓客戶先看見你，然後你才有展現實力的機會。

⑷設計餐飲產品

如果你已經將賓客吸引到你的餐館裏來了，你將為這些懷著好奇心而來的賓客提供什麼樣的產品和服務？你提供的是否是優質產品？這個你說了不算，賓客說了才算。此時，讓賓客滿意是唯一的標準。頭次光顧你餐館的賓客是否會再來，取決於他對餐館提供的產品和服務的滿意度。所以，如何用心打造好產品、提供好服務，鞏固餐館在賓客心中的地位，是每個餐館經營者必須認真思考的問題。

12 餐飲品牌的行銷根本是建立品質

品牌在某種意義上來說是一種承諾，即關於品質的承諾、表現的承諾及某一特定水準的服務的承諾。保持穩定可靠的產品品質是餐飲品牌行銷的基石。餐飲企業的產品既包括有形的菜點，也包括無形的服務和環境氣氛。因此，提高餐飲產品品質從這三個方面同時著手進行方可取得理想的效果，從而不斷提昇餐飲企業的品牌形象。

1. 菜品質量

菜點品牌是餐飲品牌的精髓和核心，是餐飲品牌的支柱。因而創立品牌要從創立品牌菜點開始。菜點品質評價要素如下表所示。

表 12-1　餐飲品質評價要素

序號	要素	具體內容
1	安全	菜點安全可靠，是菜點品質的首要要素，是顧客評價菜點品質的基本標準。安全標準首先要求菜點的食品原料本身是無毒無害的。如果利用超過保質期的食品、腐爛變質的肉食、剛噴撒過劇毒農藥的蔬菜、發了芽的馬鈴薯等作為原料加工出來的菜點不僅會傷害顧客的身體，甚至可能危害其生命安全。其次，在對食品原料進行加工烹製時，必須根據不同原料的特性進行加工，避免因加工不夠充分而引起食物中毒。未熟透的四季豆、加熱不透的白果、未煮沸的豆漿等都容易導致顧客在食用後出現食物中毒的情況
2	氣味	菜點的氣味是菜點飄逸出的氣息，它是顧客鑑定菜點品質的嗅覺標準，對顧客的食慾有著直接的影響。菜點的氣味大部份來自菜點原料本身，經過烹調處理得以發揮的，當然，也可以透過調味來創造。菜點的氣味，應該是芳香濃郁、清新雋永、誘人食慾、催人下箸

續表

<table>
<tr><th>序號</th><th>要素</th><th>具體內容</th></tr>
<tr><td rowspan="4">3</td><td>色彩</td><td>菜點的色彩是顧客評定菜點品質的視覺標準，對顧客的心理產生直接作用。菜點的色彩一般由動、植物中的天然色素和透過添加含有色素的調味品形成。菜點顏色以自然清新、色彩鮮明、色澤光亮、搭配和諧為佳。一般說來，黃、紅、綠、茶色等顏色比較容易激起客人的食慾。黃色多給人以淡香的感覺，如咖喱飯、蛋糕、麵包、黃油，水果中的香蕉、蜜橘、鳳梨等：紅色使人感到有濃厚的香味和鮮美的感覺；綠色往往被人們看作新鮮、清爽的味道的代表色；而咖啡、巧克力、啤酒、煎餅等具有獨特風味的食品多為茶色</td></tr>
<tr><td>形狀</td><td>菜點的形狀是指菜點的成形、造型，這也是顧客評定菜點品質的視覺標準。菜點的形狀一般由原料本身的形態、加工處理的技法，以及烹調裝盤的拼擺而成的。菜點的形狀，應該做到刀工精細，整齊劃一，勻稱和諧，點綴得體，裝盤巧妙，造型優美，形象生動</td></tr>
<tr><td>口味</td><td>口味，即菜點的味道，是指菜點入口後對人的口腔、舌頭上的味覺系統產生作用，給人口中留下的感受。口味是菜點品質的關鍵要素，是顧客評價菜點品質的最主要指標。菜點口味的最基本要求是口味純正，味道鮮美，調味適中</td></tr>
<tr><td>質感</td><td>質感，即菜點給人質地方面的印象，是顧奮評定菜點品質的觸覺標準。它主要取決於原料本身的品質和烹調技術水準。菜點的質感一般包括韌性、彈性、膠性、粘附性、纖維性及脆性等。不同萊點要求不盡相同</td></tr>
<tr><td>4</td><td>溫度</td><td>溫度，即出品菜點的溫度。同一菜點，溫度不同，口感品質會有明顯的差異。菜點的溫度必須依據不同菜點的特點，保持恰當的溫度，該冰的要冰，該冷的要冷，該熱的要熱，該燙的要燙。菜點的溫度除了取決於烹調以外，還必須注意菜點的服務控制</td></tr>
<tr><td>5</td><td colspan="2">在一些規格較高的餐廳，器皿也是也是顧客評定菜品質量的視覺標準</td></tr>
</table>

2.服務品質

隨著經濟發展，人們的消費觀念也發生了巨大的變化。如今，顧客外出就餐，不僅僅是為了填飽肚子，更要求享受優美的用餐環境和優質的餐飲服務。美味可口的菜點必須配以熱情週到的服務才能令顧客真正滿意。在接待服務過程中，服務分寸掌握得是否適度，直接影響到顧客就餐的品質。有時，一桌很糟糕的飯菜令顧客非常惱火，但是由於服務員熱情、週到和恰如其分的服務會使他們轉怒為笑：有時，一桌精美的食物令顧客賞心悅目，但是，卻可能因服務員粗糙和蹩腳的服務，使得他們掃興，從而招致投訴。

表 12-2　現場控制內容

序號	內容	具體說明
1	服務程序的控制	按最合理的服務順序、最佳的服務時機來開展服務
2	上菜時機的控制	根據賓客用餐的速度、萊餚的烹製時間，掌握好上菜節奏
3	意外事件的控制	餐飲服務是面對面的直接服務，容易引起賓客的投訴。一旦引起投訴，主管一定要迅速採取彌補措施，以防止事態擴大，影響其他賓客的用餐情緒
4	人力控制	開餐期間，服務員雖然實行分區看台責任制，在固定區域服務(一般是按每個服務員每小時能接待20名散客的工作量來安排服務區域)。但是主管應根據客情變化，進行二次分工，做到人員的合理運作

餐飲服務規程，即餐飲服務的規範和程序，是餐飲服務的基本依據和準則。餐飲企業的服務規程一是必須符合餐飲企業的檔次等級和管理目標；二是必須適應餐飲目標市場客源的需求；三是必須適應餐飲企業的經營特色；四是必須考慮零點、團隊、會議、宴請等各類餐

飲產品的不同特點；五是必須注意迎賓、引座、看台、跑菜、酒水、收銀等不同崗位內容和操作要求，必須注意各環節的協調與銜接。總之，必須使餐飲的服務工作達到服務行為的規範化、服務過程的程序化和服務品質的標準化。

3. 環境品質

相當多的餐廳，在佈置環境、營造氣氛上下了很大的功夫，力圖營造出各具特色的、吸引人的種種情調。或新奇別致，或溫馨浪漫，或清靜高雅，或熱鬧刺激，或富麗堂皇，或小巧玲瓏。有的展現都市風物，有的顯示鄉村風情。有中式風格的，也有西式風情的，更有中西合璧的。從美食環境到極富浪漫色彩的店名、菜名，使顧客能在大快朵頤之際，烘托起千古風流的雅興和一派溫馨之情。

表 12-3　顧客對環境的要求

序號	要求	內容
1	衛生整潔	衛生整潔是顧客對於餐廳最基本的要求，也是餐廳應當為顧客提供的最基本的環境氣氛。所謂「病從口入」，對於作為自己進餐場所的餐廳，絕大多數顧客都會首先注意到該餐廳的衛生程度。由於菜點的製作過程往往在後台進行，不為顧客輕易所見，顧客判斷一個餐廳衛生狀況的主要依據就是該餐廳賣場環境的清潔整齊程度，包括員工的儀容儀表(包括其個人衛生、有無不良動作如摳鼻孔等)、台布的乾淨程度、牆面與地面有無積塵污漬等等
2	氣氛和諧	就餐氣氛有廣義和狹義之分。廣義上可指一切影響到顧客對餐廳滿意程度的因素，包括衛生、服務、菜點、價格等；狹義上專指就餐時餐廳內人員之間的相互影響所構成的進餐氣氛。這裏用的是狹義上的氣氛，主要包括三組互動關係。其一是顧客與服務人員之間的互動，二者間友好互動的結果可以使顧客的滿意度大大提高；其二是顧客與顧客之間的互動，良好的情緒是可以相互感染的，進而營造出一個和諧美好的進餐氣氛；其三是服務人員之間的互動，包括相互間的禮貌、尊重以及合作，這種友好的互動同樣可以給顧客帶來良性的影響

續表

序號	要求	內容
3	舒適愜意	顧客在餐廳進餐，一方面是為了補充食物營養以滋生養體，另一方面也是為了鬆弛神經、消除疲勞。這就要求餐飲環境的裝飾佈置能給人以舒適愜意感，以助恢復體力、增進食慾。因此，餐桌和餐具的造型、結構必須符合人體構造規律，不可增添進餐者的疲勞感，而是要讓人感到舒適愜意；餐廳的色彩、溫度、照明和裝飾要力求創造安靜輕鬆、舒適愉快的環境效果
4	美觀雅致	與此同時，顧客在餐廳進餐，往往還有滿足嗜好、追求情趣的需求；而美觀雅致的環境有助於讓顧客這方面的要求得到充分滿足。創造美觀雅致的餐飲環境應採取人工裝飾環境和利用自然環境相結合的方法，在根據不同餐廳類型、不同餐飲內容設計相應主題進行裝飾的同時，還應充分利用週圍環境的自然美，將湖光山色、自然天趣引入室內
5	個性特色	在日漸複雜的消費群體中也滋生出個性化消費一族，而且這一群體的人數日漸龐大。這一個性化群體的突出表現是對就餐環境特殊性的一種強烈追求。受這一消費追求的影響，許多餐飲經營者除了在菜式，服務等環節尋求特色外，更是煞費苦心營造就餐環境中的「賣點」，以新奇大膽的環境迎合消費者的這一個性需求。例如以「京味」作為該店主題的海館居餐館，借助就餐環境展示了老北京文化的精髓

13 一道菜能做成一個品牌，需要五步驟

街頭巷尾的代表小吃、招牌菜，今年可能會大火的一道菜會是誰呢？

他們是怎麼做的？搜集了幾個比較典型的品牌案例，最後總結出一個方法論，或許能帶給你啟發。

把擁有龐大認知基礎的傳統菜品，用今天的審美情趣、社交要求、食品安全和標準化來重新演繹，就可能成就一個規模化的連鎖品牌。

做小吃和簡餐的，很多家，但仍有很多品類尚未出現優異成績。怎樣把傳統美食做成品牌？怎樣把品牌做成品類 NO.1？

1.做成文化感，把品類歷史做成品牌底蘊

品類是品牌的根，沒有根難有參天大樹；而文化是品類的土壤，肥沃的土壤才能培育強大的根系。

俏鳳凰主打苗家牛肉粉，門店設計中無一不體現著苗家文化。把湘西的刺繡和蠟染做成燈箱，用苗族姑娘的銀飾帽子改造成吊燈燈罩，把鳳凰最具代表性的刺繡、木雕、儺藝等手工藝品運用到門店軟裝中……

2.做成鮮活化，把熟悉的場景做出儀式感

用現場製作打造傳統品類的儀式感、提昇體驗感，明檔現做，更能引起顧客熟悉、親切的情感共鳴。

鄭州的「弄粉兒鐵板炒涼粉」，在店內操作臺放一塊鐵盤，現炒

現賣。路過的人、排隊取餐的顧客都是這場「儀式」的觀眾。

3.做成小型化，產品小、店鋪小

產品小型化、店鋪小型化，小產品能適應更多消費場景，小店鋪更便於提高效率、降低成本。

芙蓉巷成都名小吃所有產品都設置成「小份」，一份 5 塊的紅糖糍粑改成了 3 塊，「讓顧客有更多選擇性，每一份的量都不大，吃到的種類多又不會浪費」，品牌創始人吳少輝說。

又如，渝是乎把風靡全國的酸菜魚，做成了一人可吃的「酸菜小魚」。

4.做成年輕化，給年輕顧客愛上你的理由

採用更年輕的售賣、服務、支付、行銷方式，品牌年輕有活力，品牌的生命力也就越強。

今年 5 月，味蜀吾沸騰三國閉店 10 個月進行年輕化改造後重新開業，把吃火鍋的目的變成了「聚會」：因歡聚而沸騰，Slogan 改成了年輕人喜歡掛在嘴邊的「活著一定要有態度」，還給品牌灌入更多潮基因——教員工跳搖擺舞、Salsa 舞，邀請搖擺舞團、Salsa 舞團、特斯拉顧客來試吃，並參與各種潮牌嘉年華活動。

5.做成休閒化，做「餐飲+」模式

如今餐飲消費從基礎的生理需求，上昇到了心理需求，也從功能性消費演變成精神性消費。消費昇級下，提供休閒、舒適的消費環境，休閒化已經是毋庸置疑的趨勢。

近兩年模糊了餐飲、娛樂休閒邊界的「餐飲+」模式大受歡迎。「餐

飲+酒吧、咖啡廳」，典型的就是合縱文化旗下的胡桃裏餐廳。用餐時聽歌，餐畢喝著小酒聽彈唱，而胡桃裏的價值在於不僅拓寬了餐廳的消費場景，還延展了餐廳的消費時限。

14 餐飲店美名才能搶先機

名字，是宣告一個餐館正式誕生的標誌。「人如其名」，說明了名字對人的重要性。其實餐館的名字在某種意義上來說，比人名更加重要。因為人名只需傳達長輩的期望，不必在乎外界的看法。而一家餐館的名字，則要向消費者昭告其存在的意義和目的。它肩負著重要的使命——吸引消費者，在消費者心目中樹立良好的第一印象。而這是關係著一個餐館能否在激烈的市場競爭中生存發展的大事。

一、好名字是店鋪的金字招牌

一個不同凡響、創意獨到的店鋪名稱經常能帶來十分突出的效果，而一個用字生澀、名不副實的店名往往會招致消費者反感，給店鋪經營帶來不良影響。

店鋪的名稱也同樣會對店鋪的生意產生較大的影響，尤其是因其音、形、義而給消費者的第一印象更顯得重要。優美的稱謂很容易帶給人良好的印象，反之，若名字取得陰陽怪氣的，不免給人留下不良印象。因為這樣的誤會令店鋪莫名其妙承受不平等待遇的例子並不鮮見，其教訓也是十分深刻的。由此看來，對於將開設一家店鋪的業者而言，命名這項課題舉足輕重、意義深遠，因此，引經據典地取個好名才是創業之上策！

一個好的店鋪命名通常音韻和諧、字義文雅、取詞恰當，光聽其名就能使人產生親切、祥和的感受。例如「美食軒」這個名字。作為一家經營餐飲的店鋪，往往會由於其名稱的精緻、文雅而令消費者產生一個良好的印象。只要鋪名取得好記易懂、恰如其分，往往在開業之初便能吸引眾多顧客，取得「開門紅」。

因此，給店鋪取一個好名字是店鋪實物形象設計的第一步，它直接關係著顧客對店鋪的第一印象，關係著店鋪對潛在顧客的吸引力。

二、餐館名字必須具備的六個特徵

目前的餐飲市場，中小餐館都以其投資少、成本低、見效快受到餐飲投資者的廣泛青睞。中小餐館的發展路數寬闊，發展的空間也很大，各式各樣的特色餐館現在越來越多，數都數不盡，找一個能很好帶動自己小餐館經營發展的絕佳位置，再創意出一個好的餐館名字，接下來的餐館內部工作也就隨之展開了。然而，很多餐館就因為這個名字沒有取好，便在經營路上一路受阻。可見，餐館名字的好壞直接關係到餐館後續的經營。因此，我們認為，好的餐館名字一般會有如下六個特徵。

1. 簡單明瞭

餐館名字不能夠太晦澀，應該讓所有的目標客人都能夠很輕易地看得懂，這樣也方便客人將餐館信息傳達給其他人群。簡單明瞭的餐館名字一般都會很容易在客人之間進行流傳，「湘鄂情」、「太子軒」、

「小藍鯨」、「醉江月」、「豔陽天」這些餐館的名字，都是非常簡單的，但寓意卻非常深刻。

2. 順口易記

餐館名字一定要非常順口，也要方便客人記憶，這樣才能夠傳播下去。要做到這一點，餐館名字一定要講究語言的韻味和通暢，還應該時刻考慮抓住消費者的精神需求，與消費者產生共鳴。對於那些幽默詼諧的餐館名字，顧客一般都是在不自覺中就記住了，如「東來順餐館」、「巴將軍火鍋」、「川胖子食府」、「豪享來西餐廳」等。相反，有的餐館名字卻讓人覺得吐字不爽，寓意顯得蒼白無力，如「小二黑餐館」、「臭丫頭食府」等。

3. 突顯賣點

小小餐館的名字不能含糊，其不僅要通俗易懂、朗朗上口，更重要的是還要能突顯餐館的賣點，展現餐館的經營項目、經營風格等。因此，餐館名字一定要符合您所經營的內容、特點、風格，切不可隨意了事。例如，像燒烤店就可以取一些諸如「蒙古燒烤屋」、「新疆烤串店」、「草原大烤王」之類的帶有「烤」字的餐館名字，這樣才能夠表明自己給客人提供的是正宗的原汁原味的產品。

4. 符合習俗

風土人情各異，在餐館取名時一定要認真瞭解並充分考慮當地的歷史地理、風俗習慣等因素，否則，您餐館的名字稍有不慎，不但不能刺激顧客需求，相反還會產生一些負面影響。

5. 匹配檔次

餐館的名字應與其檔次相匹配。很多餐館投資者都喜歡在取名字上挖空心思，盡可能地去想一個非常獨特的創意，找到一個非常別具一格的名字。這種精神固然無可厚非，但餐館名字要好聽、有特色，而且還要符合自己餐館的檔次，則實屬不易。

6. 富含文化

餐館名字最好能夠具有一定的文化氣息。這樣，在某種程度上，不但能夠體現餐館老闆的文化功底和素質水準，而且客人也會很樂意接受。在餐館名字上做「文化」的功夫，往往需要把握一些詩、詞、景、物等要素，這樣才能夠將文化找到具體依託的載體。例如現在很多開生態餐館的，將自己的餐館取名為「映水堂」，多麼富有文化和詩意的店面！

三、取一個能提昇品位的店名

店名是一種文化，也是一座城市的標誌之一。街市上琳琅滿目的各類店鋪的名字，既是店鋪的門面，又星羅棋佈地組合在一起構成了城市的門面。取一個能提昇品位的店名，才能增強店鋪的吸引力。

1. 起個風趣典雅的店名

幽默趣味式的命名可以刺激顧客疲軟的購買慾。現代人的壓力那麼大，的確應該在生活中多來點幽默來調和緊張的情緒！在命名中我們應該學會用風趣、幽默切入市場。像有一家泡沫紅茶店的店名是「不清楚」。這四個字別有一番趣味，指的是芸芸眾生皆迷迷糊糊過日子，還是指泡沫紅茶晃起來的朦朧感？所以無從看起，連店主也「不清楚」呢！

2. 起個洋店名

洋為中用的一個好處就是增加新奇感。這迎合了消費者的獵奇心理和標新立異的心理趨向。洋為中用的店名，能提昇店鋪的品位。

3. 起個底蘊豐富的店名

商家在給自己的店鋪命名時，如果能夠注入特定的文化成分，使其具有一定的文化內涵、不僅可以提高自己店鋪的檔次和品位，而且能引起更多顧客的注意。例如，「榮寶齋」就是典型的例子。這個名字，十足體現了傳統文化的特點。好的店名，有文化底蘊，使消費者感到放心愜意。如還有「樓外樓」、「天然居」、「居士林」、「萃華樓」之類命名。

4. 引經據典聲名遠揚

借用典故給商鋪企業命名，也是一種技巧。詩詞典故本身蘊含著很高的文化和美學價值，能夠使人產生豐富的聯想，而且好記，所以不失為企業商號取名的好素材。用一些雅字來取名，往往會引起知識份子和上層人物的興趣，而這部份人又極具有宣傳力，透過他們的口可將店鋪的聲名傳播四方，以這種方式命名的店鋪很多。

15 餐飲業的經營指標

經營目標表示企業經營的目的和奮鬥的方向。管理者沒有目標，就會在實踐中失去依據而亂套。餐飲企業的各級員工各有自己的目標。不同層次的目標，互相組合在一起，使企業正常運轉。小目標的實現，保證了中目標；中目標的實現又保證了大目標的完成。

餐飲企業必須制定總利潤、總營業額、市場佔有率等目標，餐飲企業管理人員應經常獲取下面的管理參數。

1. 資金週轉率

資金週轉率表示在一定時間內企業使用某項資產的次數。計算週轉率，有助於判斷企業對存貨、流動資金和固定資產的使用情況和管理效率。例如，餐廳應確定最適當的流動資金週轉率，並對實際週轉率進行比較。週轉率過低，流動資金不足，一旦遇到企業的營業收入下降，企業就可能面臨資金不足的局面。

2. 空間利用率

每個經營單元如酒吧、餐廳等合理佔據的面積，是根據容納的人員及每個人員所需面積計算得出的，空間利用率是指包括酒吧、餐廳、宴會廳等空間的利用面積佔總面積的比例。另外，應充分注意營業的淡旺季節性，儘量開發淡季時的市場，如老年人市場、舉辦棋牌比賽會和各種訂貨會等，以提高空間利用率。

3. 在穩定的營業時間內，餐飲的需求量

確定餐飲需求量，要求考慮原料的供應，廚房生產能力及客人等情況，注意各種菜式的銷售結構，避免有的菜供不應求，有的卻無人問津。

4. 人均服務的坐位數

人均服務的坐位數是指餐廳服務人員每人負責的餐廳坐位數，它可以反映該餐廳服務人員的工作能力與效率。人均服務的坐位數愈多，說明工作能力愈強、效率愈高，而管理人員就愈應注意服務工作的品質，以免出現人均負責的坐位過多，出現應接不暇而服務不週的情況。

人均服務的坐位數少，服務人員的工作效率不高，勞動成本開支大，技術水準不高。當然，不同的餐廳服務類型，不同的營業時間，對於人均服務的坐位數的需求也不同，餐飲企業應根據餐廳本身的服

務特點與要求，制定出合理的人員配額，以便最大限度地挖掘潛力，減少人力開支，提高效益。

5. 毛利率與成本率

毛利率是指產品銷售毛利與產品銷售金額的比例，它是反映產品銷售贏利程度的指標。成本率是產品的原材料成本對產品的銷售額的比例，是反映原材料成本佔銷售額比重的指標。

$$\text{餐飲的成本率} = \frac{\text{已銷售的食品、飲品總成本}}{\text{食品、飲品的總收入}} \times 100\%$$

如果實際成本率高於標準成本率，說明原材料進價過高，或消費過大，應及時採取措施，使實際成本率降下來。如果實際成本率低於標準成本率，說明銷售價格與實際價值不符，或者其他方面有問題，應當找出原因。毛利率從另一側面反映成本與收入的關係，其計算方法可從 1 減成本率得出。

6. 坐位週轉率

坐位週轉率是就餐人數與餐廳總席位數的對比值。計算公式為：

$$\text{坐位週轉率} = \frac{\text{就餐客人總數}}{\text{餐廳坐位數} \times \text{實際營業日}} \times 100\%$$

坐位週轉率關係到客人停留時間的長短，如果不影響服務品質，坐位週轉率偏高為好。管理人員要注意分析怎樣的週轉率是合適的。若發現坐位週轉率下降，很可能是由於季節性緣故或服務品質降低、價格偏高或食品品質低劣而引起的。

7. 人均消費額

人均消費額是指營業收入除以就餐人數的值，它反映客人的消費水準，是掌握市場狀況的重要資料。

在不降低總銷售量、不減少客人的前提下，餐飲企業要努力提高人均消費水準。由於漲價因素，最高消費額逐年增加，但餐飲企業也可以通過調整菜單、合理採購、創造新的服務項目等措施，儘量控制最高消費額的增加。這樣可以穩定價格水準，保證「回頭客」的生意。

8.營業時間

它是企業服務能力的一個反映。按照客人的需求，確定餐廳每天的開業、結束時間，以及專門的用餐時間，例如，有的冷餐會是從下午 3 點鐘到 6 點鐘，夜宵可以從晚上 9 點鐘開始。另外，還要設法縮短開門營業前的預備工作時間，因為這段時間雖然不影響營業額，但與管理費用有關，那怕縮短一分鐘，也可使成本降低。

9.人均銷售額

人均銷售額是指餐飲總收入除以全體出勤人員數的比值，它反映的是各個餐飲網點的勞動效率水準。人均創收高，說明該餐廳的勞動效率高，勞動成本低；反之，則說明勞動效率不理想，勞動成本高。人均銷售額可以幫助管理人員對各個餐廳的實際經營效益作對比，從中發現效益差、人均創收少的部門，並隨之查找原因，找出解決問題的辦法。

表 15-1 餐飲企業經營計劃指標

編號	名　稱	公　式	含　義
1	餐廳定員	=座位數×餐次×計劃期天數	反映餐廳接待能力
2	職工人數	=(期初人數+期末人數)/2	反映計劃期人員數量
3	季節指數	=[月(季)完成數/全年完成數]×100%	反映季節經營程度
4	座位利用率	=(日就餐人次/餐廳座位數)×100%	反映座位週轉次數
5	餐廳上座率	=(計劃期接待人次/同期餐廳定員)×100%	接待能力利用程度
6	食品人均消費	=食品銷售收入/接待人次	客人食品消費水準
7	飲料比率	=(飲料銷售額/食品銷售額)×100%	飲料經營程度
8	飲料計劃收入	=食物收入×飲料比率+服務費	反映飲料營業水準
9	餐飲計劃收入	=接待人次×食物人均消費+飲料收入+服務費	反映餐廳營業水準
10	日均營業額	=計劃期銷售收入/營業天	反映每日營業量大小
11	座位日均銷售額	=計劃期銷售收入/(餐廳座位數×營業天)	餐廳座位日營業水準
12	月分解指標	=全年計劃數×季節指數	反映月計劃水準
13	餐飲毛利率	=(營業收入－原材料成本)/營業收入×100%	反映價格水準
14	餐飲成本率	=(原材料成本額/營業收入)×100%	反映餐飲成本水準
15	喜愛程度	=(某種菜餚銷售份數/就餐客人人次)×100%	不同菜點銷售程度
16	餐廳銷售比率	=(某餐廳銷售額/各餐廳銷售總額) ×100%	各餐廳經營程度
17	銷售利潤率	=(銷售利潤額/銷售收入)×100%	反映餐飲銷售利潤水準

續表

編號	名　稱	公　式	含　義
18	餐飲流通費用	=∑各項費用額	反映餐飲費用大小
19	餐飲費用率	=(計劃期流通額/營業收入)×100%	餐飲流通費用水準
20	餐飲利潤額	=營業收入—成本—費用－營業稅金 =營業收入×(1－成本率－費用率－營業稅率)	反映營業利潤大小
21	餐飲利潤率	=(計劃期利潤/營業收入)×100%	餐飲利潤水準
22	職工接客量	=客人就餐人次/餐廳(廚房)職工人數	職工勞動程度
23	職工勞效	=計劃期收入(創匯、利潤)職工平均人數	職工貢獻大小
24	職工出勤率	=(出勤工時數/定額工時數)×100%	工時利用程度
25	薪資總額	=平均薪資×職工人數	人事成本大小
26	計劃期庫存量	=期初庫存+本期進貨－本期出庫	反映庫存水準
27	平均庫存	=(期初庫存+期末庫存)/2	月在庫存規模
28	月流動資金平均佔用	=(∑期初佔用+期末佔用)/2	年、季、月流動資金佔用水準
29	季流動資金平均佔用	=季各月平均佔用/3	
30	年度流動資金平均佔用	=各季平均佔用/4	
31	流動資金週轉天數	=計劃期營業收入/同期流動資金平均佔用	流動資金管理效果

續表

編號	名　稱	公　式	含　義
32	流動資金週轉次數	=(流動資金平均佔用×計劃天數)/營業收入 =流動平均佔用/日均營業收入	流動資金管理效果
33	餐飲成本額	=營業收入×(1－毛利率)	反映成本大小
34	邊際利潤率	=毛利率－變動費用率 =[(營業收入－變動費用)/營業收入] ×100% =(銷售比率－變動費用)/銷售比率	反映邊際貢獻大小
35	餐飲保本收入	=固定費用/邊際利潤率	反映餐飲盈利點高低
36	目標營業額	=(固定費用+目標利潤)/邊際利潤率	計劃利潤下的收入水準
37	餐飲利潤額	=計劃收入×邊際利潤率－固定費用	反映利潤大小
38	成本利潤率	=(計劃利潤額/營業成本)×100%	成本利用效果
39	資金利潤率	=(計劃利潤額/平均資金佔用)×100%	資金利用效果
40	流動資金利潤率	=(計劃期利潤額/流動資金平均佔用)×100%	流動資金利用效果
41	投資利潤率	=(年度利潤/總投資)×100%	反映投資效果
42	投資償還期	=[(總投資+利息)/(年利潤+年折舊)]+建造週期	反映投資回收效果
43	庫存週轉率	=(出庫存貨物總額/平均庫存)×100%	反映庫存週轉快慢
44	客人平均消費	=餐廳銷售收入×服務費比率	服務費收入大小
45	餐廳服務費	=餐廳銷售收入/客人總數	就餐客人狀況
46	食品原材料淨料率	=(淨料重量/毛料重量)×100%	反映原材料利用程度
47	淨料價格	=毛料價/(1－損耗率)	淨料單位成本
48	某種菜生產份數	=就餐總人次×喜愛程度	產品生產份數安排

16 餐飲業成本控制的策略

餐飲店成本指製作和銷售餐飲產品所付出的各項費用的總和。餐飲成本包括實物成本和費用成本。實物成本包括設備、食品原料、飲料、酒水、配料等成本。費用成本包括人力成本、水電費、燃料費、餐具和用具低值易耗品、稅收及經營費用等。成本控制就主要從這兩方面進行。餐飲店主要要加強控制的成本是：原料成本、人力成本、經營費用。

餐飲成本控制指在餐飲店經營中，管理人員按照餐飲店規定的成本標準，對餐飲經營各成本因素進行嚴格的監督和調節，即時發現偏差，採取措施加以糾正，將餐飲實際成本控制在計劃範圍內，保證實現餐飲店的成本目標和經營目標。

1. 原料成本控制

原料成本是餐飲店的主要成本，它包括主料成本、輔料成本和調料成本，原料成本通常由採購、驗收、庫存、製作四大因素決定。因此要將原料成本控制好，就必須健全原料採購、驗收、庫存、製作各項制度。

採購是食品原材料成本控制中的首要環節。採購的數量、規格、品質和價格如何，將直接影響到食品原材料成本的高低。

健全採購制度，首先必須有明確的採購標準。一般說來，採購的基本要求是品種符合規格、品質優良、價格合理、數量適中。並要做到優質低價，送貨及時。

驗收制度，就是對驗收人員、驗收項目、要求及程序的具體規定。庫存制度則是在入庫、儲、存出庫等方面的規定。

食品從原料到成品，必須經過一系列的加工製作過程，如果不加控制，就會出現浪費現象。對加工製作過程的控制，關鍵是制定各種標準，如出料理標準、投料標準、分配標準、烹調材料及烹調的標準化。這些標準的確定與執行，不僅能避免各種浪費，控制食品成本，而且對保證菜餚品質也非常有效。

2.人力成本控制

人力成本是指餐飲店付給全體工作人員的薪資、福利及其他費用的總額。現代化的餐飲店經營管理應從實際生產和經營出發，充分挖掘職工潛力，合理地進行定員編制，控制職工的業務素質、非生產和經營用工，防止人浮於事，以合理的、少而精的定員為依據控制餐飲生產和經營人數，使薪資總額穩定在合理的水準上。首先對用工數量控制，用工數量控制也是對工作時間的控制，做好用工數量控制在於儘量減少缺勤工時、停工工時、非生產和非服務工時等，提高職工出勤率、工作生產率及工時利用率，嚴格執行工作定額，然後做好薪資總額控制。為了控制好人工成本，管理中應控制好餐飲店薪資總額，並逐日地按照每人每班工作情況，進行實際工作時間與標準工作時間比較和分析，並做出總結和報告，將人工成本控制在合理的範圍。

在薪資表上，付給員工直接或間接的費用，都可稱為人力成本。間接費用是由公司員工訓練和一部份管理費用所構成，這些都包括在員工成本中，但通常是不容易控制的，只有直接的費用比較易於掌握。這些是：薪水和薪資(包括加班費)；假期和節日的花費；員工餐點費；社會保險稅金；住院、生活和意外保險；養老金和退休金。

以上項目之外還要加上其他福利的總成本，應佔薪水或薪資的

15%～25%。

3.費用支出控制

在餐飲店成本中，除了原料成本、人力成本之外，還包括許多項目，如固定資產折舊費、設備保養維修費、排汙費、綠化費及公關費用等。這些費用中有的屬於不可控成本，有的屬於可控成本。這些費用的控制方法就是加強餐飲店的日常經營管理，建立科學規範的制度。

4.成本控制策略

餐飲店的成本控制，其實也不難，只要科學合理制定相關制度並徹底執行它，再加上下面的控制策略，那就會更加得心應手。

(1)標準的建立與保持

餐飲店營運都需建立一套營運標準，沒有了標準，員工們各行其是。有了標準，經理部門就可以對他們的工作成績或表現，作出有效的評估或衡量。一個有效率的營運單位總會有一套營運標準，而且會印製成一份手冊供員工參考。標準制定之後，經理部門所面臨的主要問題是如何執行這種標準，這就得定期檢查並觀察員工履行標準的表現，同時借助於顧客的反映來加以考檢。

(2)收支分析

這種分析通常是對餐飲店每一次的銷售作詳細分析，其中包括餐飲銷售品、銷售量、顧客在一天當中不同時間平均消費額，以及顧客的人數。成本則包括全部餐飲成本、每份餐飲及勞務成本。每一銷售所得均可以下述會計術語表示：毛利邊際淨利（毛利減薪資）以及淨利（毛利減去薪資後再減去所有的經常費用，諸如房租、稅金、保險費等等）。

⑶菜品的定價

餐飲成本控制的一項重要目標是為菜品定價(包括每席報價)提供一種適當的標準。因此，它的重要性在於能借助於管理，獲得餐飲成本及其他主要的費用的正確估算，並進一步制定合理而精密的餐飲定價。菜品定價還必須考慮顧客的平均消費能力，其他經營者(競爭對手)的菜單價碼，以及市場上樂於接受的價碼。

⑷防止浪費

為了達到營運業績的標準，成本控制與邊際利潤的預估是很重要的。而達到這一目標的主要手段在於防止任何食品材料的浪費，而導致浪費的原因一般都是過度生產超過當天的銷售需要，以及未按標準食譜運作。

⑸杜絕欺詐行為的發生

監察制度必須能杜絕或防止顧客與本店店員可能有的矇騙或欺詐行為。在顧客方面，典型而經常可能發生的欺詐行為是：用餐後乘機會從容不迫而且大大方方地向店外走去，不付賬款；故意大聲宣揚他用的餐膳或酒類有一部份或者全部不符合他點的，因此不肯付賬；用偷來的支票或信用卡付款。而在本店員工方面，典型欺騙行為是超收或低收某一種菜或酒的價款，竊取店中貨品。

17 成本管控出問題，月營業 40 萬，只盈利 1 萬？

會賺錢的門店，少不了精明能幹的管理團隊。無論是連鎖品牌，還是個體經營，盈利的根本和核心的競爭力都在於門店。一旦門店管理出現偏差，利潤就可能從很多方面被「吃掉」。

有一家 300 平米的中餐廳，其老闆曾一度很困擾：每月營業額基本能夠保持在 40 萬(人民幣)以上，因為有關係，房租成本也很低，可是到頭來，每月的淨利潤只剩下 1 萬塊。

資深餐飲人為其做了一番評估，發現基於這家門店的人均客單價、客流量和產品體系等條件，月流水 40 萬已經是不錯的成績了，每月淨利做到 5 萬以上是沒有問題的。

不賺錢的很大一部分原因，出在門店管理上，對此，進行了複盤和糾錯：

1. 人員配置失當，人力成本過高

這家店的前廳服務人員配置較多，300 平米，僅是領班就有 4 位。因為是廚房外包的形式，談下來的廚師長和廚師團隊整體薪資也高出常規的後廚人力費用。

正常的中餐廳，包含工資，住宿、福利費用等，人力成本會占比 20～23%，這家餐廳的人力成本遠超過平均標準。

建議門店優化前廳的人員配置。在此基礎上，調整了點餐流程：在功能表上加上編號和手寫單，顧客可以自助點菜，點餐效率提高了，自然節省了服務員的一部分時間。

並與廚師長進行溝通，改變了廚房承包的方式，談成了降低後廚的基本薪水至正常的廚房標準，全部按照銷售業績來拿提成。

2. 本管控沒標準，後廚出了問題

這店採購是由廚師長在管，但是廚師長卻沒有意識進行明確的採購統計分析，以致於被供應商惡意波動性地加價也沒有察覺。

對廚房的出品標準和儲藏標準管控不嚴，導致了嚴重的浪費和損耗，包括檢查庫房、冰箱時，很多菜已經壞掉不能用了。

採購報表不清晰，沒有統計，就無法看出採購端的問題。

用兩個月時間梳理，一是建立了採購統計分析標準，每天採購都有記錄，就發現了供應商價格波動的問題：同樣的蔬菜基本上每個星期的價格都在變，一個月下來都會高出上一個月了。很快換了供應商，成本也下降了 1～2 個點。

幫助廚師長做標準化，在後廚的管理、出品標準的制定上做了改善，降低食材損耗，利潤也提上來 1～2 個點。

除了在食材成本、人員薪資和配置、廚房標準及前廳標準上的調整，還幫助這家餐廳的管理團隊梳理了如何針對門店營業額進行分析。這家店也在一段時間的調整後，實現了利潤的回歸。

3. 優質的管理團隊：會賺錢，也善分析

恰恰在 10 家店以內的品牌，80%的管理團隊甚至是老闆也面臨著上述的痛點：明明生意很好卻不賺錢，想要控制成本卻不知從何入手，管理團隊沒有標準也很委屈。

實際上，盈利的門店少不了精明能幹的管理團隊。管理團隊應該具備對生意好壞的判斷能力，及對單店經營的分析能力和解決問題的能力。

18 要控制成本，不知從何入手

會賺錢的門店，少不了精明能幹的管理團隊。無論是連鎖品牌，還是個體經營，盈利的根本和核心的競爭力都在於門店。一旦門店管理出現偏差，利潤就可能從很多方面被「吃掉」。

在 10 家店以內的品牌，80%的管理團隊甚至是老闆也面臨著上述的痛點：

明明生意很好卻不賺錢，想要控制成本卻不知從何入手，管理團隊沒有標準也很委屈。

實際上，盈利的門店少不了精明能幹的管理團隊。管理團隊應該具備對生意好壞的判斷能力，及對單店經營的分析能力和解決問題的能力。

有一家 300 平米的中餐廳，其老闆曾一度很困擾：每月營業額基本能夠保持在 40 萬以上，因為有關係，房租成本也很低，可是到頭來，每月的淨利潤只剩下 1 萬塊。

做了一番評估調查，發現這家門店的人均客單價、客流量和產品體系等條件，月流水 40 萬已經是不錯的成績了，每月淨利做到 5 萬以上是沒有問題的。

而不賺錢的很大一部分原因出在門店管理上。對此，他們進行了複盤和糾錯。

這家店的前廳服務人員配置較多，300 平米，僅是領班就有 4 位。因為是廚房外包的形式，談下來的廚師長和廚師團隊整體薪資也高出常規的後廚人力費用。

正常的中餐廳，包含工資，住宿、福利費用等，人力成本會占比20～23%，這家餐廳的人力成本遠超過平均標準。

徐劍建議門店優化前廳的人員配置。在此基礎上，調整了點餐流程：在功能表上加上編號和手寫單，顧客可以自助點菜，點餐效率提高了，自然節省了服務員的一部分時間。

並與廚師長進行溝通，改變了廚房承包的方式，談成了降低後廚的基本薪水至正常的廚房標準，全部按照銷售業績來拿提成。

這家店的採購由廚師長在管，但是廚師長卻沒有意識進行明確的採購統計分析，以致于被供應商惡意波動性地加價也沒有察覺。

對廚房的出品標準和儲藏標準管控不嚴，導致了嚴重的浪費和損耗。包括檢查庫房、冰箱時，很多菜已經壞掉不能用了。

採購報表不清晰，沒有統計，就無法看出採購端的問題。

用兩個月時間加以改善，一是建立了採購統計分析標準，每天採購都有記錄，就發現了供應商價格波動的問題：同樣的蔬菜基本上每個星期的價格都在變，一個月下來都會高出上一個月了。很快換了供應商，成本也下降了 1～2 個點。

二是幫助廚師長做標準化，在後廚的管理、出品標準的制定上做了改善，降低食材損耗，利潤也提上來 1～2 個點。

除了在食材成本、人員薪資和配置、廚房標準及前廳標準上的調整，徐劍還幫助這家餐廳的管理團隊梳理了如何針對門店營業額進行分析。這家店也在一段時間的調整後，實現了利潤的回歸。

19 善用自動洗碗機，是個好主意

去餐廳吃飯的時候，總是跟小夥伴開玩笑說，要是沒錢就留下來洗碗抵債吧！其實，洗碗都沒有人要你！

洗碗也是門技術活，清洗、烘乾、消毒，每一道流程都需要重重把關，洗碗工、烘乾機、消毒櫃樣樣不能少。這樣一來不僅浪費人力物力財力，還無形中增加了時間成本和運營成本。

隨著餐飲標準的不斷提昇，人們對餐廳的要求越來越高。

在眾多餐飲企業中，越正規的餐廳，對於後廚配備要求越高。」在他們看來，效率至上。高效率創造高價值，這恰恰是人工作業無法比擬的。

洗碗機的使用不僅可以提高餐廳翻台效率，保證餐具的清潔程度，還能減掉人工成本，取代消毒櫃，實現餐具清洗、消毒、烘乾一步到位！

洗碗機洗滌量大，輸出速度快，可以提高餐具的周轉速度，從而提高餐廳的翻台率，為餐飲老闆創造更高的價值。

「懶，是推動科技進步的原動力。」，自動駕駛是如此，AI 機器人是如此，智慧洗碗機亦是如此。

智慧洗碗機的一大亮點就是能夠智慧判斷餐具油污程度，自動匹配洗碗模式，大大節約了使用者思考和選擇的時間。自動選擇最合適的程式，洗乾淨餐具的同時又達到節能環保的效果。

使用洗碗機如何節約成本？我們來算一筆賬。

以 100-300 人餐廳為例，購入一台提拉式洗碗機（使用週期 5 年）前、後成本計算。

總之，若算上維修保養費，較人工來說，還是省下不少錢。

使用洗碗機可以達到 100%清潔覆蓋面，清洗效果遠遠高於人工清洗。

從工作原理上看，洗碗機在洗滌餐具時不僅要 360 度無死角噴淋清潔，還要經過高溫殺菌消毒，烘乾環節，真正實現百分百清潔。

目前市場上常見的洗碗機有提拉式，通道式，長龍式和洗滌烘乾一體機等。

受用工荒、人工成本增加等因素影響，人工洗碗成本越發高漲。餐廳要盈利，改革迫在眉睫。

想經營好餐廳就要做到輕量化成本，優質化產品，最大化利益。

不是能噴水的洗碗機就一定能將餐具洗乾淨。很多洗碗機，儘管外觀和原理大體相同，但內在品質和洗消效果有很大差別。

洗碗機的清洗、噴淋水流的覆蓋角度，壓力，洗臂轉速、水位控制，溫度控制等因素都會直接影響其洗消效果和能耗。只有專業廠家製造生產出的洗碗機才能保證工作效率和餐具洗消效果。

20 餐飲業的成本分析

保本點，又叫損益分界點、贏虧平衡點。

保本點是經營管理的一個很重要的度。它不僅可以揭示一個企業贏利和虧損的界限，而且它的位置的高低及其變化趨向，還可以揭示企業的經營狀況、經營能力、經營水準，預示著企業經營狀況的發展趨向。

例如：每月固定成本是 360000 元，邊際貢獻率是 56.43%，求出保本經營收入。

保本經營收入=固定成本總額÷邊際貢獻率，

保本經營收入=360000÷56.43%≈637959(元)

保本經營收入是 637959 元。

一、目標利潤分析

在經營分析中，經常會碰到這種情況，在一些已知的條件下，究竟要做多少營業收入才能實現既定的目標利潤呢？

在例子中，目標利潤是 120000 元，那麼：

目標營業收入=(360000+120000)÷56.43%≈850061(元)

怎樣才能實現這 850061 元的營業收入呢？

經營者可有這樣的選擇，一是增加就餐人數：

850061 元÷44.3%≈19189 人次

即按平均每餐位消費 44.3 元來算，每個月要有 19189 人次來就餐，才能完成 12 萬元的目標利潤。這比保本營業收入的 14401 要增加多 4788 人次。經營者就要考慮，要增加 4788 人次，平均每天要增加 160 人次左右，是否能夠實現？如果難以實現，就要考慮採用另外的方法。

二是增加每位消費額。原來的每餐位消費額是 44.3 元，如果要實現目標利潤，那麼：

850061 元÷480 位÷30 天≈59 元

問題是，每具位消費從 44.3 元提高到 59 元，這其中相差 14.7 元，是否可行呢？管理者要考慮的這 14.7 元在 4 個市中怎樣分配？如果覺得分配不下，可考慮第三種方法。

三是既增加人數又增加每餐位的消費額。

如果管理者認為，每餐位的消費額從原來的 44.3 元提高到 52 元是可行的，那麼，就餐人次是：

就餐人次=850061 元÷52 元≈16347 人次

這樣，保本就餐人次是 14401，實現目標利潤的就餐人次是 16347 人次，這其中只增加了 1946 人次。如果管理者認為，平均每天增加 65 人次是可行的，那麼這個 52 元的平均每餐位消費額就是可行的。

反過來，如果管理者認為，每天 65 人次是難以達到的目標，平均每天只增加 50 人次才是可行的，那麼每月就餐人數應是：

每月就餐人數=50 人次×30 天+14401 人次=15901 人次

按照每月 15901 人次來就餐的話，那麼，平均每餐位的消費應提高：

平均每餐位消費額=850061 元÷15901 人次≈53.46 元

這 53.46 元與 52 元只相差 1.46 元，在 4 市中分配應該是沒有多大的問題。這樣，就找到了一個平衡點：每月總共有 15901 人次來就餐，平均每餐位消費是 53.46 元，既可以實現目標利潤，又是可操作的和可接受的。

二、成本結構比較

研究成本結構是有趣的。不同的成本結構對不同條件的經營風險，其優點是不同的。

假定，有 A、B 兩餐飲機構，都是 1000000 元的營業收入，但 A、B 的成本結構不同，如表 20-1 所示。

由表 20-1 可知，A 成本結構是固定成本佔比重較大，B 成本結構是固定成本佔比重較小。這兩個成本結構那一個合理呢？

表 20-1　成本結構比較(一)

	A 餐飲機構		B 餐飲機構	
	收支	佔百分比	收支	佔百分比
營業收入	1000000		1000000	
減：變動成本	550000	50%	600000	60%
邊際貢獻	550000	50%	400000	40%
減：固定成本	380000	38%	280000	28%
利潤	120000	12%	120000	12%

如果營業收入都增長了 100000 元，那麼，A、B 兩個成本結構都在不同的變化，如表 20-2 所示。

表 20-2　成本結構比較(二)

	A 餐飲機構		B 餐飲機構	
	收支	佔百分比	收支	佔百分比
營業收入	1100000		1100000	
減：變動成本	550000	50%	660000	60%
邊際貢獻	550000	50%	440000	40%
減：固定成本	380000	34.5%	280000	25.5%
利潤	170000	15.5%	160000	14.5%

從表 20-2 中可看出，如果是營業收入增長，固定成本比重較大的成本結構會有著明顯的優勢，而固定成本比重較小的成本結果，其利潤增長就不如前者。

誠然，如果是反過來，營業收入下降趨勢，固定成本比重較大的就會吃虧了，而固定成本經重較小的就顯出優勢了。如表 20-3 所示。

表 20-3　成本結構比較(三)

	A 餐飲機構		B 餐飲機構	
	收支	佔百分比	收支	佔百分比
營業收入	900000		900000	
減：變動成本	450000	50%	540000	60%
邊際貢獻	450000	50%	360000	40%
減：固定成本	380000	42.2%	280000	31.1%
利潤	70000	7.8%	80000	8.9%

一個餐飲店不可能經常改變固定成本的比重，問題是，通過這種

比較可看出，固定成本的比重對一個餐飲機構的保本點及其經營趨勢有著重要的影響。作為餐飲管理者，應該盡可能使固定成本的比重趨於合理。

三、固定成本與變動成本

有時候，固定成本會發生變化，當固定成本發生變化時，如果要保持原來的目標利潤，那麼要增加固定成本，其計算公式是：

營業收入=(原固定成本總額+新增固定成本總額+目標利潤)÷邊際貢獻率

假定案例中要新增加 2000 元的固定成本，用做新設備的折舊，那麼，要保證實現 120000 元的目標利潤，其營業收入為：

營業收入=(360000 元+2000 元+120000 元)÷56.43%

≈854156 元

即比原來 850061 元增加了 4095 元，按此，應該是問題不大，因為這 4059 元在經營中很容易平均消化掉。

變動成本的變化主要是指進貨價格變動太大，或者新品種比例太多，水電費用的單價變化，其他變動項目的單位變動等，從而引起整體或單位變動成本的變化。

案例中，每位的保本消費額是 44.3 元，變動成本率是 43.57%，如果變動成本率因為各種原因提高了 3.43%，達到了 47%，那麼，對該餐廳的保本營業收入有什麼影響？

如果按照 47%的變動成本率，那麼該酒定的邊際貢獻率就是 53%，這樣，根據公式：

保本營業收入=固定成本總額÷邊際貢獻率，可計算出新的保本營業收入：

保本營業收入=360 000元÷53%≈679245元

比原來的640000元多了40000元。可見變動成本的變化對保本營業收入的影響是非常大的。在這個基礎上，要實現120000元的目標利潤，其營業收入是：

目標營業收入=(360000元+120000元)÷53%

≈905660元

比原來的850061元多了55539元。從這個角度來看，可看出成本控制的重要性。

21 表單分析技術

經營分析技術就是對餐飲經營運用的整體把握，幫助管理者把握經營狀況，找到問題所在，並加以改善。

一、日常報表分析

日常分析就是對餐飲運作的經常性分析，它主要表現為對營業日報表的分析。

一般的營業日報表如表21-1所示。營業日報表的分析可分為三大類：營業構成、分類構成和收入構成。

表 21-1　每天營業報表式樣(局部)

XX 大酒店餐飲部門營業收入報表

20　年　月　日

<table>
<tr><th></th><th></th><th>早茶市</th><th>午飯市</th><th>下午茶</th><th>晚飯市</th><th>夜宵</th><th>備註</th></tr>
<tr><td rowspan="7">一樓餐廳</td><td>廚房</td><td></td><td></td><td></td><td></td><td></td><td></td></tr>
<tr><td>海鮮</td><td></td><td></td><td></td><td></td><td></td><td></td></tr>
<tr><td>點心</td><td></td><td></td><td></td><td></td><td></td><td></td></tr>
<tr><td>燒鹵</td><td></td><td></td><td></td><td></td><td></td><td></td></tr>
<tr><td>小食</td><td></td><td></td><td></td><td></td><td></td><td></td></tr>
<tr><td>酒水</td><td></td><td></td><td></td><td></td><td></td><td></td></tr>
<tr><td>其他</td><td></td><td></td><td></td><td></td><td></td><td></td></tr>
<tr><td colspan="2">小計</td><td></td><td></td><td></td><td></td><td></td><td></td></tr>
<tr><td rowspan="7">二樓餐廳</td><td>廚房</td><td></td><td></td><td></td><td></td><td></td><td></td></tr>
<tr><td>海鮮</td><td></td><td></td><td></td><td></td><td></td><td></td></tr>
<tr><td>點心</td><td></td><td></td><td></td><td></td><td></td><td></td></tr>
<tr><td>燒鹵</td><td></td><td></td><td></td><td></td><td></td><td></td></tr>
<tr><td>小食</td><td></td><td></td><td></td><td></td><td></td><td></td></tr>
<tr><td>酒水</td><td></td><td></td><td></td><td></td><td></td><td></td></tr>
<tr><td>其他</td><td></td><td></td><td></td><td></td><td></td><td></td></tr>
<tr><td colspan="2">小計</td><td></td><td></td><td></td><td></td><td></td><td></td></tr>
<tr><td colspan="2">共計</td><td></td><td></td><td></td><td></td><td></td><td></td></tr>
<tr><td colspan="2">全天合計</td><td></td><td></td><td></td><td></td><td></td><td></td></tr>
<tr><td colspan="8">收入構成　現金：　支票：
信用卡：　外部簽單：</td></tr>
<tr><td colspan="2">製表人</td><td colspan="2"></td><td colspan="2">填寫時間</td><td colspan="2"></td></tr>
</table>

營業構成就是指整體餐廳的營業收入構成是怎樣的，其中包括各餐廳營業收入狀況，就餐人數等。分析這些數字可以得出平均每餐位消費額週轉率及各個餐廳每天的銷售動態。分類構成就是指各出品部門在每天營業收入構成中所佔的比重，這實際就在於分類營業收入，也是分部核算指標的重要資料。通常，分類營業收入都會反映出某市的經營規律。收入構成就是指在營業收入中所有收入的構成狀況，如現金、信用卡、支票、外部簽單和內部簽單等，這反映了資金週轉方面的問題。

部門主管最關心的是每天的分類營業收入，因為它涉及你所在部門的綜合毛利率的高低問題。

每天的營業收入報表，是由財務部負責統計並列印出來，並在指定的時間送到有閱讀許可權的管理者手中。

二、單據稽查

餐飲運作，必須要建立完善的監督和稽查機制，每一個部門的操作流程中每一個環節都要有記錄在案，對每個品種、酒水、紙巾、煙的銷售都要有明確的記錄。同時，財務部對所有記錄的單據進行稽查，以保證不發生漏洞和差錯。

通常在財務部都設有稽查一職，其主要職責是對餐飲部門所發生的單據進行核對查實，具有監督的作用，能夠及時發現問題。

對單據的稽查主要分為：出品稽查、海鮮稽查、酒杯水稽查 3 類。

1. 出品稽查

出品稽查就是把出品部門的出品記錄的數量和總額，與收款處所收到的分類營業收入核對。

出品部門的記錄一般都是以在備餐間劃單上菜為準，因為這是確定出品部門最後實際出品的記錄數。分類營業收入是在收款處對各個部門出品的收款記錄的匯總。這兩個數應該是平衡的，如有差錯，就要追究：是出品沒有登記？是已經出品但沒有收款？還是在銷售過程中發生的增加、減少或取消等環節的差錯？

2. 海鮮稽查

海鮮稽查就是將海鮮單的銷售數量與收款處的收款數量核對。由於海鮮是很多餐廳銷售的主要構成，進貨價格浮動大，而且容易損耗成本，其綜合毛利率比較低。所以，很多餐飲機構對海鮮稽查都非常重視。

在進行海鮮稽查時要注意，當天銷售量與海鮮池登記的賣出量是否相同？一些高檔的海鮮品種(如龍蝦)的營業收入與海鮮的賣出數量是否一致？

3. 酒水稽查

酒水稽查就是將餐廳服務員開出的酒水單上的總是和總額與酒水部每班的報表進行核對。例如酒水單上銷售的罐裝可樂是 20 罐，那麼在酒水日報表上所記載的罐裝可樂的銷售量也應該是 20 罐。一般而言，酒水單計算出來的總額與收款處所收到的酒水總額是相等的。如果不相等，那就證明，要不然就是收款有問題，要不然就是酒水部出了漏洞。

22 食品成本控制的步驟

控制是一種基本的管理職能，是使企業的實際經營成果符合管理部門所制定計劃的一系列活動。

一、食品成本控制的步驟

1. 確定標準和標準流程

管理人員需首先確定衡量經營實績的各種標準，規定應在今後一段時間內獲得的營業收入數額與食品、飲料等成本數額。

(1)品質標準：包括原料、產品和工作品質標準。從某種意義上講，確定品質標準是一個評定等級的過程。

(2)數量標準：指重量、數量、分量等計量標準。例如，管理人員必須確定每客菜餚的分量、每杯飲料的容量等數量標準。

(3)成本標準：通常稱作標準成本。管理人員可通過測試，確定標準成本。

(4)標準流程：指日常工作中，生產某種產品或從事某基本工作應採用的方法、步驟和技巧。

2. 確定實際經營成果

制定標準和標準流程之後，管理人員必須制定確定實際經營成果的流程。

3. 比較標準和實際經營成果

收集實際經營成果之後，管理人員應對標準和實際經營成果進行比較。

4. 改進措施

對標準和實際成果的比較，管理人員需分析引起兩者之間重大差異的原因，以採取必要的改進措施。餐飲管理人員要把改進過程看成「控制」。例如，食品成本過高，必須找出原因，並修改有關工作流程。

5. 評估

評估階段是控制流程中的最後一個階段。通過評估，管理人員能瞭解改進措施是否有效，並發現其他問題，明確是否需要作出其他決策。

在餐飲部的營業收入中，除去成本即為毛利。食品成本與營業收入之比，就是食品成本率，用公式表示為：

$$\text{食品成本率} = \frac{\text{食品成本}}{\text{營業收入}} \times 100\%$$

所以說，在確定毛利率的同時也就決定了食品成本率。餐飲部的食品成本率一旦確定，餐飲管理人員就可以此為依據，努力控制食品成本。

二、食品成本偏高的原因

1. 菜單計劃方面

(1)未考慮每天的時間、天氣、氣溫、節假日的變化對餐飲經營的影響。

⑵菜餚項目太多或太少。

⑶菜單單調乏味。

⑷菜單不易閱讀，沒有次序。

⑸低成本菜餚推銷不夠。

⑹未考慮市場食品供應的可能性。

⑺菜單定價不當。

⑻未考慮各種菜餚製作所需人力及其設備條件。

⑼對於高消費的平均消費額較高，與較低的成本不平衡。

2. 採購方面

⑴採購過多。

⑵採購價格太貴。

⑶未考慮應付採購市場競爭的策略。

⑷未按採購規格的說明書實施採購。

⑸採購員缺乏責任感。

⑹採購員與供應商關係不佳。

⑺採購缺少成本預算。

⑻採購有騙取行為。

⑼對原料採購帳單及支付情形未加稽核。

3. 驗收方面

⑴有偷竊行為。

⑵未核對價格、數量、品質。

⑶不遵守驗收流程和方法。

⑷缺少必要的設備、用具。

⑸驗收後的貨物不及時進倉，造成原料受損。

4.儲存保管方面

⑴儲存區域沒有劃分，食品週轉不當。

⑵儲存溫度與濕度失當。

⑶儲存的食品未做逐日檢查。

⑷儲存區域不乾淨，不通風。

⑸無盤存記錄和庫存滯銷報告。

⑹食品儲存和核發工作沒有制定嚴格的規章制度。

5.領發料方面

⑴倉庫發料未加控制與記錄。

⑵未注意發料物品的價格。

6.廚房生產方面

⑴沒有必要的設備或設備太差。

⑵由於粗加工不當，蔬菜和肉類剪除過分。

⑶未查鮮活料的產期。

⑷沒有使用盛產期的低成本產品成本。

⑸生產過量。

⑹烹飪方法錯誤。

⑺烹飪溫度錯誤且過火候。

⑻使用不潔和殘缺的器具。

⑼沒有盡可能用小鍋烹調。

7.服務銷售方面

⑴未規定標準分量。

⑵服務時沒有採用標準器皿。

⑶沒有儘快將食物送到餐桌上。

⑷不用心造成事故和浪費。

(5)已出廚房的食物未作記錄。

(6)未注意「跑帳」。

(7)出現偷竊行為。

(8)促銷廣告太差。

(9)缺乏銷售的比較和物品消耗的標準。

8. 管理控制方面

(1)未作逐日銷售審核。

(2)沒有做銷售和成本消耗預測。

(3)沒有實施獲得效果而制定的系統、流程和方針。

23 餐飲業食品成本控制的方法

食品成本控制貫穿於餐飲經營業務的全過程，是對食品的質和量進行控制。這一全過程包括以下八個環節。如圖 23-1。

圖 23-1　食品生產過程圖

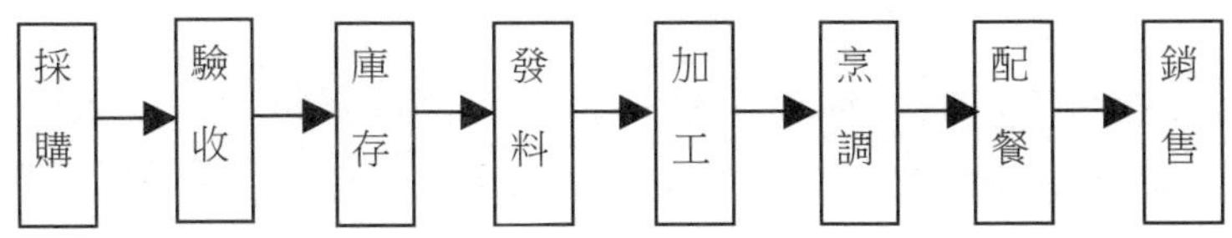

一、採購控制

採購是食品成本控制中的第一個環節，某些食品是否能形成利潤，往往在採購階段就已經決定了。要做好採購階段的成本控制工作，必須做到：

1.堅持使用採購規格標準

餐廳應根據烹製各種菜餚的實際要求，制定各類原料的採購規格標準，對採購的原料從形狀、色澤、等級、包裝要求等方面加以規定，並在採購工作中堅持使用。這不僅是保證餐飲成本品質的有效措施，也是最經濟地使用各種原料的必要手段。

2.嚴格控制採購數量

過量的採購必然導致過多貯存，而過多地貯存原料，不僅佔用資金、增加倉庫管理費用，而且還容易引起偷盜、原料變質損耗等問題。因此，餐廳應根據營業情況、現有庫存量、原料特點、市場供應狀況等，努力使採購計劃與實際需要相符合。

3.採購必須合理

食品原料採購者應該確保原料品質符合採購規格的前提下，儘量爭取最低的價格。採購時，要做到貨比三家，以做比較選擇。原料價格是否與原料品質相稱是檢驗採購工作效益的主要標準。

二、驗收控制

驗收控制的目的除檢查原料品質是否符合餐廳的採購規格標準外，還在於檢查交貨數量與訂貨數量、價格與報價是否一致。因此，驗收工作應包括：

1.對所有驗收原料、物品都應稱重、計數和計量，並做如實登記。

2.核對交貨數量與訂購數量是否一致、交貨數量與發貨單填寫數量是否一致。

3.檢查原料品質是否符合採購規格標準。

4.檢查購進價格是否和所報價格一致。

5.如發現數量、品質、價格方面有出入或差錯，應按規定採取拒收措施。

6.儘快妥善收藏處理類進貨原料。

7.正確填制進貨日報表、驗收記錄和肉簽等票單。

進貨日報表中，應將生鮮食品、飲料、罐頭等分別記入。在大型餐廳中，還應將食品原材料的發送地填寫清楚，以便有關部門進行計量管理。

驗收時，如發現有些商品數量不足、規格有差別。或其他與要求有差異的情況，要詳細記入驗收記錄。驗收記錄一式三聯，會計、採購員、驗收員各執一聯。採購員可憑此辦理追加或退貨手續。

對於肉類等高價品，應在每塊肉上加註肉簽。肉簽一式兩份：一份加在肉上；另一份由庫房管理員掌握。這樣便於根據先入先出原則進行庫存管理。

檢查驗收的工作重點在於：是否按定貨規格進行驗收；箱裝食品原材料中間或底部有無異常，是否查清。

三、庫存控制

庫存是食品成本控制的一個重要環節。為了保證庫存食品原料的品質、延長有效使用期、減少和避免因原料腐敗變質引起食品成本增高，杜絕偷盜損失，原料貯藏應著重以下幾方面的控制：

1. 人員控制

原料的貯存保管工作應有專職人員負責，任何人未經許可不得進入庫區。庫門鑰匙須由專人保管，門鎖應定期更換。

2. 環境控制

不同的原料應有不同的貯藏環境，如幹藏倉庫、冷庫、冷藏室等，一般原料和貴重原料應分別保管。庫房設計建造必須符合安全、衛生要求，有條件的企業應在庫區安閉路電視監察庫區人員活動。

3. 日常管理

原料貯藏保管工作應有嚴格的規程，其基本內容須包括以下幾個方面：

(1)各類原料、各種原料都須有其固定的貯藏地方，原料經驗收以後，應儘快地存放到位，以避免耽擱引起損失。

(2)為了有效的防止腐爛，應對生鮮食品加以管理，保管過程要求對溫度進行嚴格控制；貯存時間過長也是造成減重、腐爛、鮮度下降的因素。貯存過程中，要防止細菌繁殖。倉庫中往往地面濕氣較重，因此庫存品最好放在距地 10～15cm 的貨架上。直接入口的食品要放在塑膠包裝和紙包裝中保存。

(3)對於庫存品要經常按易腐序列進行檢查，其順序如下：貝類、魚類、奶類、奶油類、蛋類、豬肉、雞肉、牛肉。對於出現異常的食品原材料應及時剔除，防止污染。例如破損的罐頭，生蟲的穀類(粉)，不明日期的貝類、奶類等。研究和採用先進的貯存方法能加強防腐工作，提高防腐效果。

(4)各類原料入庫存時註明進貨的日期，並按照先進先出的原則調整位置和發放原料，以保證食品原料品質，減少原料腐敗、黴變損耗。

(5)定期檢查記錄幹藏倉庫、冷藏室、冷庫、冷藏箱櫃等設施設備的溫濕度，確保各類食品原料在合適的溫濕度環境中貯存。

(6)保持倉庫區域清潔衛生，杜絕鼠害、蟲害。

⑺每月月末，保管員必須對倉庫的原料進行盤存並填寫盤存表。如表 23-1。盤存時該點數的點數，經過秤的過秤，而不能估計盤點。對盤存中發生的盈虧情況必須經餐飲部經理嚴格審核，原則上，原料的盈虧金額與本月的發貨金額比不能超過 1%。

表 23-1　XX 餐廳盤存表

＿＿年＿＿月＿＿日

原料名稱	單位	單價	實存量	帳存量	盈餘數	虧損數	原因
合計							

餐飲部經理：＿＿＿＿　成本核算員：＿＿＿＿　保管員：＿＿＿＿

四、發料控制

從成本管理的角度出發，發料控制的基本原則是只准領用食品加工烹製所需實際數量的原料。另外，發料控制還要抓好以下幾個方面：

1.使用領料單。任何食品原料的發放，必須以已經審批的原料領用單為憑據，以保證正確計算各領料部門的食品成本。同時，餐廳應有提前交送領料單的規定。使倉庫保管員有充分時間正確無誤地準備各種原料。

2.對於肉類等高價品的出庫管理有多種方法：要求按烹調需要的大小規格進行採購，或採購進來後按統一標準進行加工，發出一份一份的量。特別對於小型餐飲系統來講，能夠堅持做到按需烹調，不僅可以避免浪費，還能增加經濟收益。

3.對於長期未使用的在庫品，應主動提醒廚師長，避免造成死藏。

4.規定領料次數和時間。倉庫全天開放任何時間都可以領料的做法並不科學，因為這樣會助長廚房用料無計劃的不良作風。所以，餐廳應根據具體情況規定倉庫每天發料的次數和時間，以促使廚房作出週密的用料計劃，避免隨便領料，減少浪費。

五、加工、烹調、配餐控制

食品原料的粗加工、切配以及烹調、裝盤過程以企業食品成本的高低也有很大影響，這些環節如不加以控制，往往會造成原料浪費、成本增加，因而在食品原料的加工、烹調階段，企業必須注意以下幾個方面：

1.切割烹燒測試。對於肉類、禽類、水產類及其他主要原料，餐廳應經常進行切割和烹燒測試，掌握各類原料的出料率；制定各類原料的切割、烹燒損耗許可範圍；檢查加工、切配工作的績效，防止和減少粗加工和切配過程中造成原料浪費。

2.對粗加工過程中剔除部份(肉骨頭等)應儘量回收，以提高其利用率，做到物盡其用，從而降低成本。

3.堅持標準投料量。這是控制食品成本的關鍵之一。在菜餚原料切配過程中，必須使用稱具、量具，按照有關標準菜譜中規定的投料量者切配。餐廳對種類菜餚的主料、配料投料量規定應制表張貼，以便職工遵照執行，特別是在相同菜餚採用不同投料量的情況下，更應如此，以免出現差錯。

4.切配時，應根據原料的實際情況整料整用、大料大用、小料小用、下腳料綜合利用，以降低食品成本。

5.控制菜餚分量。餐廳中有不少食品菜餚是成批烹製生產的，因而在成品裝盤時必須按規定的分量進行，也就是說，應按標準菜譜所規定的分量進行裝盤，否則就會增加菜餚的成本，影響毛利。

6.在烹飪過程中提倡一鍋一菜、專菜專做，並嚴格按規程進行操作，力法語不出或少出廢品，有效的控制烹飪過程中的食品成本。

六、銷售控制

在服務銷售過程中也會引起食品成本的增加，銷售控制的目的是確保在廚房生產的、在餐廳銷售的所有食品都能獲得營業收入。

1.有效地使用訂單控制營業收入。

接受顧客點菜時，服務員必須首先將菜餚名稱填寫在訂單上，廚師不應烹製訂單上未記錄的任何菜餚。服務員應使用圓珠筆或無法擦掉字跡的鉛筆填寫訂單，如果填寫錯誤，應當劃去，而不能擦掉。各個餐廳和酒吧應使用不同顏色的訂單，訂單必須編號，以便出現問題後，能立即查明原因，並採取措施，防止問題再次發生。

2.防止或減少由職工貪污、盜竊而造成的損失。

⑴服務員用同一份訂單兩次從廚房領菜而將其中一次的現金收入塞入自己的腰包。

⑵服務員領用了食品，訂單上卻不做記錄。

⑶服務員可能會少算親友客帳單上的金額或從親友的客帳單上劃去某些菜餚。

⑷服務員可能偷吃食物。

3. 抓好收款控制。

⑴防止漏記或少記菜點價格。

⑵在帳單上準確填寫每個菜點的價格。

⑶結帳時核算正確。

⑷防止漏帳或逃帳。

⑸嚴防收款員或其他工作人員的貪污、舞弊行為。

4. 認真審核原始憑證，以確保餐飲部的利益。

24 餐飲業的產品經營策略

餐飲產品的組合策略，主要有以下幾種：

1. 擴大或縮小經營範圍

擴大經營範圍的策略，指擴大產品與服務組合的廣度，以便在更大的市場領域發揮作用，增加經濟效益和利潤，並且分散投資危險。

縮小經營範圍的策略，指縮減產品和服務項目，取消低利潤產品和服務項目，從經營較少的產品和服務中獲得較高利潤。

企業是採用擴大經營範圍，還是縮小經營範圍的策略，往往取決於餐飲企業管理人員的經營思想。有些管理者主張，發揮企業的潛力多開闢經營服務項目，以增加營業額。例如，開設廣東早茶、晚場戲劇或電影結束後的夜宵、西點外賣等項目；或是將娛樂寓於飲食，從而推出演藝酒吧、伴唱餐廳、充實文藝節目的聚餐會等；也有的增設房內用餐、房內酒吧等服務項目，或者在餐廳開闢富於民族特色的旅遊紀念品及餐具、菜譜小冊子等的銷售櫃檯。

也有一些管理者認為，企業利用自己的優勢，提供既是市場需求，又是本企業所擅長的產品和服務，將是增強競爭力的策略。例如，有些餐廳以中國川菜為拳頭產品，營造出四川風土人情的環境佈置，配以特色餐具及服務方式，以此來吸引遠道而來的國際遊客，並創造出享譽四方的名聲。

2.「高檔」或「低檔」產品與服務策略

所謂「高檔」產品與服務組合策略，就是在現有產品的基礎上，增加高檔高價的產品與服務。例如，在菜單上增設高檔菜餚；開闢古玩擺設空間；附帶庭園及衣帽間；放置伴奏鋼琴等。這樣，逐步改變餐廳僅供應低檔產品的形象，使消費者更樂意來此用餐。企業一方面增加了現有低檔產品的銷售量，同時又進入高檔產品與服務市場。

所謂「低檔」產品與服務組合策略，就是在高價的產品與服務中增加廉價的產品與服務。採用這種策略的原因有：

(1)企業面臨著「高檔」策略企業的挑戰，從而決定發展低檔產品來應戰，以增強競爭力。

(2)企業發現高檔產品市場發展緩慢，因而決定發展低檔產品，以適應市場需求，增加營業額和利潤。

(3)企業希望利用高檔產品與服務的聲譽，先向市場提供高檔產品與服務，然後發展低檔產品與服務，以便適合「低檔」產品與服務的客人，從而擴大銷售範圍和領域。

(4)企業發現市場上沒有某種低檔的產品與服務，通過填補空缺，擴大銷售量。

例如，美國馬里奧特飯店公司，建造了一批中等價格的飯店，餐廳設施以小咖啡廳為主，不提供客房用膳。該公司利用已有的聲譽，使低檔的產品與服務獲得成功的銷售。

上述兩種策略均有風險。或是「高檔」不很容易受到消費者相信，可是「低檔」可能會影響原有高檔產品與服務的形象。餐飲管理者要切實分析本企業的市場地位和市場變化情況及企業實力，以便有的放矢、恰如其分地推行相應的策略。

3. 產品與服務的差異化策略

產品與服務的差異化策略是指餐飲企業在激烈的市場競爭中不斷開發與提供新產品、新服務，強調自己的產品與服務不同於競爭者，優於競爭者，進而使就餐客人偏愛自己的產品與服務。例如，具有相當規模停車場的餐館；城市中惟一的香檳酒吧；由著名粵菜廚師掌勺烹飪的酒樓；由一批特選的「小矮子」充當服務員的餐廳，等等。

產品與服務差異化策略的理論基礎是客人的愛好、願望、心理活動、收入、地位等方面存在差別，因此產品與服務也必須有所差別。如果企業要在市場上獲得生存和發展，就必須使自己的產品與競爭者的產品有所差別，向客人提供更多利益和享受，並不斷努力，保持和擴大這種差異，力求在競爭中立於不敗之地。

4. 發展新產品策略

餐飲企業應根據市場需求的變化，隨著客人愛好、市場競爭等方面的變化，為目標市場提供新產品和新服務。這是企業制定最佳產品策略的重要途徑之一，也是企業具有活力的重要表現。

餐飲企業的經理可以經常「改動」產品，有的是小改，有的是大改。例如：

⑴更新裝潢，調換餐具和桌、椅；

⑵組織專題週和食品節以及各種文娛活動；

⑶更換人員服飾；

⑷菜單多樣化，烹飪靈活化；

⑸調整價格，按質論價和按需論價；

⑹散發新的宣傳品、紀念品；

⑺改善服務，不斷修改服務項目，提高人員的素質；

⑻最大限度地保證服務品質。

此外，餐廳要利用每年一度的喜慶佳節，如國慶日、狂歡節、情人節、耶誕節、母親節、兒童節等，或重大的社會活動、文藝活動、體育比賽等時機，隆重推出不同凡響的特種菜單，以及超群奪魁的烹飪大師的技藝和適應各種活動的服務項目，作為實施新產品策略的良機和妙策。

25 餐廳利潤流失的黑洞

餐廳經營是一場沒有硝煙的戰爭：利潤在大廚的勺子上、在顧客的嘴裏，但更多的時候是在日常運轉的環節裏。

看似簡單的餐廳經營，實際有太多的環節像黑洞一樣會吸掉你的利潤。

某著名連鎖店創始人曾透露，自己剛創業時的第一家餐廳，月流水 16 萬，但月末結算的時候盈利只有 25 元錢。看似簡單的餐廳經營，實際有太多的環節像黑洞一樣會吸掉你的利潤。只有把餐廳每一個環節效率最大化，才能積攢出可觀的利潤。否則，就很可能會出現 16 萬月流水只盈利 25 元的尷尬。

而很多中餐廳的管理傳統，是更多依靠的是老闆的經驗和感覺，有時候老闆自己也不知道內部究竟發生了什麼。怎樣才能真正實現科學管理呢？

1. 提昇效率

點餐速度，是其中一個環節。有 11 年歷史的網紅餐廳，位於大學西門，深受周圍學生們的喜愛。

店面為上下三層，以前，服務員要拿著手抄單跑上跑下，樓上點菜，再跑到樓下手動錄入，多的時候甚至要積壓 20 張點菜單。也就是說，客人點完菜以後 20 分鐘，單子才剛剛給到後廚，上菜的速度也就可想而知了。既影響的顧客的就餐體驗，餐廳的出餐效率也大受影響。

老闆介紹：「其實在之前，將近 10 個服務員也忙不過來。轉捩點發生在今年 3 月，科技公司推薦我們使用收銀。想不到一套收銀系統，兩個 App（管家 App、服務員 App），竟然帶來這麼大的變化。」

無論是用服務員 App 點餐、收銀機點餐、還是自助掃碼點餐，都可以支援一鍵下單，直達後廚，用餐高峰期平均每單至少節省了 10 分鐘，光這一點就比傳統的收銀機更高效便捷。

02

2. 節約成本

收銀，是另一個環節。互聯網的便捷交易，給消費者帶來便利的同時也給商家提出了考驗：現金、刷卡、支付寶、微信、團購、滿減等許多支付方式花樣迭出，隨之而來的是商家的收銀台前各種機器和線頭，很多商家光是收銀就得好幾個人。不僅增加了人力成本，也給財務核算帶來了難題。

傳統的餐飲管理軟體往往只能覆蓋餐廳某一個環節的需求，無法做到系統性的聯動。何賢記的老闆就說，餐飲這行「易做、難好」。

美團收銀系統支援微信、支付寶、現金、銀行卡等多種支付方式，與大眾點評、美團直連，收銀效率能提高 3 倍。同時還支援閃付，不需要核對金額，也無需點操作支付方式，一秒鐘付款，適合速食模式使用。

李記憑藉這套收銀系統，將服務員從以前的近 10 個縮減為 5 個，節省了人力成本的同時，服務品質並未受影響。很多顧客都說李記的服務品質提昇了很多。

有相同經歷的還有玉林串串香。在使用美團的服務員 App 之前，服務員只能一人盯一個台，現在服務員可以下載 App 直接拿手機點餐，一個人同時開好幾個台，還能隨時加菜，買單。

3. 便捷管理

對於擁有多家餐廳的老闆或者連鎖企業來說，多家店面的管理和核算是最耗時間、耗心力的。

一位有 5 家分店的餐飲老闆說，他曾遇到過有幾個月的流水突破歷史新高，然而月底核算時卻發現盈利反而不如平時的情況。

原因就在於流水雖然高了，但是相應的成本沒有控制好。店面太多，他也顧不過來，只有等到結算的時候才知道，雖然店裏變忙了，但是賺的錢卻沒有增多。

水準有限螺螄粉老闆王女士也曾面臨過類似的管理困擾。但在使用美團的收銀系統後，解決了困擾：她每天只需要打開美團收銀管家 App，就能看到店裏的流水情況，給店長設置好帳號許可權後，只需要管理店長就可以了。雖然有多家店，但不用天天跑，每家店一周去一次就好了。

如果把經營餐廳比作打仗，那麼店裏的菜品、服務、設計裝修、運營效率等都是陣地，老闆或者店長就是指揮官。以前指揮官靠自己的經驗來做決策和管理，而現在，則昇級為智慧化的指揮系統。

大到海底撈、西貝這樣的餐飲大佬，小到街邊的一個餐飲門店，收銀管理系統都已經成為餐廳運營的中樞系統。何賢記、水準有限螺螄粉、玉林串串香等上萬家餐飲企業都選擇了美團收銀系統作為自己的指揮系統。

4. 打通外賣

背靠美團，美團收銀還具備強大的外賣全自動接單功能。系統打通三大外賣平臺，直連美團外賣，實現菜品無縫共用。同時，系統能自動接單、提昇效率，通過收銀一體機，外賣訂單可自動接單，資料自動記錄，廚房自動列印小票，無需人工接單，無需二次錄入。

而且，美團收銀資料報表可查看外賣訂單的詳細資料：訂單數占比、時段銷售趨勢、菜品分類占比、收款構成等，外賣資料也一目了然。

這既是對外賣大趨勢的提早準備，也是為未來餐廳堂食、外賣兼修的餐飲模式提早打好基礎。

餐飲行業看似門檻低，只有真正經歷之後，才會明白運營環節的錯綜複雜。在科技日益精進的環境下，善於用技術和互聯網去解決經營問題，餐廳才能走得更遠。

26 百試不爽的菜單分析法

菜單分析法(ME)是英文 Menu Engineering 的縮寫，也稱為菜單工程。它是指通過對餐廳品種的暢銷程度和毛利額高低的分析，確定出那些品種暢銷且毛利又高；那些品種既不暢銷毛利又低；那些品種雖然暢銷，但毛利很低；而那些品種雖不暢銷，但毛利較高。這種分析方法稱為菜單工程，或 ME 分析法。

為做好 ME 分析法，首先應瞭解品種的構成。任何一個餐廳的品種，不外乎以下 4 種情況。如圖 26-1 所示。

圖 26-1　ME 分析中的品種分類

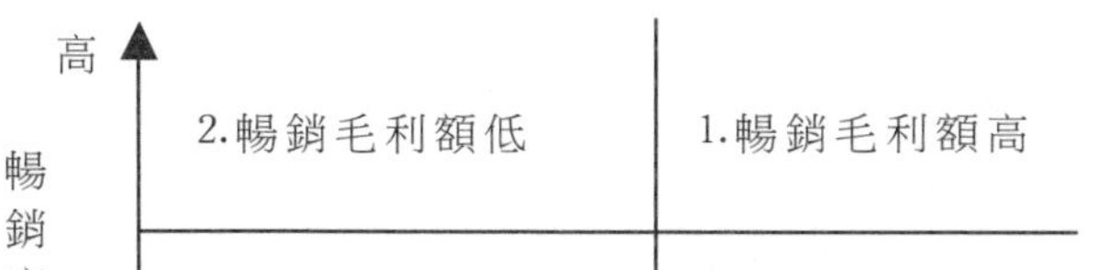

很明顯，第一類的品種是餐廳最希望銷售的，因為這類菜既受顧客歡迎，又能給餐飲企業帶來較高的利潤。所以，在更新菜單時，這類品種應絕對保留。第四類品種既不暢銷，又不能帶來較高的利潤，在更新菜單時，應去掉這些品種。

值得說明的是，在 ME 分析時，不應將餐廳提供的所有品種或飲料放在一起進行分析、比較，而是按類或按菜單流程分別進行。只有在同一類中進行比較分析，才能看出上下高低，分析才有意義。

表 26-1 ME 品種分析示例

品種	銷售分數	銷售數百分比	顧客歡迎指數	價格	銷售額	銷售額百分比	分析
鮑汁竹笙鵝肝捲	30	10%	1	28	840	12%	暢銷，高毛利
三耳密豆炒肚仁	40	13%	1.3	23	920	13%	暢銷，高毛利
粟米湯大芥菜螺片	20	65%	0.6	26	520	7%	不暢銷，低毛利
酥皮金湯海鮮豆腐	50	16%	1.6	22	1 100	15%	暢銷，高毛利
燒汁百花煎釀靈菇	30	10%	1	26	780	11%	暢銷，低毛利
蘆筍肉柳	20	6%	0.6	18	360	5%	不暢銷，低毛利
泰式芥菜炒燒肉	40	13%	1.3	18	720	10%	暢銷，高毛利
蠔皇螺肉白菜捲	25	8%	0.8	23	575	8%	不暢銷，低毛利
OX 醬四角豆爆生腸	35	10%	1	18	630	9%	暢銷，高毛利
紅燒汗肉丸海參煲	25	8%	0.8	28	700	10%	不暢銷，低毛利
總計/平均值	315	30%	1		7145	30%	

一、菜單分析法的過程

以某餐廳菜單的介紹為例，進行 ME 分析，如表 26-1 所示。不管分析的品種項目有多少，任何一類品種的平均歡迎指數為 1，超過 1 的歡迎指數說明是顧客喜歡的菜，超過得越多，越受歡迎。因而用顧客歡迎指數去衡量品種的受歡迎程度，比用品種銷售數百分比更加明顯。品種銷售數百分比只能比較同類菜的受歡迎度，但是與其他類的品種比較時或當品種分析項目數發生變化時就難以比較，而顧客歡迎指數卻不受其影響。

表 26-2　品種分析表(1)

編號	銷售特點	表 26-1 的例子	促銷手法
1	暢銷高毛利	鮑汁竹笙鵝肝卷	保留
2	暢銷高毛利	三耳密豆炒肚仁	保留
3	不暢銷低毛利	粟米湯大芥菜螺片	取消
4	暢銷高毛利	酥皮金湯海鮮豆腐	重點促銷品種
5	暢銷低毛利	燒汁百花煎釀靈菇	作誘餌或取消
6	不暢銷低毛利	蘆筍肉柳	取消
7	暢銷高毛利	泰式芥菜炒燒肉	保留
8	不暢銷低毛利	蠔皇螺肉白菜卷	取消
9	暢銷低毛利	OX 醬四角豆爆生腸	作誘餌或取消
10	不暢銷高毛利	紅燒汗肉丸海參煲	吸引高檔客人或取消

僅分析品種的顧客歡迎指數還不夠，還要進行品種的贏利分析，

將價格高、銷售額指數大的品種分析為高利潤品種。銷售額指數的計算法如同顧客歡迎指數。顧客歡迎指數高的品種為暢銷品種。這樣，可以把分析的品種為四類，並對各類品種分別制定不同的促銷策略，如表 26-2 所示。

暢銷高毛利的品種既受顧客歡迎又有較高的毛利，是餐廳的贏利品種，在更新菜單時應該保留。

暢銷低毛利的品種一般可用於薄利多銷的低檔餐廳，如果價格不是太低而又較受顧客歡迎，可以保留，使之具有吸引顧客到餐廳就餐的誘餌作用。顧客進了餐廳還會點別的品種，所以這樣的暢銷菜有時甚至賠一點也值得。但有時贏利很低而十分暢銷的品種，也可能轉移顧客的注意力，擠掉那些贏利能力強的品種生意。如果這此品種明顯地影響贏利高的品種的銷售，就應果斷地取消這些品種。

不暢銷但高毛利的品種可用來迎合一些願意支付高價的客人。高價品種的絕對毛利額大，如果不是太不暢銷的話可以保留。但如果銷售量太小，會使菜單失去吸引力，甚至會影響廚房的綜合毛利率，所以連續在較長時間內銷售量一直很小的品種應該取消。

不暢銷低毛利的品種一般應取消。但有的品種如果顧客歡迎度和銷售指數都不算太低，接近 0.8 左右，又在營養平衡、原料平衡和價格平衡上有需要的品種仍可保留。

二、菜單分析法的改善

將 ME 分析法應用於餐飲業的菜單分析，仍有許多不足之處。如餐飲企業關心的利潤，而不是品種售價。上例中評價品種利潤高低的假設前提條件是價格越高，毛利也越高，這通常是正確的，但價格高並不是真正意味著利潤就高。

暢銷程度分界線的劃分標準應重新確定。上例中假設的暢銷與不暢銷的分界線是顧客歡迎指數為 1，而餐廳中肯定會有很多品種的歡迎指數是 0.8 或 0.9 以上，接近於 1，這些品種不能說不暢銷，如果其毛利或銷售額再低一些，也是接近高與低的分界點，使用上述方法則很容易把這部份品種打入「冷宮」。

表 26-3　品種分析表(2)

編號	銷售份數	銷售數百分比	顧客歡迎指數	價格	標準成本	毛利額	評價
1	30	10%	1	28	11	17	
2	40	13%	1.3	23	9	14	
3	20	6%	0.6	26	14	12	
4	50	16%	1.6	22	6	16	
5	30	10%	1	26	15	11	
6	20	6%	0.6	18	13	5	
7	40	13%	1.3	23	6	14	
8	25	8%	0.8	18	12	11	
9	35	10%	1	18	8	10	
10	25	8%	0.8	28	9	19	

因而，在進行 ME 分析時，可做下面此改進。

1. 考慮每個品種的原料成本和毛利。

2. 根據國外餐廳的做法，可以將暢銷程度即顧客歡迎指數分界點定為 0.7。這樣，就可能出現不同的結果。

注意，在計算平均價格、平均成本和平均毛利額時切不可用簡單算術平均法，因為每個品種的銷售量不一樣，所以應用加權平均法。

平均價格=(Σ每品種銷售份數×品種售價)÷(Σ品種銷售份數)

平均成本=(Σ每品種銷售份數×品種標準成本)÷(Σ品種銷售份數)

依表 26-3 為例：

平均價格=

(30×28+40×23+20×26+50×22+30×26+20×18+40×18+25×23+35×18+25×28)÷315≈22.68(元)

平均成本=

(30×11+40×9+20×14+50×6+30×15+20×13+40×6+25×12+35×8+25×9)÷315≈9.6(元)

平均毛利額=

(30×17+40×14+20×12+50×16+30×11+20×5+40×14+25×11+35×10+25×19)÷315≈13.33(元)

當這類品種的毛利額超過 13.33 元時為高毛利，低於 13.33 元時為低毛利，這類品種的顧客顧客指數超過 0.7 時為不暢銷品種。

27 菜單管理技巧

一、菜單功能

菜單的功能主要如下：

1. 菜單是傳播品種信息的載體

餐飲企業通過菜單向客人介紹餐廳提供的品種名稱和特色，進而推銷品種和服務，因此菜單是連接餐廳與顧客的橋樑，它反映了餐飲企業的經營方針，餐飲企業的營銷策略，起著促成買賣成交的媒介作用。

菜單還反映出該餐廳的檔次和形象，通過流覽菜單上的品種、價格，以及菜單的藝術設計，顧客很容易判斷出餐廳的風味特色及檔次的高低。

2. 菜單是餐飲經營的計劃書

菜單上銷售什麼品種、不銷售什麼品種，這實際上就決定了整個物流過程和服務過程的運作，因此菜單在整個餐飲運作中具有計劃和控制的作用，它是一項重要的管理工具。

它反映了該餐飲企業的烹調水平。從菜單的品種目錄上，大體可以看出該餐廳的烹調水平及特色，例如品種分類、有何特色品種、招牌品種是什麼。

它決定原料的採購和儲存活動。既然決定了銷售什麼樣的品種，必然就決定了需要購買什麼樣的原料和儲存什麼樣的原料。

它影響著餐飲原料成本和毛利率。菜單上的銷售規模和品種價格，實際上就決定了餐飲原料成本的高低，同時也反映了該餐飲企業的綜合毛利率水平。

3. 菜單是餐飲促銷的控制工具

菜單是管理人員分析品種銷售狀況的基礎資料。餐飲管理者定期對菜單上的每個分類的銷售狀況、顧客喜愛程度、顧客對品種價格的敏感度進行調查和分析，會發現品種的原料計劃、烹調技術、價格定位，以及品種選擇方面存在的問題，從而能幫助餐飲管理者正確認識產品的銷售情況、及時更換品種、改進烹調技術、改進品種促銷方法、調整品種價格。

4. 菜單是餐飲促銷的手段

菜單不僅通過提供信息向顧客進行促銷，而且餐廳還通過菜單的藝術設計烘托餐廳的情調。菜單上不僅配有文字，還往往配以精美的品種圖案，讓顧客更直觀地瞭解品種。

菜單既是藝術品又是宣傳品。一份設計精美的菜單可以創造良好的用餐氣氛，能夠反映出餐廳的格調，可以使顧客對所列的美味佳餚留下深刻印象，並可作為一種藝術欣賞，甚至留作紀念。

5. 菜單標誌著餐廳有自己的經營特色和等級水準

菜單上的食品、飲料的品種 、價格和品質告訴客人該餐廳商品的特色和水準。近來，有的菜單上甚至還詳細寫上菜餚的原材料、烹飪方法、營養成份等，以此來展示餐廳的特色，從而給客人留下良好而深刻的印象。

6. 菜單是餐廳服務員為賓客提供服務的依據，同時也是餐飲成本控制的依據

餐廳服務員要根據菜單上的品種、價格特色及排列次序等進行推銷，並按照規定服務流程、規格、標準為賓客提供各種服務。餐飲管理人員為使餐飲部獲得較好的經濟效益就必須控制食品原料、勞動力和餐廚設備等方面的成本。而進行餐飲成本控制，首先要分析菜單上的菜點及其所需的原料、勞力和使用的餐廚設備，然後才能確定標準成本，並採取相應的措施來控制成本。

二、菜單的內容

菜單是一種廣告。它的任務是告示賓客，餐廳能向他們提供的菜餚品種以及這些菜餚的價格，餐廳廚師應根據菜單品種進行原料準備和加工並生產菜餚。一份菜單應具備下列內容：

1. 餐廳的名稱、地址及位置；
2. 菜餚的特點和風味；
3. 各種菜餚的項目單；
4. 各種菜餚的分別說明；
5. 各種菜餚的單位；
6. 各種菜餚的價格；
7. 營業時間、電話號碼等。

三、菜單設計的常見問題

菜單是非常重要的促銷手段，但並不是很多餐飲企業都重視菜單設計，下面就是部份餐飲企業在菜單設計中常見的問題：

1. 製作材料選擇不當

有些菜單採用各色簿冊製品，其中形式有檔夾、講義夾，也有集郵冊和影集冊，這些非專門設計的菜單不但不能有點綴環境、烘托氣氛的效果，反而與餐廳的經營風格相悖，顯得不倫不類。

2. 菜單偏小，裝幀過於簡陋

有些菜單以 16 開普通紙張製作，這個尺寸無疑過小，造成菜單上菜餚名稱等內容排列過於緊密，主次難分。有的菜單甚至只有 32 開大小，但頁數竟有十多張，無異於一本小雜誌。絕大部份菜單紙張單薄，印刷品質差，無插圖，色彩單調，加上保管使用不善，顯得極其簡陋，骯髒不堪，毫無吸引人之處。

3. 字形太小，字體單調

不少菜單為打字油印本，即使是鉛印本，也大都使用 1 號鉛字。坐在餐廳不甚明亮的燈光下，閱讀由 3 毫米大小的鉛字印就的菜單，其感覺絕對不能算輕鬆，況且油印本的字跡往往已被擦得模糊不清。同時，大多數菜單字體單一，缺乏字型、字體的變化以突出、宣傳重要菜餚。

4. 塗改菜單價格

隨意塗改菜單已成為相當一部份餐飲企業的通病，上至五星級的豪華酒店，下到大眾化的餐廳，比比皆是。塗改的方法主要有；用鋼筆、圓珠筆直接塗改菜名、價格及其他信息；膠布遮貼，菜單上被塗改最多的部份是價格。所有這些，使菜單顯得極不嚴肅，很不雅觀。

5. 不標出價格

有些茶單，居然未列價格，讀來就像一本漢英對照的菜餚名稱集，有的菜單未把應列的菜餚印上，而代之以「請詢問餐廳服務員」。

6. 菜單上有名，廚房裏無菜

凡列入菜單的品種，廚房必須無條件地保證供應，這是一條相當重要但容易被忽視的餐飲管理規則。不少菜單表面看來可謂名菜薈萃，應有盡有，但實際上往往缺少很多品種。

7. 品種缺少描述性說明

每一位廚師或餐飲經理都能把菜單上的品種配料、烹調方法、風味特點、有關該品種的掌故和傳說講得頭頭是道，然而一旦用菜單形式介紹時就大為遜色。尤其是中餐中的那些傳統經典品種和創新品種，不少名稱雖然雅致形象、引人入勝，但絕大多數就餐者少有能解其意的，更不用說來自異國他鄉的國際旅遊者。即使許多菜單附有英譯菜名，但由於缺少描述性說明，外國遊客在點菜時仍然不得要領。

8. 缺少促銷信息

許多菜單上沒有註明餐廳位址、電話號碼、餐廳營業時間、餐廳經營特色、服務內容、預訂方法等內容，有趣的是，絕大部份菜單都列有加收多少服務費。顯而易見，為使菜單更好地發揮宣傳廣告作用和媒介作用，許多重要信息不應被省略遺漏的。

四、菜單設計依據

菜單設計的操作需從顧客層面和管理層面去考慮。顧客層面主要考慮的是市場競爭因素，管理層面主要考慮的是技術與出品品質的保證，如圖 27-1 所示：

只有在綜合考慮這些因素之後，才有可能對菜單的品種做出正確的選擇。在設計菜單時應儘量避免下列問題的出現：

· 難以提高或保持品種穩定的出品品質；

· 品種成本過高而且銷量不大；

· 品種原料供應難以保證；

· 人員不夠或沒有足夠的熟練人員；

・沒有足夠的烹調設備或場地。

圖 27-1 菜單設計的依據體系

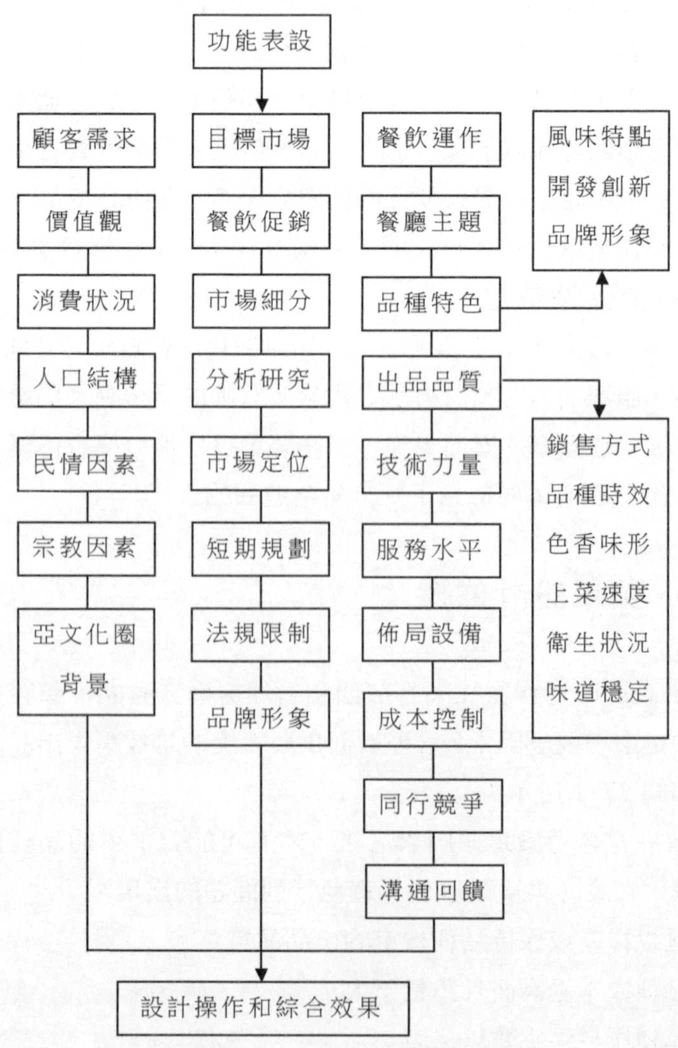

五、菜單設計的流程

菜單設計工作應該在一整段不受干擾、活動餘地較大的工作地方進行。

1. 準備所需的參考資料

①各類舊菜單，包括企業正在用的菜單；

②標準菜譜檔案；

③庫存信息和時令菜、暢銷菜單等；

④每份菜成本或類似信息；

⑤各種烹飪技術書籍、普通詞典、菜單詞典；

⑥菜單食品飲料一覽表；

⑦過去銷售資料。

2. 運用標準菜譜

標準菜譜是由餐飲部設計建立的規範統一的關於食品烹飪製作方法及原理的說明卡，它列明某一菜餚在生產過程中所需的各種原料、輔料和調料的名稱、數量、操作方法、每客分量和裝盤工具及其他必要的信息。只有運用標準菜譜，才可確定菜餚原料各種成份及數量、計劃菜餚成本、計算價格，從而保證經營效益。

一份品質較好的標準菜譜有助於菜單的設計成效，同時有利於員工瞭解食品生產的基本要求與服務要求，也可提高他們的業務素質。

3. 初步構思、設計

剛開始構思時，要設計一種空白表格，把可能提供給顧客的食品先填入表格，在考慮了各項影響因素後，再決定取捨並作適量補充，最後確定各菜式內容。

4. 菜單的裝潢設計

將已設計好的菜餚、飲料按獲利大小順序及暢銷程度高低依次排列，綜合考慮目標利潤，然後再予以補充修改。

召集有關人員如廣告宣傳員、美工、營養學家和有關管理人員進行菜單的各式和裝幀設計。

5. 列印、裝幀

6. 菜單內容

菜單內容最主要的部份是產品和價格。餐廳應根據市場的現狀和趨向，結合本身的目標和條件，審慎決定產品的種類、價格及品質。

7. 插圖與色彩運用

菜單的裝幀，特別是插圖、色彩運用等藝術手段，必須與餐飲內容及餐廳的整體環境相協調。

菜單上的圖畫有兩種作用：一是藝術性的裝飾；二是實用性的輔助說明，如菜餚的圖片或地圖等。

六、菜單製作材料

一般菜單的材料以紙張居多，設計菜單時首先要選擇好用紙。與菜單文字工作、排列和藝術裝飾一樣，紙的合適與否關係到菜單設計的優劣。此外，紙的費用也佔了相當一部份的製作成本。

大部份菜單都是採用活版印刷或膠印平版印刷，或將兩者結合起來。菜單封面一般採用膠印平版印刷，內頁的菜餚項目單則採用活版印刷。

活版印刷的特點是：字體和線條會透進紙內；適用於幾乎所有類型的紙；照像銅版印刷需要光滑的、拋光的或者塗層的紙張。

膠印平版印刷允許在紙張選擇和印刷方面有更大的範圍，字體不會透進紙內。

1. 菜單紙的折疊

因為大部份菜單印在紙上，所以應考慮紙的實用方法：首先可以折疊，其次可以被切成各種形狀，並可有不同的造型。

最簡單的方法是把一張紙從中間一折，便成菜單，但是還有許多其他方法採用折疊菜單時，應注意不是所有的紙都可以折，有些紙一折就裂，從而降低了菜單的使用壽命。在大量印刷菜單之前，應檢查一下紙張的「可折度」。

2. 菜單的形狀

菜單用紙可以切成各種幾何圖形和一些不規則的形狀。另外，菜單不一定是平的，兩面用的紙也可以製成一個立方體或金字塔式的。

總之，菜單的形狀是根據餐廳經營需要、為迎合賓客心理而確定的。菜單的尺寸大小沒有統一的規定，用什麼尺寸合適，主要從經營需要和方便賓客兩個方面考慮。

菜單必須借助文字向顧客傳遞信息。一份好的菜單的文字介紹，應該做到描述詳盡，令人讀後不禁食欲大增，從而具有促銷作用。一份精美的菜單其文字撰寫的耗時費神程度並不亞於設計一份彩色廣告。

要設計裝幀一份閱讀方便和富有吸引力的菜單，使用正確的字體是非常重要的。一份菜單最主要的目的是溝通，要把餐廳所能提供的菜餚食品告訴客人，字體必須美觀、清楚。假如不是用手寫體的話，就一定要用印刷排版的方式。許多菜單的字體太小，不便閱讀；有的字體排得太緊，而且每項菜餚之間間隔小、幾乎連在一起，使賓客選擇菜餚時很費勁。

菜單封面設計主要注意以下三個方面：

⑴突出餐館的風貌特徵。

⑵必須在設計好菜單版面佈局之後再設計封面，因為封面與版面必須相協調。

⑶封面版圖設計要考慮紙張品質色彩、製作費用等因素。

一般來說，菜單封面紙張要厚，耐用、耐磨，表面光滑，看上去質地細膩。傳統餐廳一般用真皮或人造皮做封面，新式餐廳多用紙做封面。對於封面顏色，傳統餐廳一般用深色，如黑色，深棕色、鐵灰、暗紅，也有些餐廳用金色或銀色鑲邊；新式餐廳封面一般用淡而明亮的顏色，設計風格比較輕快，如鮮紅色、黃色或是黃棕色等。

封面設計千萬不可缺少餐廳名額與地址，最好還寫上電話號碼與服務時間，但一定要掌握分寸，不可堆積太多的內容。

28 菜單的修正

菜單製作完成並不意味著從此可以高枕無憂了，要隨時留心客人的反映，順應時下餐飲風尚，對菜單做進一步的修正，才是敬業的餐飲經營者應有的態度。

1. 菜單在設計製作方面的通病

- 製作材料選擇不當；
- 菜單紙張過小，裝幀過於簡陋；
- 字型太小，字體單調；

· 塗改菜單價格；

· 缺乏描述性說明；

· 單上有名，廚房無菜；

· 遺漏。

在對菜單做進一步修正的過程中，可以採取圖 28-1 的步驟。

圖 28-1　菜單修正的步驟

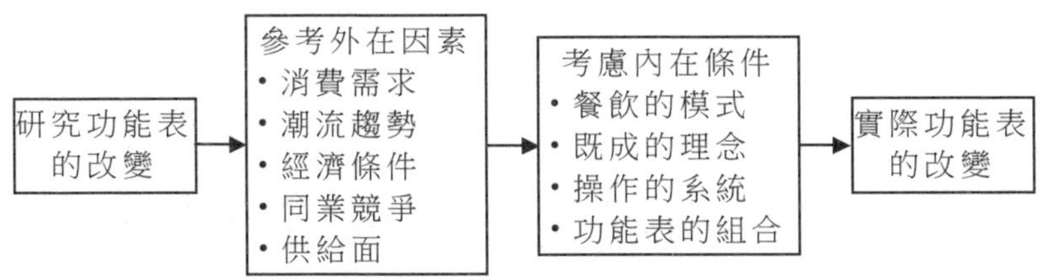

2. 經常與同行做口味比較

定期做口味調查，探知消費者的口味及對更換餐飲的喜好度。至少應包括口味、分量、熱度、香味、裝飾、價格這 6 項。調查的頻率不可太多，亦不可太少，每半年或一年一次最理想。

為了使比較的結果更具參考性，做比較時必須把握類比的原則。例如一家中型的閩菜餐廳，應和中型閩菜餐廳做比較。而口味比較可先從同地區的同行比較起，然後再逐漸比較其他都市的同行。

3. 簡化菜單，淘汰不受歡迎的菜品

經營者在調整菜單時，對乏人問津或極少賣出的冷門菜，應該毫不猶豫地剔除掉。這樣不僅可以減少材料的準備和浪費，也可避免第一次上門的顧客因點到這些菜而對餐廳的口味產生不良的印象。

4. 套餐的運用

套餐是將餐廳裏最受歡迎的菜組合成套。為消費者提供點菜的便利。它對經常來用餐的老主顧來說是個划算的選擇，對第一次上門的

新客人則有廣告的作用，能幫助餐廳在客人心目中建立良好的第一印象。

5. 多推出季節性的菜餚

大多數海鮮、蔬果類的食品都有一定的生產季節，在生產季節中這些食品不但量多質佳，價格也比較便宜，而不在生產季節時，不但數量少、品質差，價格也變得昂貴。

29 砍菜單已成為餐飲業經營共識

去喜茶飲品店，體驗了新茶飲熱門品牌喜茶。

排隊花 20 分鐘，點單後又等候了半個小時。一個品牌火起來的原因絕對不止一個，產品力打磨、公司化運作、組織化戰鬥、系統化管控、行業影響力塑造等一個都不能少，表面上的漫不經心背後都有自己的講究。比如喜茶看上去很普通的功能表，其實已經經過了 5 次迭代。

看這篇文章，或許你能從功能表這個事關產品力的小點上，窺得喜茶火爆的一二因數。

是一家飲品店「比心胸還要寬廣」的功能表，上面足足有 600 多種產品，不知道顧客和店員誰先崩潰啊喂！砍菜單已成為共識和潮流，產品從 52 砍到 23 種。

・ 1.0 版：「豐富」

「砍菜單」已經成為一種共識和潮流，但菜單該怎麼砍、怎麼減，才能只增利潤不減客流？

以喜茶飲品店為例。其創立至今，已對功能表做過幾次更新，除了版式優化，產品也從 52 砍到 23 種。

這是喜茶早期的一份菜單（當時還叫「皇茶」），12 個板塊，52 種產品，不同產品系列枚舉、增加配料的價格說明佔據了菜單的大面積空間，最下面區域還列出了門店分佈及部分聯繫方式。

・2.0 版：開始「劃重點」

2.0 版持續了蠻長時間，直至 2015 年下半年，設計上的整體分佈依然沒變，配色略微調整，同樣對比度明顯。11 個板塊，48 種產品，減掉了冰砂系列

值得注意的是，價格整體上調了 4—5 元人民幣。主打系列突出了「首創」，並從此前的「奶香茗茶」中提煉出獨特的「日月潭茗茶」作為系列名稱，比前版更為聚焦。

而整體來說，早先的這兩版菜單，用力較為平均。

雖然很有愛的在產品前配了圖，但資訊點較多，反而容易干擾舉棋不定的消費者進行選擇。

・3.0 版：開始「注重顏值」

第一次大手術，大致是 2016 年底。

從視覺效果看，設計框架進行了大範圍調整：

文字縱向排列，價格標注採用漢字；每款產品前帶的圖不見了，取而代之的是每個系列選取招牌產品配圖。主打系列集中放在左上位置，並用不同字體加以強調。不再使用「日月潭茗茶」說法，而採用了帶有自身品牌基因的「皇芝芝」。

用紙規格變小，留白率提高，字型大小變小。較之以前，產品種類甚至略有增加的，但看上去卻感覺精緻了，已經跳出「奶茶店」的

格局。

從價格上看，又有提昇，整體已經達到 20 元左右。

不過也有人從功能上提出質疑，直指排豎版，橫標題，再加上中文價格牌，挺「反人類」的。

・4.0 版：砍掉近三分之一產品

這版基本上確定了產品結構，設計上，保留了上一版紙質功能表的整體框架，左邊嘗試了紅白配色，時尚感更為突出；而右邊走極簡風，白底黑字，連此前延續的系列配圖都不再使用。上一版橫標題豎排版也改掉了，更符合現代人的視覺習慣。

細看產品，板塊已經簡化至 8 個，產品不到 40 種，低脂鹹奶霜產品第一次出現在功能表上。

此時，喜茶已經完成改名和大部分店面的更新，主推產品開始用「喜芝芝」標明身份，並根據視覺習慣，放在第一行呈現。

・5.0 版：摒棄產品之外的一切干擾項

這是喜茶最近在上海開的門店菜單，黑底白字，幾乎摒棄了除「產品呈現」外的一切干擾項。

板塊精簡至 6 個，23 種產品，除了甜品，全與茶相關。

主打從系列名稱到產品名稱都進行了優化，綠妍、紅玉、金鳳茶王、四季春，更加強調茶本身；而「低脂」由一個板塊，晉昇成為全部芝士類產品的常態選項，健康概念更突顯。甚至門店的木質功能表版，也很有設計感。

這「不好看」三個字背後，包含的因素不僅是設計。實際上，喜茶功能表更迭十分頻繁，「排版、字體、刪減品種，每個月都在做。」

早在跨出江門時，在那份久遠得已經找不到的功能表上，已經進行過一次大改——把芝士茶作為主推，而最早「大當家」位置的奶茶調換到不顯眼的位置。

資訊是分層級的，功能表這一步，消費者要看的就是品種名稱與價格。」好功能表標準，簡潔明瞭，一目了然，功能表就是功能表，不要試圖表現所有的東西。

設計功能表其實就是設計產品線，功能表是什麼？本質是產品線目錄。 設計功能表即設計產品線。

喜茶功能表的持續迭代，其實是頂層設計和動態運營的結合，並最終形成了一種常態型迭代機制。

菜品少了，消費集中度就會提高。這是對消費者的引導。

同樣，聚焦度高的產品，使員工的規範動作和出品標準化，更容易實現。

另一方面，產品簡單，許多茶飲的原料就會重疊，單品採購量規模化了，也能提昇對供應商的議價權和管控力，縮減溝通與博弈成本。同時也降低了公司採購、加工、倉儲、配送、等諸多環節的管理管理成本以及出錯率。

一張菜單的背後，牽扯出的其實是高段位玩法，值得好好思考。

30 菜品價格降，顧客結賬額卻更多

如何提昇營業額，這是老闆們最關心的話題。

有的老闆崇尚提高菜品單價，加一次不行加兩次，直到看見利潤明顯上昇了才收手；有的老闆則選擇默默降低成本，減量不減價；還有聰明點的老闆，換個功能表把毛利高的產品重點突出……

你見過通過降價，來獲得營業額上漲的做法嗎？今天，就以一家潮汕牛肉火鍋為例，探究一下反其道而行的「降價邏輯」。

回顧過去，開業兩年時間裏，這家潮汕牛肉火鍋的菜單改了不下十次。菜品增增減減，銷售額一直沒有太大的變化，問題出在哪？

先看看這份他的菜單。這是一種市面上比較常見的排版方式。設計人員有意突出「招牌牛肉」這一類別，卻在湯鍋配菜小吃等菜品分佈上犯了糊塗。

錯誤一：菜品小類別劃分不合理，菜品種類有重疊。

錯誤二：不適時地插入菜品配圖，導致指向不明。

錯誤三：「推薦」標誌種類過多，道道都是推薦菜反而沒了推薦的意義。

錯誤四：重點推薦菜品不在開頭，胡亂插在眾多菜品之中，點菜順序被打亂。

很快發現問題出在了哪？「純文字的介紹，效果不好，因為大家根本不知道這是啥。」

於是，潮汕牛肉火鍋再次昇級菜單。和以前框架內的調整不同，這次的調整可謂大刀闊斧。

首先，調整版式，將整頁變成四折頁，把整版劃分為三大塊；接著，加入手繪牛肉示意圖和牛肉實拍圖；最厲害的是，它還降價了。

來看看新功能表都變了什麼：

1. 佈局

新功能表用線框將功能表分為三大板塊：主打的牛肉、鍋底+招牌菜、配菜小吃，遵循人們吃東西的順序，佈局分佈清晰合理。

加上框線，使功能表在視覺上容量明顯變大。

2. 配圖

配圖的增加是這次改版最大的亮點，1 幅牛肉手繪示意圖，21 張菜品配圖，從視覺上就給人不小的衝擊，展現方式也更加年輕化。

以前服務員解釋不清的部位，現在一張手繪示意圖就清清楚楚。哪種肉長在哪，口感如何，每種肉要涮多久，根本不用服務員多說。不僅大大提高了點單的效率，顧客也能心中有數。

3. 降價

很多老闆重做菜單是為漲價，而豆撈坊重做菜單則為了降價。

老菜單上，現切牛肉的平均價格為 49.5 元，價格多在 48-68 元分佈。調整後的菜單，現切牛肉的平均價格為 42.6 元，牛肉價格主要在 29-38 元不等。單說五花腱，一份就比原來降了 20 元。

如此大幅度的降價，帶來的直接效果就是：在現切牛肉的選擇上，一部分保守的顧客們「敢」點了。

原來點兩盤牛肉將近 100 元，現在點 3 盤才 100 元多一點，多花十幾塊錢就能多吃到一種肉，顧客何樂不為。

4. 增加半份菜

改版後的菜單，明確了每種蔬菜都能選半份，均價在 5 元的半份菜給了顧客更大的選擇空間。

花從前的一份錢吃到兩份菜，顧客心理上也不會覺得自己點的多。

5. 字體加粗

老版里加粗或重點推薦的菜多達 18 種，而新版的菜單推薦菜品只保留了 6 種。每塊區域只加粗一道主推菜，顧客要不要點，一秒就能決定。

於是推薦菜的命中率，大大提高。

31 開店要懂得「錨定價格」的奧妙

聽過的對價格的最好定義出自普布利柳斯· 西魯斯，他這樣說：「一件東西的價值就是購買者願意為它支付的價格。」因此，制定價格的關鍵是弄清楚顧客願意為你的差異化或附加價值支付多少。

但也要注意一點：人們只是願意多支付一點而不是很多，你必須把你的價格水準保持在合理範圍之內。今天，我們就置身在消費場景中，一起理解下：好的價格策略，如何會使銷量翻倍。

那麼店鋪經營者有哪些價格策略，讓人既感到便宜，又難以自拔不得不買呢？

為什麼商家經常會定一個很高的初始價格，再做成打折？

這是因為錨定效應的存在——人對某件事的判斷會受到前一個事物的影響。

比如心理學家做過實驗：

讓消費者先寫出自己的出生年份，再對某個廉價產品估價，消費者普遍給產品估出了更高的價格：

有些東西並不是真便宜，而是讓你覺得便宜。

這是因為之前寫的出生年（1991 年）影響了消費者後續對價格的判斷，即使他們都否認自己受到了出生年的影響。

再比如：我們做過的一個實驗，問 A 組消費者：你覺得這盒消炎藥多少錢？他們大部分估價 50 元左右。

問 B 組消費者，你覺得這盒消炎藥價格是高於還是低於 500 元？即使他們所有人都覺得這個感冒藥不可能有 500 元，但是他們仍然估出了不合理的高價格：200 元。

在這個實驗中，B 組消費者受到了「500」元這個錨定的影響，即使他們不承認這一點。

同樣，你可以不承認或者沒有意識到商家頻繁的「促銷折扣」給你帶來的「錨定」，但是它其實一直在影響著你。

為什麼有些商家，會在店內放一些永遠也賣不出去的高價貨？

這是因為人們更多地考慮相對差異而不是絕對差異：在那些昂貴而且沒有更好看的商品面前，其他的商品顯得這價格更低，更可以接受了。

人天生就更加在意相對差異而不是絕對差異：當你在一家所有同事都月薪 6000 的公司裏可能感覺不錯，但是如果在一家公司，你月薪 8000 而其他所有人 10000，你可能就不會這麼開心了，即使你賺了更多錢。

比如：某商場銷售價格 189 元的蒸蛋器，然後在他們增加一個 429 元的蒸蛋器之後，發現原來 189 元的蒸蛋器銷量增加了一倍。消費者覺得，比起那個好不了多少的 429 元蒸蛋器，189 元的那個顯得太超值了！

32 餐飲業的全員推銷

餐館中的每一個人都是潛在的推銷員，包括餐館經理、廚師、服務人員以及賓客，有效地發揮這些潛在推銷員的作用同樣會給餐館帶來利潤。

1. 餐館經理

有一位國外的餐館經理這樣說過：「我們餐館的總經理、銷售部經理和我，每天從 12 點到下午 1 點都站在餐廳的大廳和門口，問候每一位賓客，同他們握手。我們希望以此贏得更多的生意。」如果你的餐館經理也能夠採用這種辦法，就會讓賓客感到自己被重視、被尊重了，就會樂意來你的餐館就餐。

不要輕視經理的名片。經理不管在什麼地方，甚至在社交場合，對遇見的每個人，特別是接待員和秘書要非常禮貌，面帶微笑但不過分地一邊向潛在賓客作自我介紹，一邊遞上名片。這樣，潛在賓客就能清楚地知道你的名字和你所屬的餐館。在下次選擇餐館就餐時，你的餐館不能說是沒有希望的。

2. 廚師

利用廚師的名氣來宣傳推銷，也會吸引來一批賓客。對重要賓客，廚師可以親自端送自己的特色菜肴，並對原料及烹製過程做簡短介紹。有許多餐館把廚師推出的每週每天的特色菜肴牌懸掛於餐館大門口，這樣能吸引不少客源。

3. 服務人員

鼓勵登門的賓客最大限度地消費，這重擔主要落在服務員身上。服務員除了提供優質服務外，還得誘導賓客進行消費。其中，服務人員對賓客口頭建議式推銷是最有效的。但是有些口頭建議不起作用，如「要不要瓶酒來佐餐？」而另一些則具有良好的效果，如「我們自製的白葡萄酒味道很好，剛好配您點的魚片」。可見，服務人員的推銷語言對推銷效果起著至關重要的作用，要培訓所有服務人員(尤其點菜員)掌握語言的技巧，用建議式的語言來推銷自己的產品和服務。

33 怎樣策劃餐飲業促銷

一、選擇促銷契機

選擇什麼時機進行促銷，這是值得考究的問題。如果時機選擇不好，會「吃力不討好」，甚至會浪費資源。

以本企業自身發展需要為契機。餐廳開業，這是搞促銷的好時機，可以利用餐廳開業之際，大做文章，以造成聲勢，從而迅速擴大影響，樹立餐廳的市場形象。

當餐廳生產比較穩定時，可以搞些促銷活動，使餐廳在顧客心目中保持「常吃常新」的形象。在餐廳生意慘澹時，可以利用有效的促銷活動使餐廳生意「起死回生」。在餐廳轉換投資者、或轉換經營者、或轉換行政總廚時，可以策劃促銷活動藉以轉移顧客的注意力，減少負面影響。

以各種有影響的節日為契機。各種節假日是餐飲機構進行促銷的大好時機，也是餐飲經營的空破口。對傳統節日（如春節、中秋節等），餐飲機構可進行促銷，對一些現代逐漸流行的西方節日（如耶誕節、父親節、母親節等），可進行套餐、表演等內容的促銷。利用節日進行各類促銷活動已經成為餐飲經營的慣例。

以本店有影響的活動為契機。有時餐飲機構為了宣傳、擴大自身的知名度，也會找出一些事由來借題發揮，如開業週年紀念、接待某著名運動員、政客、明星等，利用這些活動進行相應的促銷能夠引起轟動效應。

以國內外重大比賽為契機。這種選擇一般是國內外比較關注的重大事件，又以比較輕鬆自如的文娛、體育活動為主。如奧運會、亞運會、世界盃足球賽等，選擇這些國內外客人都比較關心的重大比賽為契機，可以為客人提供聚會交談的場所。例如，在世界盃足球賽的日子裏，就可以搞一些與此有關的品種促銷和竟猜活動，以促進銷售經營。

二、分析客源

餐飲管理者必須知道，好的主意隨時是可以有的，但主意要變成行動、變成一種績效卻沒有那麼容易了。任何促銷活動都與客源市場息息相關，因此管理者要徹底分析客源市場狀況，才能進行有效的促銷活動。

分析客源一般要考慮如下問題。

誰是顧客？這是分析客源的問題。絕大部份餐飲機構管理者都應該清楚自己的市場定位，因此要回答這個問題應該不是很困難的事情。

顧客需要滿足的是什麼？這實際上就是滿足需求的問題。隨著生活水準和品質的提高、旅遊業的發展、商務往來的頻繁、家庭勞務逐漸社會化，人們從溫飽型向享受型過渡，從單一的追求「口味」轉向追求多層面的「味外之味」，如方便、舒適、體面、享受，在客觀上培育出一大批現實的飲食需求。

創造需求就是在食品、服務和情調方面重新組合和演繹形成一種新的經營方式和經營理念，或是在食品中變換出新花樣，或在價格上創造出更多的誘惑力，或是在服務項目和品質上更上一層樓，或是在情調中演繹出「新意思」，或是在品牌、廣告上創造出與眾不同的品味等。創造需求就是誘導消費，只要你的新品種能夠為顧客接受並喜愛，只要你的價格促銷能夠讓顧客感到滿意，只要你的服務項目和品質能夠得到顧客的認可，只要你的情調能夠變換出新花樣，只要你的廣告能夠激發顧客新的消費需求，那麼就等於創造了市場，就等於提高了市場佔有率，就等於贏得了某種競爭優勢。

因此，可以這樣說，21 世紀的餐飲業不是沒有生意做的問題，而是怎樣做生意的問題。

三、瞭解自己

瞭解自己就是對本餐廳的狀況做出客觀的評估。

每個餐飲管理者都可以想出很多富有創意的促銷主意，但是，誰也不能忽視：在特定的經營時期內，在特定的烹調水準上，在特定的餐廳環境中，在有限的資源利用上，管理者能夠做什麼？

你的烹調水準能夠做什麼？餐飲業的所有促銷都離不開品種這個主題，所以管理者必須考慮，出品部門的烹調水準是怎麼樣的？例如，要搞「冰鎮系列」品種促銷(如白鱔、大芥菜等)，你就要考慮：你的廚師能否真正領會「冰鎮」的妙處，能否真正做到(特別是在大量供應的情況下)你所要求的品質水準。瞭解這一點很重要，因為如果出品水準不能保證的話，其促銷效果很容易適得其反。

你的餐廳環境可以做什麼？例如要設立一個展示台，它擺在哪里？怎樣擺法？例如要將某個品種的最後烹調拿到調車上做(即粵語「堂做」)，那麼會有什麼影響？油煙怎樣處理？例如要進行時裝表演，你的餐廳是否具備了相應的條件(如 T 型舞台、燈光、音響)等等。實際上，餐廳的空間資源是有限的，要進行某個促銷活動，就必須要考慮餐廳資源的配置和利用問題。

你有多少錢可以用？這也許是最關鍵的。印刷宣傳品需要錢，做廣告需要錢，裝飾一個耶誕節氣氛當然也要用錢，就算是設計一個展示台，也需要錢。所以，你只能「看菜吃飯」，因此，精明的管理者通常是以充分利用現有的資源辦實事、辦好事，或者是想出足夠的理由和完善的促銷方案去說服投資者。

四、包裝促銷主題

促銷的主題至關重要，它決定了整個促銷活動以市場的吸引力，也是宣傳廣告、餐廳裝飾、服務形式、銷售方式的中心內容。

選用什麼樣的主題，取決於促銷的目的和目標市場的承受能力。任何促銷主題的包裝，要考慮目標市場的「口味」和特點，要考慮訴注於市場的表達方式，要將其促銷內容及「買點」突顯出來。

例如要進行龍蝦促銷，其內容是降價銷售，但在促銷主題的確定上，可包裝為「龍蝦風暴」，或美其名叫「震撼價格」、「驚喜售價」等；某餐廳進行「濃湯大碗翅」促銷，可在「濃」字上做文章，如「濃情濃意濃味」；某餐廳進行傳統品種促銷，其促銷主題包裝為「陳舊的，就是溫暖的……」，顯示出深厚的文化底蘊：……

促銷主題的包裝要講究創意，沒有創意的促銷包裝是難以有吸引力的。表 33-1 是促銷安排的一個實例。

表 33-1　全年促銷安排(供參考)

月份	促銷內容	月份	促銷內容
1 月份	春節團圓飯	7 月份	夏日水果美食
2 月份	野菌美食	8 月份	繽紛夏日冰涼食品
3 月份	東南亞美食	9 月份	中秋節團圓飯
4 月份	田基美食	10 月份	羊肉火鍋
5 月份	勞工節　端午節 粽子美食	11 月份	潮州美食
6 月份	淮揚點心品嘗	12 月份	耶誕節情人套餐，元旦迎新套餐

五、選擇促銷形式

餐飲促銷形式可以多種多樣的，而且不斷地推陳出新，歸納起來，有特別介紹、主題美食、優惠促銷等。

1. 大廚介紹

首當其衝的是大廚特別介紹。這是最常見的，幾乎每個中高檔以上的餐飲店都在使用這種方法。

它以靈活多變、週期短、成本低而深受業內人士喜愛。大廚特別介紹的形式是靈活多樣的，可以是 10 個品種，也可以是 15 個品種，取決於餐廳促銷的需要，許多新品種的試銷都是採取這種方式進行的。這種方式可以是 1 個月為一期，也可以是 20 天為一個週期，在很多餐飲機構內，大廚特別介紹是定期(一般是 1 個月為限)推出，以保持「常吃常新」的形象。只要行政總廚裏想出了品種，經營業部核價，做出一個台卡和 POP，就可以「出街」了(與顧客見面)，其製作成本低廉，花費不大，又具有很好的促銷效果，是很多餐飲管理者鍾情的促銷形式。

2. 優惠價

這是指對經常光顧的顧客、其他重要顧客或淡季光顧的顧客，採取優惠的價格。有時為了招徠顧客，通過廣告或郵寄發送「優惠券」，也屬於優惠價的性質。目的都是鼓勵顧客儘早購買和吸引顧客重覆購買，從而迅速增加銷量。

3. 贈送禮品

在一定時期內，餐廳向住店的顧客贈送紀念品、節日禮品、生日蛋糕等以及提供一些免費服務，如免費品嘗試產的特色風味菜餚等。

這種方式可使顧客增加對本企業的信任和好感，達到促銷的目的。

4. 印製小冊子

許多餐飲企業都會採用一種特殊紙張，大量印刷有文字說明及圖片介紹的小冊子。在小冊子上印有本企業較完備的資料，如本餐廳的特色菜品、服務項目、價格等。企業通過各種途徑將小冊子散發給廣大顧客，目的是向他們提供有關資料，使他們相信本企業的設備和服務是最好的。

5. 印花贈券

這是指在一定時期內餐飲企業對於購買本企業產品的顧客給予印花贈券，顧客購買得越多，手中集中的印花也越多。當積攢到一定數量時，就可以得到一件產品或一次服務。國際上，有許多企業都不定期地開展這，均可在店內享受一段時間的免費服務。這種方式可吸引顧客多次購買產品。

此外，如臨時減價、抽獎摸彩等都可成為銷售推廣的活動。餐飲企業應根據實際情況靈活運用銷售推廣策略，同時要有效的制定銷售推廣的規模、期限、時間，參加的條件等，從而取得最好的促銷效果。

6. 累計折扣

累計折扣應用於多次性消費。對於餐飲消費者來說，累計折扣更具有吸引力；對於餐飲企業來說，累計折扣可使消費者重覆、多次購買本企業的產品，更具有促銷的作用。

消費金額累計折扣是指當消費者累計消費餐飲產品的金額達到餐飲企業規定的要求時，消費者就可得到某種折扣優惠。消費金額越多，折扣也就越大，以鼓勵並刺激消費者重覆消費本企業的餐飲產品。如某餐飲企業規定：凡累計消費 1000 元以上者，將給予 5%的折扣優惠；2000 元以上者將給予 10%的折扣優惠，等等。

某家菜館位於市中心，週圍有許多政府機關和企業單位、公司等，為吸引這些單位經常光顧就餐，在年初即派公關銷售人員上門推銷，並承諾在該菜館每累計消費 5000 元，即贈送 500 元的餐飲消費券。這一累計消費優惠活動開展以後，每當附近的公司及其他單位有客戶需要宴請時，均會光臨該菜館，使菜館的營業額始終創新高。在年終，該菜館舉辦常客聯誼活動，除贈送紀念品外，還虛心聽取顧客對菜館的菜餚、服務等方面的意見和要求，因此，其生意一直欣欣向榮。

7. 優惠時段

餐飲經營的特點之一是餐飲消費受就餐時間的限制。因此，餐飲企業為擴大餐飲銷售，通常會在營業的非高峰期間給予消費者以消費折扣優惠，這在星級飯店的咖啡廳、酒吧等處特別常見。

如某星級餐廳的酒吧規定，凡在下午 2 時至 6 時來酒吧消費的客人，均可得到「買一贈一」的折扣優惠，即在規定時段內，客人消費一份飲品，酒吧就贈送一份同樣的飲品，這就是大多數酒吧經常推出的半價銷售的「快樂時光」(Happy Hour)活動。

又如某餐飲企業的午餐營業高峰是在中午 12 時至下午 1 時，為使客人提前就餐以減少企業高峰時段的經營壓力，並增加客源的總量，該企業規定：凡在 11：45 前結帳的客人將得到 5%的折扣優惠。

某地一家二星級飯店的餐廳規模不大，但以優美的環境、適口的菜餚和良好的服務而在當地有良好的口碑，其午餐的營業高峰時間為 11：30～12：30。為平衡客源流量，該飯店在餐廳門口以告示的方式推出優惠消費活動：凡在 11：30 以前結帳的客人及在 12：30 後進餐廳就餐的客人人均可享受 10%的折扣，結果使許多客人在非營業高峰時間前來就餐，餐廳的總體營業額及利潤比以前有較大幅度的增長。

8. 特價招徠策略

餐飲企業在某些節日或營業淡季時，特別降低某種餐飲產品的價格，以更多地招徠消費者。這是許多餐飲企業在先階段採取的一種定價策略。如某餐飲企業在營業淡季時，推出鱸魚 10 元 1 條或基圍蝦 15 元 1kg 等，以吸引客人前來消費。餐飲企業在採用這種策略時，應與相應的廣告宣傳活動相配合，通過提高總的餐飲產品的銷售量來降低食品成本，從而增加利潤額。

某市的消費者愛好吃螃蟹，因此，某大型餐飲企業便在秋季推出螃蟹特價促銷活動，該餐飲企業的廣告為：凡來本餐廳就餐的前 20 名客人均可享用 10 元 1 隻螃蟹(按消費者人數計算)。廣告一經推出，該餐廳便門庭若市。

六、寫出計劃

從操作角度說，任何促銷活動的實現都是從計劃開始的。管理者必須根據你的構想寫出一份有說服力、有條理的促銷計劃。

促銷計劃的要素如下：

1. 促銷主題和目的；
2. 促銷推廣日期；
3. 促銷地點和時間；
4. 促銷品種設計；
5. 廣告宣傳策劃；
6. 餐廳裝飾要求；
7. 餐廳培訓要求；
8. 跟進；
9. 促銷預算和收益評估；
10. 注意問題。

34 餐飲服務要標準化管理

餐飲服務標準化管理指餐飲企業制定各項餐飲服務的程序和標準，並嚴格執行這些標準。

表 34-1　(託盤)員工觀察檢查表

檢查步驟	注意事項
理盤	根據所托的物品選擇好託盤，洗淨擦乾
裝盤	盤內物品擺放整齊，擺成弧形或橫豎成行，在幾種物品同裝時——重物、高物放在託盤裏檔；輕物、低物放在託盤外檔；先上桌的物品在上、在前；後上桌的物品在下、在後；盤內物品重量分佈要得當；物品間距1釐米；商標朝外，拿取物品時，拿物品的中下部位
託盤	左手向上彎曲，小臂垂直於左胸部，肘部離腰部約15釐米，掌心向上，五指分開，以大拇指端到手掌的掌根部位和其餘四指托住盤底，手掌自然形成凹形，掌心不與盤底接觸，形成五指六點。平托於胸前，上不過胸，下不過腰。手指隨時根據盤上各側的輕重變化而作相應的調整，以使託盤平穩
起托	裝盤後，先將左腳向前一步，上身前傾，左手和左手肘放在與託盤同樣的平面上，如果有必要可屈膝和彎腰，右手將託盤拉出台面1/3，使託盤最外面的邊放在左手上，而託盤其餘的部份仍留在原來所在的平面上，然後右手慢慢將託盤全部拉出台面，左手應配合右手托穩託盤，完全離開台面後，右手幫助左手調節好重心後，方可放開

續表

檢查步驟	注意事項
落托	將托盤放於落台時，右腳向前一步，上身前傾，如果有必要可屈膝和彎腰，右手幫助左手將托盤穩住，移向台面，待托盤邊緣進入台面1/3後，左手手掌離開盤底，用左手肘，緩緩將托盤全部推人台面。待托盤放好後，從盤中取物輕拿輕放禁忌：托盤禁用大拇指按住盤邊，以另外四指托盤底的做法，這是對工作的輕率和對賓客的不禮貌行為
行走	行走時頭正肩平，上身挺直，目視前方，腳步輕快，動作敏捷，精力集中，步伐穩健，隨著步伐托盤在胸前自然擺動。菜汁、酒水不外溢，左手腕放鬆以便不斷地調整托盤的平衡，右手自然擺動 ⑴常步：步距均勻，快慢適當 ⑵快步：急行步，步距加大，步速較快，但不能形成跑步(用於那些需要快上桌，而又不重的菜品) ⑶碎步：步距小，步速快，上身保持平穩(用於較重的菜品) ⑷跑樓梯步：身體向前彎曲，重心前傾，用較大的步距，一步緊跟一步，上昇速度要快而均勻 ⑸墊步：當需要側身透過時，右腳側一步左腳跟一步

表 34-2　員工觀察檢查表(引領客人)

檢查步驟	注意事項
問候客人	當客人進入餐廳時，迎賓員應熱情禮貌地問候客人：「中午/晚上好，歡迎光臨(小天鵝火鍋)大酒店」 禮貌地詢問客人貴姓，並告訴值台服務員和區域管理人員，以便稱呼客人
確定預訂	禮貌地詢問客人有無預訂，如客人尚未預訂，立即為客人安排座位 如遇餐廳客滿，安排客人在休息廳就坐等候
協助客人存放衣物	協助客人在衣帽存放處存放衣物，並提示客人自已保管貴重物品將衣牌交給客人
引領客人入座	迎賓員左手拿菜單，右手為客人指示方向。右手四指併攏，手心向上，側身對客人說「這邊請」 迎賓員引領客人進入餐廳時，和客人保持1.5米左右的間距 迎賓員將客人帶到預訂的餐桌前，徵詢客人意見：「請坐這兒好嗎？」 迎賓員協助服務員，為客人拉椅讓座
領位員與服務員交接	迎賓告知服務員就餐的人數，主人姓名

表 34-3 員工觀察檢查表(點菜服務)

檢查步驟	注意事項
熟悉	服務員熟悉餐廳所售菜餚的類別、烹製方法、烹製時間、主輔料、味型、價格、菜式單位、份量、多少人配多少菜、特色菜、急推菜、估清萊品、酒水相關知識及價格
瞭解	瞭解各地客人口味，請客性質，禁忌風俗習慣，喜好的食物
點菜	觀察客人，把握時機，在客人看過菜譜後，只需要說：「先生(小姐)，打擾一下，現在可以為您點菜了嗎？」點菜時站在點菜賓客的右側，上身稍向前傾，傾聽客人敍述，嚴禁身體靠在客人椅子上或手扶在椅背上，接受點菜並記下全部所點菜品，分類記錄，點完菜後適時推銷酒水，最後將客人所點菜餚、酒水全部重覆一遍，並說：「請稍等，您們點的菜餚和酒水很快就到。」

表 34-4 散客點菜服務標準

當顧客入座後，領班及時將菜單遞送給顧客	
服務程序	服務標準
1. 遞送菜單	在顧客的右邊，將菜單打開，用雙手將菜單遞送給顧客，先遞送給女士，再遞送給男士，並說：「請看菜單，您用些什麼？」
2. 介紹菜單	我們餐廳有新鮮的海鮮，如龍蝦、螃蟹、三文魚，我們餐廳還有特色菜餚，請您先看看菜單，然後我再給您寫菜單
3. 讓顧客看菜單	給顧客三分鐘時間看菜單，然後為顧客點菜(寫菜單)，有些顧客不想自己看菜單，希望立刻點菜，這時應當立即為顧客點菜
4. 點菜(寫菜單)	點菜時，注意稱呼，多用選擇疑問句，服務員可以說：「XX小姐或XX先生，現在，我可以為您點菜嗎？」
5. 介紹菜餚	服務員說：「先來一個開胃菜，XXX，怎麼樣？這個菜剛在上星期推出，味道XXX，顧客反映良好，您可以從這主菜單中選幾個菜，它們的特點是XXX，再來一個XX湯，這個湯配XX菜很適合
6. 重覆點菜	將顧客點的菜餚重覆一遍，使顧客確認，防止差錯，然後對顧客表示感謝
7. 點甜點和餐後酒	當顧客用完主菜後，收拾餐桌，留下繼續使用的酒水杯，為顧客介紹和推銷甜點和餐後酒水

表34-5 員工觀察檢查表(點單服務)

檢查步驟	注意事項
熟悉	服務員熟悉餐廳所售菜餚的類別、烹製方法、烹製時間、主輔料、味型、價格、菜式單位、份量、多少人配多少菜、特色菜、急推菜、沽清菜品、酒水相關知識及價格
瞭解	瞭解各地客人口味，請客性質，禁忌風俗習慣，喜好的食物
檢查菜單	檢查菜單的清潔、有無破損漏頁，數量準確，並整齊地放在迎賓台上
展示菜單	迎賓員引領客人入座後，將一本菜單交給值台服務員或區域領班，服務員或領班站在主人的右側，打開菜單的第一頁，雙手遞至主人手中並介紹菜品、酒水飲料等(也可由迎賓員直接遞給主人)
菜單準備	將翻開第一頁的菜單雙手送至主人手中，同時說：「先生/小姐，您好，請看菜單。」「先生/小姐，您好，這是今天的菜單，請問您需要那種菜品？」
介紹	分類介紹菜品的特點、功效以及價格等
建議點膳	根據客人的要求適時做好推銷工作，在客人拿不定主意時，估計客人的消費標準，站在客人立場上為客人提出合理化建議
菜品菜單準備	客人點完菜品後，將菜單翻至菜品頁面上
介紹	分類介紹葷、素菜、小吃
建議點膳	將翻開的菜單雙手送至主人手中，同時說：「先生/小姐，您好，請看菜單。」「先生/小姐，您好，這是今天的菜單，請問您需要那些菜品？」
酒水及飲料單準備	客人點完菜品後，將菜單翻至酒水及飲料頁面上
介紹	分類介紹灑水、飲料的品種、價格等，必要時介紹酒水、飲料的其他相關知識，如產地、濃度、典故等
建議點膳	將翻開的酒單及飲料單雙手送至主人手中，同時說：「先生/小姐，您好，請看酒單和飲料單。」「先生/小姐，您好，這是今天的酒單和飲料單，請問您需要那些酒水和飲料？」
收回菜單	客人點完單後，服務員或區域領班及時將菜單收回並再次檢查菜單，正面朝上整齊地放在迎賓台上，準備下次菜單服務
注意	點菜時站在點菜賓客的右側，上身稍向前傾傾聽客人的敍述，嚴禁身體靠在客人椅子上或手扶在椅背上，接受點菜並記下全部所點菜品、酒水，分類記錄，點完後將菜單覆述一遍，並說：「請稍等，您所點的菜餚和酒水很快就到。」

表 34-6 員工觀察檢查表(撤盤、更換餐具服務)

檢查步驟	注意事項
撤盤時機	吃了帶殼、帶骨的菜餚 吃了帶有糖醋濃汁的菜餚 髒物超過骨碟1/3時即更換 上甜品、湯前更換口湯碗及小湯匙 吃名貴菜前更換餐具 用完的菜盤即時撤下 桌上無空盤，新菜又須上桌時
位置及方法	準備足量乾淨、完好無損的骨碟放於託盤上 從賓客右側進行，並說：「先生，對不起，打擾一下。」並用右手做引導狀，然後左手託盤，右手將用過的骨碟撤下，再送上乾淨的骨碟，撤盤從主賓開始，順時針方向進行 手法規範，髒盤和乾淨盤不能接觸 尊重客人習慣及意見 隨時調節託盤重心，物品堆放合理 撤菜盤時，為下一盤菜點準備條件 嚴禁當著客人的面刮盤 如果餐桌轉盤，台布上有剩餘食物掉落，用叉匙或其他工具拿取，並清潔乾淨，嚴禁用手去抓

表 34-7　員工觀察檢查表(客人中途離座服務)

檢查步驟	注意事項
拉椅	觀察到客人即將離座時，上前為客人及時拉椅，客人返回時，協助客人拉開椅子，讓其入座
疊放口布	客人中途離席時，將口布疊成三角形，放在客人餐盤左側(三角形頂點面對客人)，並為客人整理餐位
換毛巾	在客人回到座位時更換毛巾

表 34-8　員工觀察檢查表(最後點單服務)

檢查步驟	注意事項
時間要求	在餐廳結束營業前15分鐘，進行最後點單服務
客人遞上菜單	服務員手拿菜單，站立於主人右側輕身告訴主人，餐廳營業即將結束，詢問客人是否需添加菜品及飲品 如主人決定添加菜品或飲品，馬上為客人打開菜單相應一頁，並將菜單遞給主人 如主人不再添加菜品或小吃，誠懇地為打擾客人談話而道歉
下單服務	迅速記下客人所點食品，開單送至廚房傳菜部和收銀處 菜品送進餐廳後，立即為客人提供相應的服務 若客人不再添加菜品，通知當班負責人及廚房可按時收餐

表 34-9 員工觀察檢查表(徵詢客人意見)

檢查步驟	注意事項
準備	透過訂餐、點送節目從側面瞭解客人的單位、姓名、職務，作好進一步溝通，帶好名片、隨身筆記本
介紹	值台服務員在不打擾客人就餐的情況下，介紹管理人員與客人認識
徵詢	管理人員微笑禮貌地站立於客人(主人)右側，禮貌地詢問客人對本餐廳的服務品質、菜品質量、演出情況是否滿意，並詢問客人有什麼意見
記錄	當客人提出建議時，管理人員仔細聽取客人意見，仔細問清原因，對沒做好的地方表示真誠的道歉，並立即加以調整 請客人留下單位、部門、姓名及聯繫電話以便與客人聯繫
感謝客人	感謝客人的配合，對我們酒店的關心和支持
上報	在管理人員的值班日記上，填寫好評語、建議、意見、時間、姓名

表 34-10 員工觀察檢查表(上水果)

檢查步驟	注意事項
觀察	在客人用餐接近尾聲時，注意觀察客人是否無意添加菜品及小吃
徵詢	然後詢問客人是否需要加菜或其他食品，並徵詢客人可否上水果
撤餐具	在徵得客人同意後及時撤掉桌上的菜盤及空杯
上果盤	果盤擺放美觀，檢查水果的品質，碟子是否破損，左手託盤按先主賓後主人，順時針方向從客人右側為客人上水果，並配上甜品叉

表 34-11　員工觀察檢查表(結賬程序)

檢查步驟	注意事項
徵詢	當客人提出結賬，微笑著走到客人右側，小聲向客人確認 問詢客人結賬的方式，一般有以下幾種形式：現金、信用卡、支票、掛賬等
核對	到管理人員處確認人數，支票、掛賬簽單須由有權同意掛賬的經理簽名
檢查帳單	服務員檢查帳單，填寫好台位、人數、時間，註明中午、晚上、鍋底名稱、菜品數量、酒水數量、小吃名稱，有無打折簽字，特殊說明
呈送	將確認後的帳單交於收銀處
清點現金	將電腦列印的消費細則金額表放入收銀夾內，從主人右側把帳單遞給客人；待客人確認並付款後，說：「謝謝！」同時詢問客人是否需要發票，並請客人稍等一下
收銀點收	客人付現金，服務員必須將付的錢款覆述一遍，再次致謝把現金交於收銀台，如有找補或發票，以上方式用收銀夾送至客人並說：「謝謝！」

表 34-12 員工觀察檢查表(送客程序)

檢查步驟	注意事項
拉椅	客人就餐完後，離開時協助客人拉椅，動作輕快
提醒客人	提醒客人拿好自己的物品
送客	服務員向客人致謝並目送客人離開 管理人員向客人致謝，並送至電梯口或大門口 迎賓引領客人至電梯口，按好電梯，請客人入內，向客人鞠躬30度，感謝客人光臨(用對講機通知樓下迎賓，樓下迎賓在電梯口迎客人並感謝客人，歡迎客人再次光臨) 保安負責協調客人離開的車輛，歡迎客人再次光臨，目送客人遠去

表 34-13 員工觀察檢查表(收台程序)

檢查步驟	注意事項
還椅	從主位開始順時針把椅子還原
撤布	收拾毛巾、口布，避免受油蹟污染
退菜	將台面餘下的菜品退回廚房
撤玻璃器皿	撤除水杯、酒杯、酒瓶
撤台面小件	調味杯、筷子、筷架、煙缸、紙巾杯、甜品叉、湯漏勺
撤其他餐具	大的、重的先撤
擦桌子	將台面清理完後，用洗滌劑、清水清潔台面、第二層桌面、桌腳、桌圈
擦爐具	用百潔布、鋼絲球清潔爐具、爐圈、爐孔及爐底、氣管的連接處
擦椅	用乾抹布擦乾淨，無水漬油漬
清理備餐櫃	將備餐櫃上的空瓶清理乾淨，備餐櫃裏清潔並充填好備用餐具

35 餐飲企業的網站行銷

很多餐飲企業在嘗試做微信行銷的時候都是採用小號，修改簽名為廣告語，然後再尋找附近的人進行推廣。作為一種新興的行銷方式，餐飲企業完全可以借用微信打造自己的品牌和 CRM(客戶關係管理)。

餐飲企業網站建設適用於大型連鎖餐飲企業，網站可提供菜品介紹、會員招募、網路調研、顧客網路體驗、網路訂餐等內容。

餐飲企業網站是綜合性的網路行銷工具，傳統企業網站以企業及其產品為核心，重在介紹企業及其產品，新型網站以顧客為核心，處處圍繞顧客進行設計。

大型餐飲企業網站建設，將其作為對外宣傳、推廣、服務及行銷的載體，來配合企業的發展和需要，使網站具有鮮明、動感、莊重、大方而又不失功能的特色。

不同餐飲企業，其經營菜系、風格不一，因此可能在具體設置欄目有著自己企業的獨特性。在這裏，對餐飲企業網站需要設置主要欄日進行分析講解。

①網站首頁

網站首頁設計秉承簡約大方的設計理念，力求在有限的空間裏面，在最短的時間內把餐飲企業專業的特色展現在流覽者面前。流覽者一進入首頁就能夠瞭解整個網站的最新內容，從而吸引流覽者經常訪問網站。網站首頁主要要注重頁面編排和頁面設計，具體如下表所示。

表 35-1　網站首頁

序號	項目	說明	備註
1	頁面編排	網站首頁的導航功能，對於網站的各部份內容展現做到不遺不漏，但又有所側重	餐飲企業網站的核心在於餐飲企業完美形象的展示和對餐飲企業的先進服務理念、不同餐廳不同風格的介紹、精品萊餚的展示和線上訂餐等的介紹
2	頁面設計	頁面設計可以將常規的FLASH引導頁面同網站首頁融為一體，既能像引導頁一樣實現印象深刻的視覺衝擊和品牌形象展示，又能不拘泥與此，可以直截了當地獲取網站最新信息和核心內容，適應現在高效率和快節奏的工作、生活規律	整個頁面設計為相關服務為核心，可使用多種展現手法，同時也要注重品牌、所推出服務和企業三者之間的平衡性

②餐廳介紹

餐廳一般包括「餐廳介紹」「幽雅環境」「信息中心」「美食展示」「線上訂餐」「人力資源」「客戶回饋」這 7 個欄目，主要內容就是發佈餐飲企業的餐廳的具體情況，讓流覽者和會員透過網站對餐廳的相關介紹，來瞭解整個餐廳的情況，從而提昇對餐飲企業餐廳的認知。餐廳介紹相關要點如下表所示。

表 35-2　餐廳介紹相關欄目

序號	欄目	說明
1	餐廳介紹	可以分餐廳介紹、經理致辭、經營理念這3個部份，分別就餐廳所在位置、經理介紹說明、經營理念介紹來提昇客戶對整個餐廳的認知
2	餐廳環境	可以分為外部環境和內部環境，主要運用圖片和文字說明來展示
3	信息中心	可以分今日美食、優惠活動、飲食文化3個欄目，主要運用信息發佈系統來對餐廳相關美食和活動方面的信息進行發佈
4	美食展示	美食展示為展示餐廳的所有美食的一個系統，展示可以按照「特色一覽」「美味套餐」「自選美味」3個方面來進行展示和介紹
5	線上訂餐	線上訂餐為一個線上點餐，訂餐系統。進入系統，分為個人訂餐和團體就餐2種選擇
6	人力資源	餐廳的相關服務員工的情況介紹的欄目，主要包括「主廚介紹」「員工風采」「招聘信息」3個欄目
7	客戶回饋	一個客戶意見收集的欄目，主要包括「客戶評星」「在線圈言」2個欄目

③其他部份欄目

一般在餐飲企業網站，要設置其他相關欄目，具體如下表所示。

表 35-3　其他部份欄目

序號	欄目	說明
1	人才招聘	人才招聘為一個動態數據庫欄目，所有招聘信息都可以在此欄目內顯示，會員或流覽者透過欄目同樣可以獲得相同的應聘服務
2	客戶服務	主要是為餐飲企業做售後服務，完善餐飲企業服務體系，內容包括餐飲企業服務宗旨、服務熱線、一些常見問題解答等
3	友情鏈結	一套自動生成友情鏈結的系統，管理員可以在後台裏添加相應友情餐飲企業的名字和鏈結，前台此欄目內就可自動顯示其公司的名字和鏈結
4	站點地圖	本欄目為一個站點地圖，餐飲企業站點可以用一張新的表現方式來把網站內所有欄目進行分類並進行鏈結，可以讓來到這個網站的客戶或流覽者有一個很清晰的圖感

餐飲企業如果是自己進行網站建設，需要注意下列事項。

· 清楚地顯示餐飲企業網站有什麼信息。

· 提供方便和可理解的流覽方式，甚至要為那些不願或不能下載圖像的用戶考慮。

· 只在有必要的地方加上圖形和其他東西，因為並不是每個流覽者都能利用圖形的。

· 不要誤導客戶，不要貶低你的競爭對手，以免給你帶來麻煩。

· 餐飲企業的企業形象吻合其市場定位，由於網頁和網站主頁和其他 Internet 信息經常被複製在全世界的圖書、雜誌、報紙和款科書中，所以行銷人員應確定餐飲企業網站上的企業形象對餐飲企業是合適的。

· 開放式的主頁。不要假定你的網站只能用某個特定網頁流覽工具觀看，更不要把主頁設計得只有 IE 才可以流覽，應該讓盡可能多的網頁流覽工具能流覽到你的主頁。

36 開發「網上點餐」服務

網上點餐就是顧客透過 Internet 線上選擇餐廳、點餐、選座和支付，隨後到店完成消費的過程。隨著現在有些餐飲網上交易平台的上線，顧客能以最直接的方式找到餐廳，不用進入實體店面就可以看到餐廳優美的環境和讓人垂涎欲滴的美食，並在第一時間獲得各種優惠、打折和促銷信息。

網上點餐的出現，改變了傳統的餐飲消費模式，用戶透過 Internet 線上選擇餐廳、點餐，不必再去餐廳點了。

網上點餐具有以下優點：

(1)網站提供豐富的餐廳資源供用戶詳盡地查找與比較餐廳、美食、價格、折扣率等信息，並方便快捷地線上完成點餐、選座和支付。

(2)到店就可以就餐，免除了現場等位、點餐、等菜、支付的煩惱，極大節省了就餐時間。

(3)可以提前多天下單，自由選擇到店時間(可精確到幾點幾分)，就餐時間更加靈活。

(4)對於差旅人士，這種方式可以讓其全面掌握當地美食信息，因有詳細的地圖功能，可以指引他們如何步行、駕車或乘坐公交到達，輕鬆地讓他們體驗異地美食。

(5)對於公司團體用戶，這種方式可以統一管理與結算商務餐費，便於有效控制開支，封堵財務漏洞。

表 36-1　網上點餐形式

序號	形式	說明
1	菜品展示型	用戶可以在網上的點餐頁面，看到一系列菜品的展示，然後選擇一些自己想吃的菜，加入菜單，然後再手機短信下載這些菜單，或者列印出來，拿到餐廳再行點餐
2	菜品預訂型，不預留座席	(1)用戶網上選擇自己喜歡的菜品，加入茉單，然後留下自己的電話聯繫方式，以及用餐信息。訂單成功提交後，餐廳客服將(在營業時間內)安排回覆此次訂餐 (2)不預留座位。若到達餐廳時已無座位，只能進行排號候位
3	網上點餐、選座、支付一體化	(1)用戶透過餐廳的網上餐廳進行網上點餐(傳統點餐、地圖點餐、自動配餐)，選擇自己喜歡的菜，加入菜單 (2)選擇自己喜歡的座席，填寫就餐信息(到店時間、就餐聯繫人、是否需要發票等) (3)網上進行支付，完成支付後，系統會發送就餐號到用戶的手機，餐廳自動接單，提前準備，用戶在就餐當日到餐廳，只需出示就餐號，即可坐下就餐

37 關於提昇外賣業績的公式

好多朋友加我，問的比較多的一個問題就是，關於平臺的折扣滿減。你商家也許說：

· 他家滿 20-18，平臺還有扣點，這還能有利潤了麼？

· 他家折扣 4 折起，平臺還有扣點，這還能有利潤了麼？

· 他家……平臺還有扣點，這還能有利潤了麼？

商家再怎麼咆哮也沒用，外賣運送業者肯定有利潤，所以需要的，是研究如何用科學的方法做滿減，用數學武器，擦亮我們的大腦！

做餐飲的，需要瞭解關鍵的單位：毛利率。基本上，毛利率是我們餐飲行業的生命單位。毛利太低，不賺錢，毛利太高，沒客人，還是不賺錢。在客人能夠接受的前提下，適當的提高毛利率，才是我們做餐飲人的根本。

什麼是毛利率呢？

毛利率 =（售價-成本）÷ 售價

由此公式推導可得，

售價 = 成本 ÷（1-毛利率）

這兩個公式，是我們做滿減的必要前提。這裏的售價，是商家正常到手的價格，我管他叫做到手價，這樣閱讀起來比較方便。平臺畢竟有扣點，想要保證店內的毛利，保證〈到手價〉格是必須的。

如果連自己最終到手多少錢都不知道，活動滿減瞎搞一氣，最後你也只是在給外送平臺賺配送費。

公式可修改成：

到手價=成本÷（1-毛利率）①

然後說一下平臺的扣點，平臺的扣點目前來講非常幽默，居然不是統一價，有按原價扣點的，有按到手價扣點的，有的有保底，有的還沒有保底。

但是，萬變不離其宗，咱們現在就開始用一個數學的方程式搞定它！

先按照套路來，〈美團〉的扣點方式是活動後扣點。小商家談不下來補貼，而美團給的扣點是 18%，還有最少 3 元的保底價。

1.活動後扣點，有最低扣點價

如果我想弄一個狠的滿減套路，比如第一梯度滿 20 減 15，如何來決定我的產品價格呢？首先要弄清楚扣點價格的臨界值。

平臺扣點有一個保底，最少 3 塊，所以公式就需要有兩個。一個公式是按照最低保底扣點計算的，另外一個公式是按百分比扣點計算。

臨界值=保底扣點價÷平臺扣點率-保底扣點價。②

依照我們當地的例子，帶入公式②可得，3÷18%-3=13.6666666666666666……，這個價格就是一個臨界值，這裏簡單表示為 13.7。

小於等於 13.7 的到手價，我們需要用到第一個公式，公式如下：

美團價格=到手價+美團最低扣點+滿減③

套用公式①，可得

美團價格=成本÷（1-毛利率）+美團最低扣點+滿減④

舉個例子：成本 6 塊 5 的便當（包括包裝費用，本文如下所有成本，都假設包括打包包裝費用），我想做 50%的毛利率，做一個滿 20

減 15 的活動。帶入公式④。

美團價格=6.5÷（1-50%）+3+15=31

然後要知道，美團的價格，是產品價格和打包費用，這樣我們可以把這 31 元分成兩個部分，產品價格 30，打包費用 1 元。類比一下客戶下單。

滿 20 減 15，30 產品價格+1 打包費用-15 滿減=16 元，16 元，美團扣點最低 3 塊，我們商家到手 16-3=13 元。成本 6.5，毛利率正好 50%！完美！

大於 13.7 的到手價，我們需要用到第二個公式，公式如下：

美團價格=到手價÷（1-美團扣點率）+滿減⑤

套用公式①，可得

美團價格=[成本÷（1-毛利率）]÷（1-美團扣點率）+滿減⑥

再舉個例子：成本 7 塊 5 的便當，我想做 50%的毛利率，通過公式①可以算出，到手價已經高於 13.7 了，做一個滿 20 減 15 的活動。帶入公式⑥。

美團價格=[7.5÷（1-50%）]÷（1-18%）+15=33.29，取整，標價為 33.3，這樣毛利應該是比 50%高超小的一丟丟。

類比一下客戶點單，33.3-15=18.3 元，美團扣點 3.294，我們到手 15.006。毛利為 50.0199%！完美！看，感覺上去挺麻煩，但是這東西連數學都算不上，這最多就是個算數的力量。

38 怎麼提昇外賣月營業額

受到外賣的衝擊，經營傳統堂食店已加大外賣的力量。

外賣平臺在市場大力推廣，每單的補貼都特別高，商家的滿減也相當瘋狂。就連一些炸雞排的小店也買了電飯煲，做起了雞排飯，折扣力度非常大。

外賣已經這麼熱了，甚至有很多專業的團隊是專注在做這個事。但我們整個團隊還沒有高度重視，我自己也還稀裏糊塗，只知道利潤下滑，每天只在菜品和管理上找問題，卻不知道到底是什麼在搶走我們的生意……

回去之後，就開始紅著眼睛給團隊開會，開始改變工作……

第 1 改，用二維碼武裝自己

不得不說，最近餐飲業的變化之大，就像是從諾基亞到 iphone 的跨度，功能機跨越到智慧機，通話功能雖然仍是手機的標配，但競爭的維度卻已昇級。許多餐廳固守的「好吃」就像是通話功能一樣，曾經是競爭的最重要指標，但現在已遠遠不夠。

在這當中，最該覺醒的就是廣大個體戶餐廳，它們是老手藝的傳承者，也應該是新技術的擁抱者；既要親切接地氣，又不能讓年輕顧客嫌棄。他們需要主動進化，首先，用二維碼武裝自己。

互聯網時代，掃碼付款已經是顧客的生活習慣。那麼，路邊的包子鋪、菜市場的小攤主、個體戶餐廳們，誰能最大程度地給消費者提供消費的便利，誰才能俘虜更多用戶。這也相當於擁有了移動互聯網時代的入場券。無紙化交易、營收資料獲取、運營分析等，也都不會太遙遠。所以，先用一張二維碼武裝自己。

二維碼是一個經營的開始，是支付的手段，同時是智慧經營的手段，也是金融服務小微商家管道，更是下一步智慧化生活的一個通道。通過一張二維碼，「碼商們」可以節省成本、提昇效率、獲取各種運營輔助，是個體餐飲商家們應該用好的利器。

第 2 改：改考核，「首先要專人負責分工和薪酬考核全要改」

以前定業績是按照銷售額，考慮的是做了多少錢。

以前沒有專人負責，總部這邊和平臺對接也愛理不理的……回來讓以前負責督導部的負責人定期和平臺對接，能參加的活動、有什麼資源，能爭取的基本上都去爭取。

但我們發現就算是錢打到賬上，也不能說明掙了這麼多錢。原先門店堂食會有一些會員折扣，我們把這一部分當做行銷費，可能一個月充會員卡的就三五萬，折扣費用沒多少，就沒在意這回事。

外賣的賬也這樣算，平臺扣點、包裝、折扣，把這些都算成行銷費，也忽略不計了。結果就是，定下的業績，搞個活動就很容易完成，銷售目標看著很漂亮，但沒有意義，不賺錢！

考核改變後，就清晰多了，直接考核利潤。

第 3 改：關「差」店「為了外賣，我們這次關掉 3 家店，還計畫再關 2 間」

之前覺得商店若是有希望做的，因為不虧損嘛。一般我們做餐飲，只要不虧損的店不會想太多，無非是少賺一點。分析後，發現根本看不到未來，必須要調整了......

小店每天的保本點就在 2000 元(人民幣)，這幾家店的堂食基本徘徊在 1500-2000 元，剩下的靠外賣業績在支撐。

但是，之前沒有為外賣劃分範圍的意識，回來之後發現，有幾個區域搜索我們家外賣，能同時蹦出兩家店！

像梅村店，本身是鄉鎮店，在一個小超市旁邊，超市生意也不好，那個堂食生意也不行，主要就是外賣。周圍還有兩家店可以把它的外賣範圍覆蓋掉。

我們就考慮，這些靠外賣支撐的店，如果能靠其他商圈的門店把它覆蓋掉，撤掉堂食門店，人工和房租成本就都可以降下來。與其耗在那裏，不如關掉。

第 4 改：改店名「把做了這麼多年的主打產品，喊出來」

因為我是四川人嘛，酸菜魚又是我們一道經典的菜。從 2012 年開始我們店裏就開始做。但是我發現近兩年，大家都在喊自己也是做酸菜魚的。

想想我們在當地做的還算比較早，銷售也占到了門店的 40%，可惜一直沒有想過要把它喊出來......

我們回來把這個主打產品——酸菜無骨魚，加在品牌名後，現在新店門頭和 LOGO 設計都把「酸菜無骨魚」放了上來。要把我們做的比較好的單品喊出來，這才符合當下「品牌名＋品類名」的命名趨勢。

第 5 改：改玩法，「看懂那些平臺規則後，我們還做了很多整改」

比如菜品結構。以前什麼菜品都上外賣，回來之後才意識到有些菜時間放長了就不好吃了，餛飩還有幾款菜品就下架了。還加了海帶絲、泡菜等小菜給大家湊單用。

比如給套餐做活動。本來套餐就是一種「打了折」的組合方式，以前不懂嘛，也去做滿減，這一滿減毛利打的太低了，根本受不了。回來做成折扣菜，98 折，就把這個套餐保護起來了。

管理門店的店長也從以前要幹活，調整到為專門做機動工作，根據當天情況安排堂食的人員，包括調配人員分單、打包等。

當然我們也不能因為外賣去降低堂食顧客的體驗，我們對自己提的要求是二十分鐘沒出餐全額免單，給堂食顧客一個心理保障。

堂食功能表也是重新設計的，加大推廣力度。以前一個月充值 5 萬，現在可以到 35 萬。

第 6 改：改店格，「關掉 120 平的店，就開 60～80 平米的」

其實我們還關了一個 120 平米的店，它的外賣占比已經超過堂食，開了一家面積小點的二店作為替代。

因為，120 平方的店顧客來了還要排隊，那是個過去時了。

接下來再開新店，我們就打算開 60-80 平方的。這是目前我們實踐下來，覺得最合適的，能照顧堂食和外賣的功能需求的。面積小了之後，動線也拉短了。我把原來的吧台也取消了，各讓 5 平方給廚房和賣場。

近期還要在人員配置和定崗方面再做優化，包括有的廚房也在改造，出餐台不夠，還要增加貨架。

39 餐廳的整合行銷

整合行銷主要是指在市場調研的基礎上，餐廳需要為自己的產品確定精準的品牌定位和目標市場；找出產品的核心賣點是什麼；提煉出產品好的廣告語，如何進行品牌傳播以及進行全面的銷售體系規劃等等。它是多種行銷傳播手段的有機、系統結合運用(如廣告、宣傳、公關、文化、人員推銷、網路推廣等)，而不是單一的行銷手段。

一、門口告示牌行銷

招貼諸如菜餚特選、特別套餐、節日菜單和增加新的服務項目等。其製作同樣要和餐廳的形象一致，經專業職員之手。另外，用詞要考慮客人的感慨感染。「本店下戰書十點打烊，明天上午八點再見」，比「營業結束」的牌子來得更親切。同樣「本店轉播世界盃足球賽實況」的告示，遠沒有「歡迎觀賞大螢幕世界盃足球賽實況轉播，餐飲不加價」的行銷效果佳。

二、內部宣傳品行銷

在餐廳內，使用各種宣傳品、印刷品和小禮品進行行銷是必不可少的。常見的內部宣傳品有各種節目單、火柴、小禮品等。具體如表 39-1 所示。

表 39-1　店內常見的宣傳品

序號	宣傳品	運用說明
1	按期流動節目單	餐廳將本週、本月的各種餐飲流動、文娛流動印刷後放在餐廳門口或電梯口、總台發送、傳遞信息。這種節目單要注意下列事項。 ⑴印刷品質，要與餐廳的等級相一致，不能太差。 ⑵一旦確定了的流動，不能更改和變動。在節目單上一定要寫清時間、地點、餐廳的電話號碼，印上餐廳的標記，以強化行銷效果。
2	餐巾紙	一般餐廳都會提供餐巾紙，有的是免費提供，有的則是付費的。餐巾紙上印有餐廳名稱、位址、標記、電話等信息
3	火柴	餐廳每張桌上都可放上印有餐廳名稱、位址、標記、電話等信息的火柴，送給客人帶出去做宣傳。火柴可定制成各種規格、外形、檔次，以供不同餐廳使用
4	小禮品	餐廳經常在一些特別的節日和流動時間，甚至在日常經營中送一些小禮品給用餐的客人，小禮品要精心設計，根據不同的對象分別贈予，其效果會更為理想。常見的小禮品有：生肖卡、印有餐廳廣告和菜單的摺扇、小盒茶葉、卡通片、巧克力、鮮花、口布套環、精製的筷子等

三、菜單行銷

菜單行銷是指透過客人在接觸菜單的時間裏，運用各種手段達到企業行銷目的。主要包括菜單設計印製、菜單呈現方式、菜單介紹方法等。

菜單是現代餐廳行銷乃至整個經營環節的關鍵要素。菜單是一個餐廳的產品總括。好的菜單編制是企業及顧客之間的信息橋樑，是企業無聲的營業代表，它能夠有效地將企業的產品策略、菜譜設計重點、產品特點傳達給顧客。

表 39-2　餐廳的菜品類別與排列順序

序號	類別	具體說明
1	特色菜品	特色菜品主要用來突出本店特色，吸引顧客到來，一般放在菜單的最前或最後，作為重點突出，讓客戶更能一目了然，切忌放在菜單中部
2	利潤菜品	利潤菜品主要用來增加企業盈利，有時由店內特色菜品承擔，有時由其他菜品承擔。一般應與特色菜品放在一起，採用大圖片重點突出，增加被點到的概率
3	促銷菜品	促銷菜品是指利用降價策略，吸引客戶來店消費的菜品。一般菜品，通常放在菜單中間，文字排列即可，若是較高檔的菜單，可配置小圖片，或者挑選其中利潤較大的菜品，配置部份圖片
4	一般菜品	一般菜品通常指大眾菜品，用來鋪滿點綴客人的餐桌，同樣放在菜單最前或最後，最好放在菜單最後，促使客人翻閱整本菜單，增加其他菜品「點擊率」

服務人員向客人介紹店內菜品時也有一定的技巧，需要注意的有以下幾點。

①依照當地客人習慣的上菜順序介紹菜品。

②如果客人中有老人或者小孩，可重點介紹幾道符合老人小孩食用的菜品。

③關切詢問客人有沒有喜歡的或者禁忌的。

④在推薦菜品同時翻開菜單將圖片指給客人看。

⑤點菜結束後，如果條件允許，可將菜單放置客人不遠處，並告知客人，如需增加菜品，可在此取閱。

四、服務促銷

在午茶服務時，贈予一份蛋糕、扒房給女士送一隻鮮花等。客人感冒了要及對告訴廚房，可以為客人熬上一碗姜湯，雖然是一碗姜湯，但是客人會很感激你，會覺得你為他著想，正所謂：「禮」輕情意重。

在餐桌中的適當講解運用，都是很有意思的。如給客人倒茶時一邊倒茶水，一遍說「先生/小姐您的茶水，祝你喝出一個好的心情」。在客人點菊花茶的時候，可以為客人解說「菊花清熱降火，冰糖溫胃止咳，還能養生等」，這都是一種無形的品牌服務附加值。雖然一般，無形卻很有型。客人會很享受地去喝每一杯茶水，因為他知道他喝的是健康和享受。

過生日的長壽麵，如果乾巴巴端上一碗麵條，會很普通，如果端上去後輕輕挑出來一根，搭在碗邊上，並說上一句：「長壽麵，長出來。祝你福如東海，壽比南山」。客人會感覺到很有新意(心意)，很開心，這碗麵也就變得特別了。

海底撈的許多服務被稱為「變態」服務。海底撈等待就餐時，顧客可以免費吃水果、喝飲料，免費擦皮鞋，等待超過 30 分鐘餐費還可以打 9 折，年輕女孩子甚至為了享受免費美甲服務專門去海底撈。

海底撈的這些服務貫穿於從顧客進門、等待、就餐、離開整個過程。待客人坐定點餐時，服務員會細心地為長髮的女士遞上皮筋和髮夾；戴眼鏡的客人則會得到擦鏡布。隔 15 分鐘，就會有服務員主動更換你面前的熱毛巾；如果帶了小孩子，服務員還會幫你餵孩子吃飯，陪他們在兒童天地做遊戲；抽煙的人，他們會給你一個煙嘴。餐後，服務員馬上送上口香糖，一路上所有服務員都會向你微笑道別。如果某位顧客特別喜歡店內的免費食物，服務員也會單獨打包一份讓其帶走。

如美甲服務在美甲店至少要花費 50 元以上，甚至上百元，而海底撈人均消費 60 元以上，免費美甲服務對於愛美的女孩子很有吸引力。

海底撈將時尚事物和傳統飲食結合起來，結合得恰到好處。海底撈將美甲和餐飲服務聯繫在一起，將美麗贈予給這些女性消費者，而這些消費者體驗之後，也將她們的感受帶給了更多的人。

五、娛樂表演促銷

用樂隊伴奏、鋼琴吹奏、歌手駐唱、現場電視、卡拉 OK、時裝表演等形式起到促銷的作用。一股表演之風流行起來：民族風情表演、民俗表演、變臉表演、舞蹈表演、樣板戲、阿拉伯肚皮舞、「二人轉」、傳統曲藝等。

這些表演大多是在大廳裏舉行，並不單獨收費，是吸引消費者眼球的一項免費服務。但是如果顧客要點名表演什麼節目，就要單獨收費了。在激烈的市場競爭中，不做出點特色來，要想立足也不是一件容易事兒。

商家達到招攬顧客的目的，如某網友評價一家餐廳的演出說：「這裏的演員真的是很賣力，演出博得了一陣陣的掌聲和顧客的共鳴。每人還發一面小紅旗，不會唱也可以跟著搖，服務員穿插在餐廳之間跳舞，互動性極強。注重顧客的參與性，必然會贏得更多的『回頭客』。」

六、菜品製作表演促銷

在餐廳進行現場烹製表演是一種有效的現場促銷形式，還能起到渲染氣氛的作用。客人對色、香、味、形可以一目了然，從而產生消費衝動。現場演示促銷要求餐廳有良好的排氣裝置，以免油煙污染餐廳，影響就餐環境。注意特色菜或甜品的製作必須精緻美觀。

某川菜餐廳強調把菜品做成一種讓顧客參與體驗的表演。例如「搖滾沙拉」和「江石滾肥牛」等招牌菜品，服務員表演菜品製作，並介紹菜品的寓意或來歷等，使消費者在感官上有了深度的參與和體驗。

七、主題文化促銷

主題文化促銷是基於主題文化與促銷活動的融合點，從顧客需求出發，透過有意識地發現、甄別、培養、創造和傳遞某種價值觀念以滿足消費者深層次需求並達成企業經營目標的一種促銷方式。

餐廳應該努力尋找產品、服務、品牌與文化的銜接點，增加品牌的附加價值，在企業促銷活動中借鑑各類文化因素，有效地豐富餐廳的內涵。

深入挖掘各個歷史朝代的飲食文化精神，汲取民族原生態的飲食文化習俗，從形式到內核進行總結和提煉，保留原汁原味或改良創新。透過就餐環境的裝潢設計、服務人員的言談舉止、菜品的選料加工、相關文化節目的現場表演等一系列促銷手段給顧客帶來難忘的消費體驗。

北京的「大碗公居」老北京炸醬麵館就是將地方傳統文化與餐飲經營有效融合的典型例子。帶著濃重北京腔的吆喝聲，身著對襟衣衫、腳蹬圓口黑布鞋、肩搭手巾把兒的小夥計，大理石的八仙桌，紅漆實木的長條凳，京腔京韻的北京琴書，地道的北京風味小吃，每一個因素無不映襯出古樸的京味兒文化。在此就餐不僅僅是品嘗北京的地方菜品，更重要的是體驗北京的地方文化氣氛。

追求時尚是許多現代人的重要心理需求，在餐飲服務中加入時尚的文化因素往往能夠激起人們的消費慾望。個性、新奇性和娛樂性成為很多現代餐廳著力打造的賣點。以各種文化娛樂元素為主題、裝潢別致的小型餐廳層出不窮，為滿足現代年輕人個性化需求的諸如生日包廂、情侶茶座等特色服務項目屢見不鮮。各式各樣迎合都市時尚及生活方式的文化促銷方式給傳統的餐飲行業注入了新鮮的活力。

40 餐飲企業的假日行銷

餐飲企業假日促銷要抓住各種機會甚至創造機會吸引客人，以增加銷量。各種節日是難得的促銷時機，因此要使節日的促銷活動生動活潑、有創意，以取得較好的促銷效果。當然，對於假日促銷的評估總結也是不可忽略的一部份。

一、假日行銷的重要性

由於節日越來越多，使得促銷活動的力度越來越大，加之外國的節日也融入了國人的日常生活，例如情人節、母親節、父親節、耶誕節等，再加上三八婦女節、中秋節、國慶日、春節等，還有教師節等，可謂「節連不斷」，利用這些特殊時機進行促銷活動自然是花樣滿天飛。

通常，促銷期間的業績將比非促銷期間提昇 30%左右。節假期間如何才能吸引消費者有限的注意力，做大做活節假日市場，已成為各大餐飲企業行銷任務的重中之重。如果能夠真正把握節假日消費市場的熱點和需求變化趨勢，做出符合目標市場的策劃方案，必能獲得可觀的回報。

假日促銷與一般的促銷意義不同，節(假)日受傳統文化的影響較大，所以更加需要注意節(假)日的各種風俗、禮儀、習慣等民族特點。

在餐飲企業推出的眾多促銷手段當中，要細心挑選與品味假日促銷的含義，而有些餐飲企業促銷是有目的的，有些是為了氣氛等。

為了假日而促銷的促銷，效果可能只是一種附加的廣告效果，甚至天差或者起到反面的展示作用。因此，在假日促銷的關口，理性促銷與細心促銷成為抓住顧客的關鍵。

二、假日行銷要點

一個節日行銷活動要包容整個餐飲產品的流通環節是十分困難的，因此節日行銷必須有針對性，分清主次，重點解決終端銷售，主要目標是透過一系列活動來降低餐飲門店的產品庫存、增加上菜率，以及取得售點的優越化、生動化。

針對消費者的行銷活動，主要目標是要分析消費者對餐飲產品傾向程度、節日消費行為，對促銷辦法的接受程度、對相似產品的市場態度。節日行銷活動必須有量化的指標，才能達到考核、控制、計劃的目的。

由於過節送禮是民俗，所以一些產品可以推出禮品裝。與此同時，一些節日裏消費較大的菜品也適合在節日促銷，在一些大的節慶，尤其是春節之時，消費者喜歡大量訂餐，對於這些促銷設計，除了迎合喜慶的節日文化氣氛，還應該考慮到消費者希望經濟實惠的消費心理，設計的活動切不可只注重出彩，更應該有實實在在的經濟實惠。

促銷活動要給消費者耳目一新的感覺，就必須有個好的促銷主題。因此，節日的促銷主題設計有幾個基本要求：一要有衝擊力，讓消費者看後記憶深刻；二要有吸引力，讓消費者產生興趣，例如很多餐飲企業用懸念主題吸引消費者探究心理；三要主題詞簡短易記。

一想到促銷，很多人就想到現場秀、買贈、折扣、積分、抽獎等方式。儘管在促銷方式上大同小異，但細節的創新還有較大的創意空間。例如一家餐飲企業設計的「新年贏大獎，謝謝也有禮」活動中，就進行了促銷形式的組合。

該企業進行了兩種形式的組合，共設置 5 個獎項，分別是冰箱、微波爐、自行車、保溫杯和「謝謝」，然而還制定了一個規則，那就是消費者憑藉刮刮卡的 4 個「謝謝」可以換 1 盒小包裝的產品。這樣就在設計大獎的同時，把「買 4 贈 1」設計進來了，但這種形式顯然比單純的買贈形式要容易為消費者所接受。

如何根據不同節日情況、節日消費心理行為、節日市場的現實需求和每種菜品的特色，研發推廣適合節日期間消費者休閒、應酬、交際的新菜品，這是順利打開節日市場通路，迅速搶佔節日廣闊市場的根本所在。

菜品節日化的實現，要注重菜品的主題化、營養化這兩個墓點，所有節日行銷活動都要圍繞菜品的「兩化」展開。創新包裝，菜品「三分養七分裝」。包裝要「酷、炫」，別具一格，要從千篇一律的金黃紅紫的節日裝中跳出來，讓其好看又好吃。

三、年夜飯促銷

近年來，已有許多家庭不願讓終年忙碌的母親連過年都不得空閒，所以選擇到餐廳享受精緻美味又省時省力的年夜飯。鑑於除夕夜外食人口激增，可大力推行除夕年夜飯專案的促銷活動，以各式烹調美味的時令佳餚與象徵好彩頭的菜餚名稱，營造出除夕夜年夜飯歡樂溫馨的氣氛。

另外，在過年期間，以餐廳既有資源從事「外帶」的賣餐方式，將菜餚提供客人外帶回家享用，不僅可以滿足現代人省時省力又喜歡享受的需求，而且還順應了除夕夜在家團圓用餐的習俗，不失為促銷的方法之一。

1. 文化

宴席是很多人聚餐的一種餐飲方式，是按宴席的要求、規格、檔次，程序化的整套菜點，是進行喜慶、團聚、社交、紀念等社會活動的重要手段。

宴席菜點的組合原則有諸多方面，如突出主題、屬性和諧、價值相符、葷素搭配、口味鮮明、營養合理等。那麼春節宴，則要緊緊圍繞「年文化」、「年風俗」來設計，緊扣主題。春節宴會的菜點安排一定要與日常宴會設計有明顯區別，以突現節慶、團聚和歡樂氣氛。

「年文化」是中國傳統民族文化的一個重要組成部份，根植於每個中國人的意識形態之中，「年文化」包括很多中國的傳統習俗。

2. 特色

菜品是餐廳的靈魂，作為一個成功的餐廳，必定有本店的特色菜品作為支撐。結合春節節日特點，研究特色菜品，推出具有本店特色的「年菜」。

如今，城市居民在酒樓、餐廳過年形成一種風尚，而且這種風氣越演越烈。可是有的餐廳的菜單已經有不少批評和抱怨的聲音。因此，在制訂年夜飯菜單時應注意以下事項，如表所示。

表 40-1 XX 飯店年夜飯促銷活動方案

<table>
<tr><td>方案名稱</td><td>XX飯店年夜飯促銷活動方案</td></tr>
<tr><td>方案內容</td><td>1. 活動背景
（略）
2. 活動主題
推出「團圓年宴套票」，顧客可以攜家人購券赴宴，也可以買券贈送親友。
3. 活動時間
XX月XX～XX日。
4. 套餐介紹
XX飯店推出的套餐如下表所示。
套餐類別及價格表
<table>
<tr><th>類別</th><th>價格</th><th>贈送禮品</th></tr>
<tr><td>金玉華堂迎春宴</td><td>3888元/席</td><td>「xx」1瓶，xx乾紅2瓶，果汁2瓶；春節小食：「年貨」1籃；「迎春全家福」1張(現照現送)</td></tr>
<tr><td>鴻運增福發財宴</td><td>3688元/席</td><td>「xx」1瓶，果汁兩瓶：春節小食；「年貨」1籃；「迎春全家福」1張(現照現送)</td></tr>
<tr><td>福祿齊天富貴宴</td><td>2888元/席</td><td>xx1瓶，xx乾紅2瓶，果汁1瓶；春節小食；「年貨」1籃；「迎春全家福」1張(現照現送)</td></tr>
<tr><td>吉祥團圓歡樂宴</td><td>2699元/席</td><td>xx1瓶，xx乾紅1瓶，果汁1瓶；春節小食；「年貨」1籃；「迎春全家福」1張(現照現送)</td></tr>
<tr><td>迎春納福如意宴</td><td>2088元/席</td><td>xx乾紅1瓶，果汁1瓶；春節小食；「年貨」1籃；「迎春全家福」1張(現照現送)</td></tr>
</table></td></tr>
</table>

3. 環境

如今人們外出就餐，所追求的是一個愉悅完整的過程，「吃」只是一部份，服務和用餐環境也是重要組成部份。

⑴年環境

「年環境」是指餐廳春節期間佈置，可根據本地人們喜好、風俗佈置，以洋溢出人們過新年的喜悅心情。如張貼年畫、掛燈籠、貼春聯、餐廳掛一些特色鮮明的飾品等，來佈置出新年氣氛，服務人員根據春節習俗調整一下服飾也能對整體環境起到烘托作用。

⑵軟環境

軟環境是指服務人員的態度、服務水準。服務人員還精神飽滿地給顧客送去新年祝福，以自己的精神面貌給顧客來帶吉祥喜慶的團圓氣氛。可以策劃一些抽獎活動、歌舞表演等項目，更會使餐廳錦上添花。

4. 宣傳

如今，春節年夜飯預訂啟動得越來越早，一些餐廳在上一年的 10 月份就開始接受預訂，有的甚至在吃去年年夜飯時就把今年的年夜飯訂下來了。

5. 服務

對於餐廳來說，春節是一個巨大的市場。現在城市居民除了外出就餐增多以外，對於食品半成品、鹵醬年貨等需求量也在不斷增加，一些高收入家庭，讓廚師、服務員帶原料上門服務的需求不斷擴大。

表 40-2　XX 飯店春節促銷活動方案

方案名稱	XX 飯店春節促銷活動方案
方案內容	1. 活動背景 (略) 2. 活動目的 提高XX飯店在當地消費者心目中的知名度與美譽度，在激烈的市場競爭中站穩並有利於飯店開拓新的市場。 3. 活動主題 品美味，享新年，贏祝福。 4. 活動時間 XX月XX日～XX日。 5. 活動方式 猜燈謎、對對聯、抽獎、小型歌舞秀、K歌大賽。 6. 活動安排 6.1活動現場佈置。 利用各種道具在飯店內營造出春節的氣氛。 6.2活動人員安排。 禮儀小姐、服務員、表演人員、主持人都要經過培訓，瞭解活動詳情和公司服務特點。 6.3活動流程。 6.3.1 18：00～19：00：安排一場小型除夕歌舞秀，時間控制在30分鐘內。 6.3.2 19：00～21：00：禮儀小姐將燈謎拿出，開始猜燈謎活動，如果在場顧客猜中了就送價值____元的消費券。同時舉行現場K歌賽，邀請顧客一起參加，所有參加的人都會獲得1份禮包。 6.3.3 21：00～21：30;向所有來本飯店的顧客送1副對聯。 6.3.4 21：30～22：00：由餐廳總經理抽取獲獎桌號，一、二、三等獎各1名。 7. 活動廣告 在XX晨報、XX都市頻道打廣告。 8. 活動費用 (略)

四、母親節促銷

每年五月的第二個星期天是母親節。因此，「五一」及母親節相距很近。餐廳可以將「五一」及母親節一起進行促銷。「五一」及母親節餐飲促銷的客源定位很重要，要徹底分析客源市場狀況。

母親節，很多人不知道怎樣犒勞自己辛苦的母親；如果餐廳能迎合顧客需求，幫助顧客在母親節表達自己對母親的愛，相信會有很多的顧客願意帶母親來餐廳過母親節。

五、兒童節促銷

如今，隨著生活水準的提高，加之大多數家庭都只有一個孩子，所以父母對於孩子的節日會越來越重視。因此，餐廳可以針對兒童節制訂促銷方案。

小朋友都喜歡熱鬧，所以對於兒童節的促銷不能僅僅局限於宴會，需要舉辦各式各樣的活動，提高參與性。例如兒童畫畫比賽、親子活動等。

表 40-3　XX 飯店兒童節促銷活動方案

<table>
<tr><td>方案名稱</td><td>XX 飯店兒童節促銷活動方案</td></tr>
<tr><td>方案內容</td><td>1. 活動目的
進一步擴大xx飯店的影響力，增加飯店營業額。
2. 推廣形式
2.1西餐廳。
2.1.1凡在兒童節當天來本餐廳用餐的家庭，成人兩位合計____元(每位___元)，兒童享受免費優惠；如果1名大人帶1名小孩，兒童可按半價優惠，即優惠價合計______元(成人___元，兒童元)。
2.1.2自助餐除西式美食外，將設立兒童特色美食台，包含漢堡、熱狗、串燒、雪糕、特飲、薯條等。
2.1.3凡來本餐廳用餐的兒童均可獲贈1份精美禮物。
2.2中餐廳。
2.2.1在兒童節當天中午、晚市來消費的兒童，均可獲贈精美食品禮盒1份。
2.2.2兒童節促銷時段，其他優惠不得同時使用。
2.2.3凡兒童節當天來用餐的兒童，還可獲贈精關氣球1只。
3. 飯店裝飾
3.1飯店店面貼一些卡通圖片及「兒童節快樂」中英文美術招貼字。
3.2用各色氣球佈置飯店，渲染節日氣氛。
3.3佈置禮品展台，對客人進行有針對性的促銷。
3.4從5月下旬起每逢週六、週日，在本餐廳播放卡通音樂及電視片。
4. 廣告宣傳
4.1宣傳單由美工負責制作，該項工作應於5月16日前完成。
4.2報紙廣告由促銷部負責設計，5月29日在XX都市報上刊登廣告。
4.3海報由美工負責設計，並製作彩色噴繪圖加KT板，張貼於大堂立柱正面，該項工作應於5月16日前完成。
5. 促銷分工
(略)</td></tr>
</table>

六、父親節促銷

每年 6 月的第三個星期天是父親節，可利用當天中午和晚上做全家福自助餐或全家福桌菜來進行銷售。

除了節日當天的宴會專案外，為吸引客人提前到餐廳消費，可以採用「消費滿一定金額即贈送餐飲禮券」的促銷方式。這樣便可增加客人來店次數。

表 40-4　父親節餐飲促銷要點

序號	促銷要點	具體說明
1	餐飲產品	餐飲產品是根據產品針對的消費群體、消費目標、消費價值、消費週轉期、消費習慣來確定的。父親節促銷，消費群體自然是父親及連帶個體。父親節的餐飲產品裝扮，如父親節套餐，針對不同年齡父親制訂健康宴，就是對產品包裝，但具體細節還要根據自身的實際條件來做促銷產品
2	環境	環境對於促銷有著一定的暗示和刺激作用，尤其對於餐廳來說，更是如此。餐廳在佈置或選擇促銷環境的時候，要著重顯示父親節的文化背景及內涵，可以大大縮小與消費者購買時的親近接觸，達到完美效果
3	人員	人員在這裏主要指的是服務員的親和力，也就是服務態度的裝扮。對於如何裝扮人員，需要對服務員有明確的要求。 ⑴要規範使用標準親和力相關禮儀與必要的輔助目標。 ⑵構建系統的產品促銷規程，注重對區域文化的建設性提煉。 ⑶促進產品與消費者、產品與環境、產品與服務等多種態度有機利用。 ⑷為自己找尋最佳的服務標準，度身定做是合理的促銷要求
4	方式多樣	方式多樣是指在父親節餐廳可以採用如父親節特色套餐；家庭就餐，免掉父親的單：家庭就餐，贈送全家福

七、端午節促銷

表 40-5　端午節促銷的趨勢

序號	促銷要點	具體說明
1	休閒	休閒是指隨著休閒餐飲和節日的結合，上班族或選擇路程較短的小城市、或在城市週邊小住，品嘗城市間的美味佳餚。農家樂、鄉村遊、採摘、垂釣等多種形式於一體的餐飲業態形式得到發展
2	突出傳統文化	突出傳統文化是指餐廳在端午節促銷中可以突出民族文化特色，只要精心設計，認真加以挖掘，就能製作出一系列富有詩情畫意的菜點，以借機推廣促銷。在店內餐飲促銷中，使用各種宣傳品、印刷品和小禮品、店內廣告進行促銷是必不可少的
3	食品安全	食品安全是指端午節期間黃鱔、黃魚、黃瓜、蛋黃(鹹鴨蛋)及黃酒等「五黃」食品需求量會顯著增加。為避免因食用時令食品發生的食品安全問題，應該在採購、加工、烹調、出售各個環節控制好食品衛生，嚴把食品品質關
4	多元化發展	多元化發展是指端午節並不是中國特有的節日，日本、緬甸、越南等國家都有各式各樣的粽子。週邊國家飲食文化的不斷融合，技術交流的頻繁將飲食推向了一個新的起點

端午節為法定節假日開始，給了大家一次聚會的機會，同時也給餐廳一個好的促銷機會。餐廳在端午節期間促銷、推新菜、亮絕活讓人們在短暫的假期享受盛宴。

端午節期間除了推出端午特價菜外，當天來就餐的顧客，每桌可免費品嘗粽子，或贈送香袋。在端午節當天安排了兩場別開生面的手藝表演。現場的客人可以一邊享受美食，一邊在民間藝術家的手把手教授下，親自感受到藝術的不俗魅力。

八、七夕情人節促銷

七夕情人節已經被各界商家或媒體宣傳得越來越隆重。因此，作為餐廳，當然也要做好七夕情人節的促銷工作。

七夕，許多餐廳紛紛出手，端出「寓意菜」。如全聚德以鴨肉搭配海鮮組合成七夕超值套餐，酒樓根據七夕穿針引線「乞巧」的民俗講究，推出了包括蒜茸穿心蓮、五彩金針菇、湘彩腰果蝦球等菜餚在內的七夕乞巧套餐，寓意祈福一年「心靈手巧」，以「巧心」、「巧手」，在工作和愛情上得償所願；男孩子可以此討得女孩子的歡心，或是表達自己的祝福和期望。有的則名菜討了個吉祥名，糖溜捲果取名「甜甜蜜蜜」、鮑魚菜心取名「心心相印」。

九、中秋節促銷

農曆八月十五是傳統的中秋節，也是僅次於春節的第二大傳統節日。八月十五恰在秋季的中間，故謂之中秋節。中秋節來臨前，結合餐廳的實際情況和中國傳統的民族風俗，開展餐廳銷售服務工作。

家庭用餐、親朋好友聚會是中秋節主要客源構成。只要抓住了這一部份顧客群體，中秋節餐飲促銷活動才算是成功的。

餐廳在促銷時不能再以單純的概念炒作了，而要做出品牌，如品名宴，就一定要在菜品上下工夫，有條件的餐廳可以利用自身優勢，將飯桌搬出大廳，搬向庭院、溪邊、山腳下，讓絲竹聲、秋蟲聲縈耳，讓涼風習習拂過，也可推一些有文化內涵的菜品……

現在大部份消費者處在風味特色為主、價格為主、追求新穎的階段，所以中秋節要兼顧這三大特色。

特色一。餐廳要在菜品特色和風味上下工夫，要探索和推出假日特色菜品與套餐，滿足假日促銷主體需求。中秋節可以將中秋文化融入到菜品創新中去，挖掘不同地方中秋特色菜、風味小吃等。

特色二。餐廳要在價格上下工夫，根據面對的不同活動顧客主體，採取相應措施，如中秋蟹宴敞開吃、特價蟹宴等。

特色三。餐廳要滿足顧客獵奇求知心理，可以在做活動時，設計一些顧客意想不到的事，來滿足顧客心理需求。可以教顧客做月餅，美食 DIY、時令美食大閘蟹跟我學等活動。

消費者更加注重餐飲附加價值，開始注重由「吃」到「玩」，兩者相結合，迎合消費者心理的做法。具有代表性的中秋節傳說，如嫦娥奔月、玉兔搗藥等可以轉化為情景故事，讓顧客參與到其中，體會傳統，品味文化。

根據顧客需求，顧客吃著節日味十足飯菜，看著節日味十足演出，置身於節日味十足的環境中，做到了既烘托氣氛，又宣傳了企業自身文化。

表 40-6 XX 酒樓金秋美食節促銷活動方案

方案名稱	XX酒樓金秋美食節促銷活動方案
方案內容	1.活動背景 （略） 2.活動目的 透過美食節活動讓市民進一步瞭解XX、認識XX、喜歡XX，從而提昇XX酒樓的競爭力。 3.活動原則 實惠第一，大眾參與，體驗鮮、香、酸、辣的XX特色菜餚和優質服務。 4.活動賣點 生態野味，與眾不同；大眾消費，高檔享受。 5.活動主題 感受鮮香，人性服務，親情接待，營造完美的「XX金秋美食節」。 6.活動內容 6.1籌備階段。 6.1.1確定美食節的菜餚品種、價格以及優惠措施。 6.1.2透過各種宣傳手段傳遞XX美食節的目的、原則、賣點、理念、主題等信息，從而引起市民的關注。 6.1.3加強對外聯絡，協調合作關係，解決食品原料來源，確保菜品的原汁原味。 6.2舉辦階段。 6.2.1菜餚展示。 6.2.1.1設置固定的展區，製作成品向顧客展示。 6.2.1.2 XX菜餚的實物藝術形態：XX菜餚的文化展示：服務員的儀表姿態展示。 6.3促銷活動。 6.3.1借節日開展促銷，免費贈送灑水；舉辦現場抽獎活動，給顧客多重驚喜、意外收穫。 6.3.2在XX美食節期間，對消費者一律實行8.8折的價格優惠。 7.其他 7.1廣告宣傳費用：橫幅6條，每條_____元；傳單2000張，每張_____元；其他媒體宣傳費用元。_____ 7.2增添設備費用：展台約_____元，餐具_____元，打包盒、打包袋元。 7.3抽獎獎品費用_____元，設一、二、三等獎。 7.4菜餚原材料費用另計。

十、重陽節促銷

表 40-7　重陽節促銷方式

序號	促銷方式	具體說明
1	老人到店就餐享受多重禮遇	老人到店就餐享受多重禮遇是指重陽節當天，將為到店就餐的老年人提供獨享禮遇。有的餐廳為60歲以上老人，以6.6折價格提供一道傳統風味菜；向70歲以上老人贈送特色甜點小鴨酥。為到店用餐老人優先安排餐位，贈送店裏特製重陽果，贈送菊花茶和重陽糕
2	福糕、壽桃、重陽宴提前開訂	福糕、壽桃、重陽宴提前開訂是指餐廳可以推出適合四五人食用的小型家庭重陽宴，為預訂重陽宴的顧客專門準備了壽桃。為提前預訂重陽節包桌顧客，免費贈送麻婆豆腐1份。重陽節當天，消費滿一定金額，還可以獲贈重陽餅1份
3	老人席風味特色各有千秋	老人席風味特色各有千秋是指餐廳要針對老年人口味和特點，推出了不同風味老年宴席，供顧客選擇。老人席常見特色包括年糕、壽桃，注意葷素搭配、膳食營養合理，價格適中。做壽宴顧客，還可獲贈店家用「一根面」特製壽麵。所有來品嘗老人席顧客，還可免費品嘗豆汁1碗。餐廳可以粗糧細做開發老人席，推動健康消費

要做好重陽節促銷，餐飲企業管理者一定要對該節日有一個準確的認識。農曆九月九日，為傳統的重陽節。《易經》中把「六」定為陰數，把「九」定為陽數，九月九日，日月並陽，兩九相重，因此又

叫重陽，也叫重九。傳統與現代巧妙地結合，成為尊老、敬老、愛老、助老的老年人的節日。

慶祝重陽節活動，一般包括出遊賞景、登高遠眺、觀賞菊花、遍插茱萸、吃重陽糕、飲菊花酒等活動。餐廳可以採取如表所示的方式來開展促銷。

十一、國慶日促銷

國慶日長假是餐飲行業銷售黃金時節，每年國慶日長假餐廳都會舉辦各式各樣的促銷活動，吸引消費者。餐廳促銷宣傳需要走多樣化道路。

餐廳要吸引顧客來消費，首先要注意裝修、裝飾問題。整潔、整齊、統一標準，力求讓顧客感到身心愉悅、賓至如歸。

積分送菜往往是餐廳拉攏老顧客所使用的方法，可以根據自己的實際情況自製優惠票、積分卡，消費者每次消費後可免費贈送一張，積累幾張可以兌換相應的菜品等。

餐廳要善於尋找和開發適合自己的促銷方法和工具，並且不斷地推陳出新。團購作為以低價形式的體驗促銷在餐飲行業盛行，雖然存在不少問題，但是還是被眾多消費者喜愛。

微博是促銷活動聚集人氣的工具之一。微博這種天生優質聚集人氣工具、宣傳工具，可謂是物美價廉。但是微博成敗在於整體策劃，只要選好了主角，然後讓主角在微博舞台上唱戲，聽眾自然會聚精會神的聽戲。

隨著微博的火熱，企業對微博促銷越來越重視，在一個餐廳中有餐廳、後廚、採購、人力資源等很多部門組成。微博宣傳餐廳成本低、覆蓋面廣，可以讓消費者更深入瞭解餐廳的高度、層次、水準、特點、經營狀況、口碑等。

十二、耶誕節促銷

12 月 25 日為耶誕節，可在每年 12 月 15～30 日做耶誕促銷活動。隨著西方文化的進入，耶誕節也成為最受歡迎的節日。許多餐廳也會紛紛鎖定節慶用餐潮，各自推出耶誕促銷活動。

耶誕節畢竟是外國人的節日，外資企業又喜歡在耶誕節期間舉辦年終宴會或耶誕晚會宴請員工，此活動大部份都針對外資公司進行促銷。至於本土企業，則採用團拜專門宴請員工。由於團拜與耶誕節促銷活動時間有衝突，因此團拜期間宴會廳常出現供不應求的盛況。

餐廳在耶誕節期間促銷，可以推出耶誕節禮盒、耶誕節套餐、火雞大餐、經典耶誕節點心等。

十三、元旦節促銷

元旦又被稱為「新年」，指每年西曆的 1 月 1 日，元旦的「元」是開始、最初的意思；而「旦」表示太陽剛剛出地平線之際，也就是一日的開始。故「元旦」就是指一年之初、一年的第一天。

餐廳可以借助元旦 3 天假期機會推出新品，以「辭舊迎新飯」作為重頭戲。也可以推出以滋補類、營養保健類菜品作為主打菜。推出新年海鮮自助大餐，將有樂隊伴宴和驚喜新年大禮，在消費的同時還免費享受啤酒、飲料。

41 餐飲業的行銷活動策劃方案

1. XX酒樓XX風情美食節促銷活動方案

方案名稱	XX酒樓XX風情美食節促銷活動方案
方案內容	1. 活動主題 (略) 2. 活動內容 2.1體驗XX風情——聚焦xx攝影作品展。 2.2欣賞養生美食——精心製作並展示高檔養生菜品系列。 2.3品味各系名菜——精心製作並展示魯菜、浙菜、川萊、官府菜等經典菜式。 2.4點評XX美食——邀請顧客參加美食節，點評XX美食，品味美食盛宴，共用親情服務。 3. 活動時間 XX月XX日～XX日 4. 活動形式 美食節期間，逢週六、日包房宴席問有神秘禮品派送；包房和零點自助餐消費均有抽獎機會。 5. 活動操作程序 5.1準備工作。 5.1.1加強對外聯絡，協調合作關係，採購好相關原料，確保向顧客

	提供原汁原味的菜品。 5.1.2確定美食節菜品品種、價格以及禮品派送、抽獎活動措施。 5.1.3透過報紙、電視、網路、傳單、橫幅、短信等方式發佈傳播「好客XX」美食節信息，以引起消費者的強烈關注。 5.1.4XX月底前向參加活動的顧客發送請柬並確定其是否出席。 5.2工作分工。 樓面經理統一調控，制訂相關計劃與實施：菜品中心負責制定菜單及成本控制工作：採購部安排相關專員負責採購供應工作；服務員專人負責展台物品；促銷人員負責向顧客傳遞促銷信息。 5.3正式舉辦。 5.3.1XX大酒樓企業文化展示。 5.3.2聚焦XX攝影作品展。 5.3.3首屆「好客XX」美食節菜品(含高檔菜和各菜系)現場製作及藝術形態展示。 5.3.4擇地設置長方形展示台，用雕塑、鮮花點綴其中，展示更多款式的菜餚。 6.環境佈置 6.1懸掛橫幅7條，其中XX路2條、XX路2條、XX街1條、XX街1條、酒樓正門1條。 6.2門前放置昇空氣球垂幅20條。 6.3酒樓門口前沿途車道插彩旗。 6.4大堂到2樓餐廳樓梯掛氣球或是用彩布包裹。 6.5餐廳門口佈置紅燈籠、掛彩帶等。 7.宣傳策劃 7.1印製首屆「好客XX」美食節廣告彩頁，隨主流報紙附送。

	7.2大堂放置美食節宣傳看板。 7.3邀請媒體記者採訪、報導美食節實況。 7.4短信群發活動消息。 8. 費用預算 8.1攝影記者邀請費用______元。 8.2媒體廣告宣傳費用______元，宣傳單印刷夾報費用______元，短信群發費用______元。 8.3贈送禮品以及抽獎費用按每天______元計算，合計______元。 8.4裝飾費用______元。 8.5菜餚原材料費用未計。

2. XX 酒樓全菜品美食節促銷方案

方案名稱	XX 酒樓全菜品美食節促銷方案
方案內容	1. 活動背景 (略) 2. 活動目的 讓顧客少花錢吃百樣菜，認識和瞭解酒樓特色，促進酒樓消費，增加酒樓人氣，獲得更多利潤。 3. 活動要求 讓消費者耳目一新。 4. 活動時間 XX月XX日～XX日。 5. 活動形式 5.1自助餐、點餐、新菜、特價菜等。 5.2打折消費。 5.3贈送優惠券：凡消費滿___元以上的消費者均能獲得優惠券。 5.4贈送特色萊:凡消費滿___元以上的消費者均能獲得一份特色菜。

42 開業慶典活動策劃

慶典活動是餐飲企業利用自身或社會環境中的有關重大事件、紀念日、節日等所舉辦的各種儀式、慶祝會和紀念活動的總稱，包括節慶活動、紀念活動、典禮儀式和其他活動。

餐飲企業慶典活動可以渲染氣氛，強化餐飲企業的影響力，也可以使餐飲企業廣交朋友，廣結良緣，這是餐飲企業不可或缺的一部份。成功的餐飲慶典活動還可能具有較高的新聞價值，從而進一步提高餐飲企業的知名度和美譽度。

餐飲企業開業慶典，又稱開張慶典，它不只是一個簡單的程序化慶典活動，而是一個提昇餐飲企業知名度的良好機會。

透過餐飲企業開業慶典活動，傳遞餐飲企業隆重開業的消息，擴大知名度，提高美譽度，樹立良好的企業形象，為今後的生存發展創造一個良好的外部環境。

進一步加強與當地媒體的互動和交流，為在區域市場的銷售和推廣營造一個良好的輿論環境，同時擴大在本市餐飲企業行業內的知名度。

一般在餐飲企業週年店慶時，商家會舉辦週年慶典活動，以此來提高餐飲店人流量，最終達到行銷與推廣的目的。

表 42-1　餐廳開業慶典策劃方案

方案名稱	XX 餐廳開業慶典策劃方案
方案內容	1. 開業前期籌劃 成立籌備小組，專職事前各項活動的落實工作，以確保。，餐廳開業慶典儀式的水到渠成，不因前期工作的倉促準備而影響既定的實施效果。 (1)確定開業時間，向部門申請佔用道路手續，獲取開業當天的天氣情況資料。 (2)落實出席慶典儀式的賓客名單，並徵集祝賀單位和供應商贊助。 (3)聯繫新聞媒體廣告的製作與投放時間安排，擬定新聞採訪邀請函，找準可供媒體炒作的切入點。 (4)確定講話稿，主持稿、簽詞等講話議程。 (5)落實現場停車位，各單位停車安排。 (6)落實電源位置並調試及其他相關事宜。 (7)落實典禮活動的應急措施。 (8)確定開業剪綵儀式宣傳標語的內容，需提前4天交由廣告公司製作。 (9)請相關新聞媒體記者到餐廳採寫新聞稿。 2. 現場設置 2.1剪綵區佈設。 開業剪綵儀式設在XX餐廳正門前，用紅地毯鋪就的剪綵舞台區，兩邊擺放兩排花籃裝飾。當剪綵開始時，樂隊可在剪綵區旁邊表演，作為背景。 彩虹門橫跨剪綵區昇置18米彩虹門1座，懸掛「熱烈祝賀XX餐廳盛大開業」。

	彩花12套，剪綵儀式進行時，由禮儀小姐整齊列隊捧出。 ⑴主題詞為「XX開業典禮」，舞台前方中間置立式話筒2對，以話筒為中心，右側後方設一主持人立式講話台。兩側各設音響1只，留3米寬的距離，以便於人群的流動，用紅地毯把剪綵區連接起來。 ⑵音響一套。 2. 2週邊環境佈設。 彩虹門1座，從整體上渲染XX餐廳開業隆重的氣氛。 昇空氣球2個，形成立體高空宣傳，來賓很遠即可看到，起到指示引導的作用。 三角旗若干，懸掛在餐廳門口。 條幅若干，按祝賀單位數量落實。 花籃：按祝賀單位統計數量統一安排，客人也可自辦送來。在剪綵區擺放兩排花籃，表現出熱烈、隆重是的氣氛。 夢幻氣球門：裝飾入口處，大門處夢幻氣球門讓人感到耳目一新，增加人性化感覺。 2.1.3迎賓區佈設。 簽到處：置於XX餐廳旁側，備簽到用品2套(筆、簿)。 2.2宏觀動態元素佈設。 整體佈設效果要求：透過動態元素的有機和諧配合，造成慶典場面大勢磅礴、龍騰虎躍的歡騰場面。 2.2.1威風鑼鼓隊10人，採用男女2隊搭配，儀式開始前演奏，烘托氣氛，聚集人氣，儀式進行中間歇演奏。 2.2.2舞獅2對，烘托氣氛聚集人氣，預示酒樓今後的生意欣欣向榮，並可進行採青表演。 2.2.3禮儀小姐若干，由禮儀公司提供，著玫瑰紅色旗袍，落落大方，

	形象氣質佳，接待，引領簽到，為來賓佩戴胸花，引領剪綵。 2.2.4手持禮炮10響，開始時釋放，烘托氣氛。 3.開業典禮工作日程和議程安排 地點：xx餐廳 時間：早晨9：30所有現場佈設完畢。上午10：00開始迎賓。 3.1開業典禮工作日程。 籌備組成員共同到開業典禮現場，具體確定主席台位置及演出區，進行整體佈局。 xx月7日，確定參加開業典禮的嘉賓及講話稿，提前發邀請函徵集祝賀單位。 xx月8日，確定主題詞，條幅標語，並交付禮儀公司部製作。 xx月9日，店內佈置全部完畢。 xx月10日，淩晨昇空氣球，簽字台、舞台開始佈設。 3.2開業典禮儀式工作流程。 XX月10日早9：00，籌備組成員準時到場，檢驗現場佈設狀況，協調現場動態元素佈設，做好最後整體協調，落實細節，做到萬無一失。 9：30，鑼鼓隊、主持人、保安到位。 9：30，音響調試完畢。舞獅隊開始表演。 10：00，參加開業典禮的嘉賓陸續到場，禮儀小姐開始負責接待，引領簽到，為來賓佩戴胸花等禮儀服務，並安排簡單茶點供應。 3.3開業典禮儀式議程安排。 XX月10日上午11：18，開業慶典剪綵儀式正式開始。 11：10，參加開業典禮儀式的嘉賓，由禮儀小姐引領走上主席台。 11：13，主持人介紹參加開業典禮儀式的嘉賓。 11：18，主持人宣佈XX開業典禮儀式開始(音響師伴奏舞獅歡騰軍樂

隊奏樂)。

11：20，請明XX總經理致答謝詞。(2分鐘)(講話結束後音響師伴奏)

11：22，請嘉賓代表致賀詞。(3 分鐘/位)(講話結束後音響師伴奏)

11：25，請上級致賀詞。(3 分鐘/位)(講話結束後音響師伴奏)

11：28，主持人宣佈請上級、嘉賓、xx 總經理到剪綵區為 xx 餐廳開業剪綵。

11：28，此時，禮儀小姐引導上級、總經理、嘉賓代表到剪綵區，禮儀小姐整齊列隊，雙手捧出剪綵花，穩步走上剪綵區。

11：30，剪開紅綢，宣告 xx 餐廳隆重開業。(此時，音響師伴奏，禮炮齊鳴，彩花彩帶當空漫舞，如天女散花，姹紫嫣紅，絢麗多彩，甚為壯觀，舞獅樂隊動起來，儀式達到高潮。)

11：35，剪綵完畢，主持人請來賓進入餐廳參觀並準備就餐。

4. 資金預算和製作項目

序號	項目	要求	價格	備註
1	祝賀布標	各供應商合作夥伴贈送20條左右		
2	拱門	租用2天		
3	空飄氣球	租用1天×2個		
4	購買禮花筒	14個		
5	剪綵用紅布花	購買		
6	招牌蓋紅布	購買		
7	剪刀	購買8把		
8	舞台	搭建350cm(長)×60cm(高)×250m(寬)		

9	紅地毯	鋪舞台以及從人行道到店內		
10	氣球和裝飾品	購買氣球製作，氣球拱門和店內裝飾		
11	音響設備	自備音響1對，話筒架2個，話筒3個		
12	三角彩旗	200米，裝飾店外		
13	嘉賓胸花	10個		
14	主持人和禮儀小姐	請主持人1名，禮儀小姐10名		
15	舞獅隊	請專業舞獅隊		
16	背景牆	做跟舞台尺寸大小的噴繪為慶典背景		
17	廣告投放	報紙或看板、電台、電視台		
		合計		

5. 活動前期安排

5.1統計好需要邀請的客戶及事業單位代表，發放請帖，統計好能到會的貴賓。

5.2分配好店內包房和客戶安排區、散客接待區。

5.3安排好所有招待客戶的包房、座位等。

5.4安排好貴賓菜餚、自點餐項目、酒水供應品種等。

5.5聯繫好各合作夥伴、供應商布標及贈送產品。

5.6聯繫好慶典相關人員。

5.7 安排好當天人員協調和調動。

43 餐飲業的促銷策劃方案

一、市場分析

1. 現狀簡析

⑴開業不到半年。

⑵沒有做大規模的相關宣傳。

⑶該食府在該區域的知名度不高，公眾認可程度不高。

⑷該食府內各功能部門之間運作不很協調，員工和部門的操作在慢慢摸索，但總體上不是太協調。

⑸經營品種以粵菜為主，還沒有創造出有特色或認可程度較高的招牌菜式。

⑹主要競爭對手是：長安大餐廳、中華餐廳。

2. 客源簡析

⑴該食府的客源是以週邊單位、公司消費為主體，估計該類消費佔營業總額的 70%以上。

⑵該食府的餐廳設計及其經營價格均屬中高檔，位置處於廠區，與週邊的居民住宅區有一定距離。

⑶散客佔比重不大，這說明該食府的認可程度還不很高。

3. 初步結論

由上分析得出，該食府目前尚處在經營的新生時期，在這個時期內，如何形成特色，如何提高社會的認可程度，如何創造該食府的招牌特色，是非常重要的。

從競爭角度上看，該食府在餐廳環境、出品品質、服務方式等方面存在著一定的優勢。

二、促銷設想

12 月份正是處於餐飲業賺錢的黃金時機，有聖誕、元旦、民間婚宴、社團年會等。所以，整個促銷基點以宴會為主，根據市場目標與自己的實力，把宴會包裝成既符合市場需要，又符合食府實際情況的餐飲產品。此中關鍵的是包裝問題。

促銷宣傳主題擬定為「新世紀、新形象，新口味，新感覺」。

該次促銷目的和意義：為即將到來的春節、元宵節做好鋪墊；嘗試創造食府特色招牌。

產品包裝：以各種宴會為基礎，輔以其他的優惠方式。

1. 宴會分類

A：單位年會

一類 1300.00 元；

二類 1660.00 元；

三類 1880.00 元。

B：婚宴

一類 888.00 元；

二類 1230.00 元；

三類 1888.00 元。

C：新派狂歡夜

聖誕金宵夜、元旦新派……(具體事宜及價格待定)

2. 優惠方式

A：贈送相關紀念品(另議)

B：提供酒水優惠(另案再議)。

3. 包裝要點

根據既定目標，把各類宴會包裝成與整體既相關又能獨立的促銷產品。

4. 宣傳規模

印發廣告品。1 萬份。內容包括宴會推介、優惠方式等。

有線電視廣告。11 月下旬開始播放，當地收視範圍 2 次/天以上頻率。

戶外 POP。

A：在週邊道路拉一道大型的宣傳促銷橫幅，內容是促銷主題。

B：主要街道拉橫幅，內容是促銷主題。

上門公關。派出若干人員到大型企業事業單位、工廠派發廣告品。

三、具體操作

表 43-1　2004 年 12 月份促銷計劃一覽表

序號	項目內容	完成時間	負責人
1	促銷計劃上報董事局、董事長	11 月中旬	餐飲部經理
2	定出各種宴會菜單	11 月 15 日～11 月 20 日	營業部經理、行政總廚
3	各品種成本、售價、毛利率核算	11 月 20 日～12 月 5 日	餐飲總監
4	聯繫宣傳廣告版面設計和印刷	11 月 25 日～12 月 5 日	餐飲總監
5	聯繫製作有線電視廣告	11 月 25 日～12 月 5 日	餐飲總監
6	聯繫製作戶外 POP	11 月 25 日～12 月 5 日	行政部
7	各項促銷宣傳出街	12 月 10 日	各上述有關項目負責人
8	宴會原料組織	11 月 10 日備料	行政總廚
9	上門公關	12 月 10 日～12 月 20 日	公關部
10	服務員培訓	12 月 10 日開始（預計 3 次）	餐飲總監、樓面經理
11	大堂 POP 裝飾	12 月 20 日	相關負責人
12	大廳 POP 裝飾	12 月 23 日	同上
13	廳房 POP 裝飾	12 月 23 日	同上
備註：			

四、促銷預算(略)

五、操作要點

1.務必讓全體員工熟悉此基活動內容。

2.營業部做好宴會登記。

3.各操作項目的負責人要嚴格按要求完成好分配任務，以食府利益至上。

4.董事會必須給予全力支持。

44 餐飲店的績效評估與改善

餐廳經營直接面對顧客，好壞當下立判，因此績效評估與自我診斷更顯重要。經營者有必要在營運過程中，定期於每月、每季或每年，對營運狀況進行評估與診斷，才能防患未然，找出經營的問題點滴。再透過與相關部門的集思廣益，擬出最佳的績效改善對策，及早施行，以補強餐廳經營的體質，甚至可望業務蒸蒸日上。

一、餐飲店的績效評估

餐飲業績效評估之項目，可分成兩大方向，一為有形的，一為無形的。有形，指的是可用數為根據，來評估其優劣；無形，即很難用數字來評估其績效，如服務，但是忽略了它，卻又影響餐廳之信譽與生產至巨。

廣義的服務，還包含硬體設備，例如地毯、桌子、椅子、壁紙、燈光、冷氣機、電梯等，如果這些設備有任何瑕疵或故障，應該迅速進行維護修理，以便維持服務的品質。

至於如何制訂績效評估的標準，除了可從國內餐飲公會取得同業的資料作一般性的評比外，仍應盡可能地從世界各地收集資料加以參考，如美國的餐飲業同業公會就曾經透過美國八大會計師事務所的協助，編著了一冊每年發生的餐旅業損益分析，按世界各大洲及各主要地區，表示出區域的標準資料或百分比。

不過，比較分析的前提，必須是在相同的基礎上。例如，速食店不應該與一般餐廳比較，因為服務型態不同；一般餐廳與酒吧很難作比較，因為商品不同；本月份不應與上月份或下月份作比較，因為月份、日數及淡旺季不同。

茲將績效評估項目及標準之制訂簡述如下：

1. 收入結構

食品收入與飲料收入是餐廳的主要收入來源，在績效評估中，將食品收入與飲料收入加以分類，有其必要性，而且分類不容隨意更動，以免無法評比，而且易誤導決策。

以茶、咖啡為例，雖然是飲料，但是在許多在餐廳將其列為食品收入。原因無他，因為其原料為茶葉、咖啡豆，經加開水煮過，而成紅茶、香濃咖啡，當然就應該列為食品收入。因此，不只是茶、咖啡，許多原料買進來後，經過加工變為飲料的項目，也都列為食品收入，這是目前許多餐廳及大旅館在分類上的一種規矩。

釐清食品收入及飲料收入的細目，並訂定各分項收入的標準，是績效評估的重點工作之一。

2. 平均消費額

平均消費額是每位顧客消費的平均金額，有些消費者花費較多，有此則較少，但無論如何，它提供了制訂菜單價格時所該考慮的「平衡價格」的觀念。

也就是說，有些菜單項目的價格可能會比平均消費額高，有些則較低，不管是否會達成所期望的淨利目標，但至少平均消費額能讓我們知道營業收入的狀況。

顧客的平均消費額常因用餐時段之不同而有所差異，早餐通常最低，午餐其次，最高則為晚餐。因此依用餐時段來分析平均消費額，會比用全天來計算更為恰當、有用。

菜單通常有一定的售價範圍，所以必須注意的是，依用餐時段所計算出的平均消費額，並不是該時段每一菜單項目的售價。

3. 消費人數

消費人數與餐廳座位之週轉率有直接的關係，把消費人數除以餐廳之座位數，即能計算出週轉率。

再依用餐時段，分別計算出各時段的週轉率，可看出各時段的營業收入是否還有突破的空間，或有那些地方還需要加強的。

消費人數之標準餐飲一致的看法是，每餐的人數至少等於餐廳之座位數。如果一家餐廳供應午、晚兩餐，而座位數有 100 個的話，即以每天 300 位消費人數為標準。

台北許多大飯店的咖啡廳，從早餐、中餐、下午茶、晚餐一直做到宵夜，因此只要地點好、服務佳，往往其消費人數均超過 5 個週轉率，甚至會達到 8 個週轉率之多。

4. 服務費收入

將平均消費額乘以消費人數，即能求出營業收入。在台灣的餐飲業，小費是屬於服務人員的，服務費則屬於餐廳的。美國一般的餐廳，服務費是直接屬於服務人員。因此如果想以業主在美國的某一餐廳作營業分析比較時，則需要先扣掉服務費收入這個項目，再作比較分析，才會正確。

5. 食品成本

餐飲業所謂之成本，只是指直接原物料，和製造業所謂之成本不同(包括直接原料、間接原料、直接人工、間接人工及製造費用)。之所以只表示直接原料，是因為餐廳為了迎合顧客的需求，常隨著客人的口味及季節性食品物料之供應而有所變化。

在此前提下，把一般製造業的成本觀念，硬要分攤到各個菜單項目，是很困難而且不實際的。因此，餐飲業的食品成本，一般都只表現其直接原料，原因就在此。

根據市場信息得知，一般中餐廳的食品成本約為營業收入(不包括服務費收入)的 36%；西餐廳之食品成本則約為營業收入的 30%～45%。

6. 飲料成本

和食品成本一樣，基於費用分攤上之困難與不切實際，所以也只以直接原料為其成本。至於飲料成本的多寡，視其營業性質之不同而有差異。以喜慶宴會為主的中餐廳而言，其飲料成本約為飲料收入的 35%～40%；一般中餐廳則約為 25%～30%；西餐廳以洋酒為主，單杯賣的較多，因此其飲料成本則約為飲料收入的 20%～25%。

7. 直接營業費用

直接營業費用隨著營業收入之增減而上下浮動，但是其費用對營業收入之百分比不是變的。

⑴人事費用

人事費用項目眾多，除了薪資外，還包括加班費、年終獎金、津貼、員工旅遊、婚喪補助、宿舍、忘年會、勞保等福利。因此除薪資外的一些福利，約等於薪資的25%。也就是說，如果一家餐廳平均每月位員工之薪資為2萬元，則該餐廳平均每月花在每位員工身上的人事負擔，大約為2萬8千元。

所以如何使餐廳之基本員工人數，隨著營業收入之增減而調整，將是各餐廳績效評估的一大目標。

一般來說，人事費用是餐廳除了材料成本外最大的費用負擔，一旦人事費用超過營業收入的35%，將很難經營下去。

⑵重置費用

此費用是指餐廳內生財器具(包括瓷器、玻璃器、銀順、布巾類)破損而重新購置的費用，許多餐廳業者及經理常不太重視這項費用。事實上，餐廳菜色再好，服務再佳，如果生財器具之布巾已破損，碗盤有缺口甚至有裂痕，那麼，消費者對此餐廳的評語一定不會很好。

在台灣生活水準日益提高的今日，消費者的要求已非昔日只求溫飽，衛生、乾淨轉而成為重點，因此對生財器具破損的重置費用，應隨著顧客人數及營業額的增減，成正比的變動。一般餐廳器具設備的重置費用約為營業收入的0.5～1%。

⑶其他營業費用

依據餐廳之性質、大小的不同，其他營業費用的內容亦有所差異，但至少包含了下列各項費用：

①燃料費：即瓦斯等費用。

②交通費：計程車資或車子的油料費、保險費、修繕費等。

③水洗費：包括員工制服、桌布等洗滌費用。

④用品費用：包括顧客用品、清潔用品、紙巾等。

⑤文具印刷等。

⑥制服費。

⑦電話費。

⑧裝飾費。

⑨其他費用。

一般餐廳的其他營業費用，合計約等於營業收入的 5～6%。

8. 間接營業費用

(1)管理費用

管理費包括經理及財務、採購人事等管理及行政人員的薪資及福利，也包含了信用卡收帳費、交際費、呆帳費用等，其費用的總數約等於營業收入的 5%。

(2)業務推廣費

包括各種設備的良好運作，所發生的一般維護及修理費用皆稱之，其費用總數約等於營業收入的 1.5%。

二、餐飲店的績效改善對策

餐廳可定期(如每月、每季、每年)透過績效評估與自我診斷，得知經營績效的好或壞，如績效不佳，則針對問題訂定改善對策。

績效改善對策可從下列幾個方向進行：

1. 商品面

針對菜單項目、顧客對象、經營之功能(如小吃、喜宴、開會等)，加強開發商品，以突破業績。

2. 投資面

為了增加業績，在改善對策中，是否有大規模的整修，甚至廚房設備也重新購置？如果有，則需要作投資效益分析，如總投資額需多少？何時可回收？

3. 市場面

從市場面來看，餐廳所提供菜式的口味符合那些層面的顧客？是否與當初所設定的顧客層有所偏離？

4. 營運面

可利用實際之營運數字與預算作比較

5. 效益面

績效改善對策實施後，是否會增加者業收入或是會減少費用支出，這些都是效益面的考量點。

總結上述五個層面之研究分析檢討，作一總結，而決定這個改善對策是否可行？

45 餐飲業的標準菜譜生產

餐飲生產的品質管理是整個生產管理的關鍵，它能反映出餐廳餐飲管理的水準，更是未來連鎖化經營的重要基礎。

標準菜譜是食品生產控制的重要工具。它列明瞭某一菜餚生產過程中所需的各種原料、輔料和調料的名稱、數量、操作方法、每客分量、裝盤器具以及其他必要信息。

1. 使用標準菜譜的優點

(1)無論生產者、生產時間和產品購買者發生任何變化，菜餚的分量、成本和味道都能保持一致。

(2)根據標準菜譜生產，可根據菜餚裝盤客數，進行產量控制，以減少生產過剩和不足的問題。

(3)由於廚師知道各種菜餚需要多少原料、輔料和調料 以及操作方法，管理人員對廚師的監督檢查工作量就可減少，廚師只需按照標準菜譜規定的操作方法烹製菜餚即可。

(4)每份標準菜譜列明瞭菜餚生產過程中所需使用的各種工具和烹調時間，管理人員就較容易制定生產計劃表。

(5)按標準菜譜生產，技術水準較差一些的廚師也能烹製出優質菜餚，有利於培訓廚師的操作技能。

(6)按照標準菜譜生產，可使每客菜餚的分量符合標準。

(7)如果某位廚師不在崗，其他廚師仍能根據標準菜譜生產同一菜餚。

2. 標準菜譜的制訂過程

(1)管理人員意見統一、觀念一致，明確使用標準菜譜的目的和意義。

(2)編制菜單、選擇菜譜時，管理人員必須瞭解菜譜內容以及各種原料、輔料的供貨狀況，保證供貨管道暢通。

(3)確定一段時間，制訂標準菜譜。

(4)制訂標準菜譜時，認真確定菜餚的主料、輔料、調料的比率，詳細說明菜譜的烹調方法和製作過程。

(5)按菜譜規定的流程和方法製作菜餚，同時確定菜餚盛器規格。

(6)徵求廚師意見，提高標準菜譜的準確性。

⑺對菜譜進行測試、論證，同時拍下將盤後菜譜的照片。

⑻標準菜譜制訂後，應根據標準菜譜對廚師進行認真培訓。通過培訓，使所有廚師掌握菜譜的使用方法，並通過監督檢查，保證在實際工作中，廚師都按照標準菜譜進行生產，以確保有食品的品質。

⑼按一定的格式制訂出標準菜譜，一般格式為「菜餚名稱、主料、輔料、調料名稱及比率操作流程、盛器要求、注意事項、菜餚成品照片」等。

46 餐飲業如何執行安全管理

所謂安全，是指避免任何有害於企業、賓客及員工的事故。事故一般都是由於人們的粗心大意而造成的，事故往往具有不可估計和不可預料性，執行安全措施，具有安全意識，可減少或避免事故的發生。因此，無論是管理者，還是每一位員工，110 都必須認識到遵守安全操作規程的重要性，並有承擔維護安全的義務。

廚房安全管理的目的，就是要消除不安全因素，消除事故的隱患，保障員工的人身安全和企業及廚房財產不受損失。廚房不安全因素主要來自主觀、客觀兩個方面。主觀上是員工思想上的麻痹，違反安全操作規程及管理混亂，客觀上是廚房本身工作環境較差，設備、器具繁雜集中，從而導致廚房事故的發生。針對上述情況，在加強安全管理時應從以下幾個主要方面著手：

⑴加強對員工的安全知識培訓，克服主觀麻痹思想，強化安全

意識。未經培訓的員工不得上崗操作。

⑵建立和健全各項安全制度，使各項安全措施制度化、流程化。特別是要建立防火安全制度，做到有章可循，責任到人。

⑶保持工作區域的環境衛生，保證設備處於最佳運行狀態。對各種廚房設備採用定位管理等科學管理方法，保證工作流程規範化、科學化。

⑷對安全管理的督促

廚房安全管理的任務就是實施安全監督和檢查機制。通過細緻的監督和檢查，使員工養成安全操作的習慣，確保廚房設備和設施的正確運行，以避免事故的發生。安全檢查的工作重點可放在廚房安全操作流程和廚房設備這兩個方面。

廚房安全檢查表(見表 46-1)的制定，能便於管理者在工作中進行督導，也便於新老員工能較快掌握檢查內容，並能引起高度的重視；在日常工作中能使員工自覺地遵守安全規程和服從安全檢查。

表 46-1　廚房安全檢查區域範圍表

區域	檢查內容	是	否	備註
加工區域	地面是否平整、光滑、有無積水			
	下水道上的鐵蓋板是否都俱全			
	水池是否暢通，水龍頭是否漏水或損壞			
	垃圾箱是否有蓋，是否每天有專人傾倒和洗涮			
	工作台、貨架是否擺放平衡			
	砧板是否每天清潔並擺放好			
	各種加工設備是否已清潔、保養			
	電燈光照是否全面，亮度和高度如何			
	員工的各種刀具是否安全存放			

續表

烹調操作區域	各種煤氣爐灶的閥門、開關是否漏氣			
	電器設備有否專用的插座，電線的容量夠用否			
	機械設備妥善接通地線否；開關、插座漏電否			
	電器開關、插座是否安裝在使用較方便處			
	廚房地面是否平整、清潔、乾燥			
	員工是否學會操作各種機械設備			
	員工是否遵守安全操作流程			
	員工是否按照規定的著裝上班			
	廚房過道上有無障礙物			
	各種廚房用具是否安全擺放到位			
	廚房內使用的清潔劑是否有專櫃存放			
	員工是否知曉清潔劑的使用			
	烹調操作間的電燈有無安全罩，光照亮度夠否			
	廚房的門窗開啟自如、有無鬆動或掉落的可能			
	廚房到餐廳的過道門是否完好			
	廚房內各種消防器材是否齊備，是否夠用			
	消防器材有無專人保管、是否定期進行檢查			
	每位員工對消防器材是否熟悉、會用			
	廚房火災報警器有無安裝？是否好用			
	廚房是否有醒目的防火標記			
	廚房的能源閥門、開門等是否有專人負責檢查			
	廚房內有無醫療箱，常見外用藥品是否齊全			
	廚房的各種鑰匙是否有專人保管			

以上這些安全檢查，各廚房可根據實際情況，制定更細緻、更全面的檢查表，以督促規範員工的工作。

事實上，廚房的安全工作還需要工程部、安全保衛部等部門的密切配合，從「大處著眼、小處著手」，持之以恆，常抓不懈，才能真正達到預期的效果。

47 餐館各環節的規範服務六流程

一家餐館開業後，必須要在最短的時間內摸清自己的服務規律，並據此制定符合自己的服務流程。

規範的服務流程標準對於提昇餐館服務品質、改善餐館效益至關重要。

所謂餐館服務流程是指餐館的某項服務從起始到完成，由多個部門、多個崗位、經多個環節協調及順序工作共同完成的完整過程。規範的服務流程能夠使餐館各個環節的工作良性開展，從而保證餐館的高效運轉。相反，不好的服務流程則會問題頻出，出現部門間、人員間職責不清相互推諉等現象，從而造成資源的浪費和效率的低下。

各類中小餐館根據大小可以接待散客、團隊客人以及宴會客人。一般來說，散客在餐館就餐，餐館服務員必須遵循一定的規範及服務流程，要把握住各個環節的服務要點。而針對宴會客人的服務流程與散客服務基本相同，在此一併闡述。

圖 47-1　中小餐館服務流程示意圖

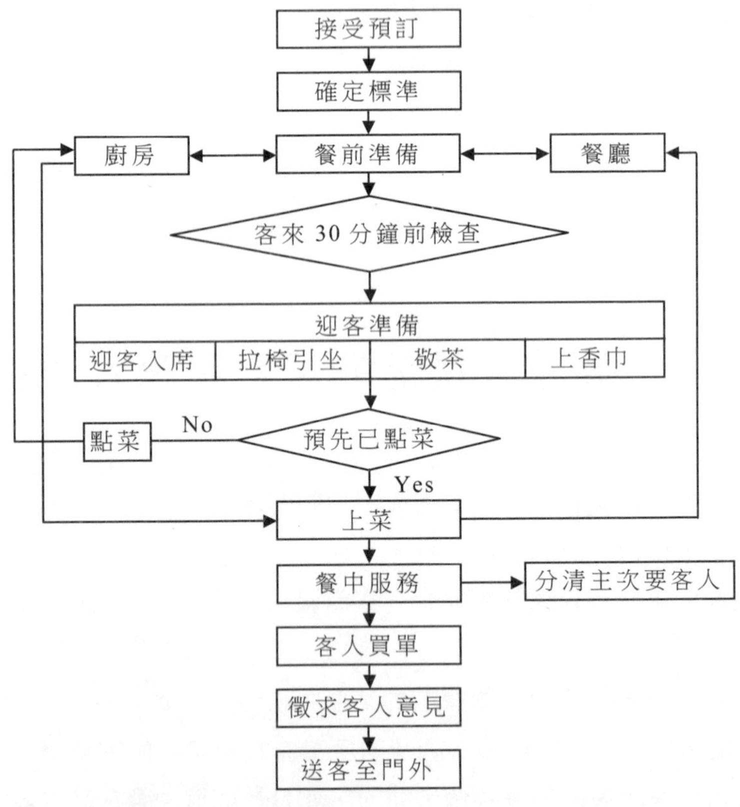

一、預訂服務環節

(1)問候賓客

①當賓客來到餐館要求預訂時，迎賓員應禮貌問候賓客，主動介紹自己，並表示願意為賓客提供服務。

②賓客來電預訂時，應在鈴響三聲之內拿起電話，用清晰的語言、禮貌的語氣問候賓客，準確報出餐館名稱和自己姓名並表示願意

為賓客提供服務。

⑵接受預訂

①迎賓員禮貌地問清賓客的姓名、聯繫電話、用餐人數、用餐時間，準確、迅速地記錄在訂餐本上。

②詢問賓客對用餐包間、菜品、酒水等有無特殊要求。

③若賓客需要訂宴席，應聯繫銷售負責人與賓客商談宴席預訂事宜。

④在聽完賓客的要求後，重述一遍預訂賓客的姓名、用餐人數、用餐時間及特殊要求，要獲得賓客確認。

⑶通知相關部門

①迎賓員根據訂餐本上的記錄填寫預訂單。

②確定菜單或宴席預訂，立即通知餐館經理、廚師長、採購主管。

③未確定菜單的預訂只通知餐館領班即可。

④有特殊要求的預訂，要及時通知餐館領班和廚師。

二、擺台服務環節

⑴準備工作

①服務員用消毒毛巾或酒精棉球對雙手進行清潔消毒。

②準備好各類餐具、玻璃器皿、台布、餐巾、煙灰缸、鮮花等物品。

③檢查餐具、玻璃器皿等是否有損壞，是否潔淨光亮。

④檢查台布、餐巾是否乾淨，是否有損壞。

⑤檢查調味品及墊碟是否齊全、潔淨。

⑵鋪台布

①服務員手持台布立於餐桌一側，將台布抖開，覆蓋在桌面上，中股向上，平整無褶皺，台布四週下垂部份相等。

②鋪好台布後，再次檢查台布品質及清潔程度。

⑶擺放餐具

①圓桌餐具的擺放

服務員先將轉圈放置在圓桌中央處，然後將轉台擺放在轉圈上，轉動須自如，且轉圈的圓心與轉台的圓心必須重合，轉台的邊緣與圓桌邊的間距須相等。

從正主人位按順時針方向依次擺放墊盤，擺放的墊盤與桌邊的間距須為 2 釐米，依次擺放的墊盤間距須相等，且墊盤中的圖案須對正。

將接碟擺放在墊盤上，接碟與墊盤中心對正，且接碟與墊盤之間須放置壓花紙。

將湯碗擺放在墊盤的左側，其間距為 1 釐米，且湯碗與墊盤上側邊緣須在同一條直線上；將湯匙正放在湯碗內，且湯匙把須朝左，並與桌邊平行。

在距墊盤的右側 5 釐米處擺放筷架，墊盤上側邊緣與筷架須在同一直線上，筷子須垂直地擺放在筷架上，筷子的底邊與桌邊的間距為 2 釐米；牙籤擺在墊盤與筷子的中間處，且牙籤的底邊距桌邊為 5 釐米；筷子、牙籤上的店徽須朝上且面向賓客。

從正主人位依次開始擺放茶碟，茶碟邊緣距桌邊為 2 釐米，茶碟與筷子的間距為 2 釐米；茶杯須倒扣在茶碟上且茶杯把朝右，並與桌邊平行。

將杯墊擺放在茶碟上方，其間距為 2 釐米，且店徽須面向賓客，杯墊的上側邊緣與筷架須在同一直線上，飲料杯須倒放在杯墊的正中央。

②方桌餐具的擺放

從正主人位按順時針方向依次開始擺放墊盤，擺放的墊盤距桌邊的間距為 2 釐米，依次擺放的墊盤其間距須相等，且墊盤中的圖案須對正。

將接碟擺放在墊盤上，接碟與墊盤中心須對正，且接碟與墊盤間須放置壓花紙。

將湯碗擺放在墊盤的左側，其間距為 1 釐米，且湯碗與其右側墊盤上側邊緣須在同一條直線上，將湯匙正放在湯碗內，且湯匙把須朝左，並與桌邊平行。

在距墊盤的右側 5 釐米處擺放筷架，墊盤上側邊緣與筷架須在同一直線上，筷子須垂直地擺放在筷架上，筷子的底邊與桌邊的間距為 2 釐米；牙籤擺在墊盤與筷子的中間處，且牙籤的底邊距桌邊為 5 釐米；筷子、牙籤上的店徽須朝上且面向賓客。

從正主人位依次開始擺放茶碟，茶碟邊緣距桌邊為 2 釐米，茶碟與筷子的間距為 2 釐米；茶杯須倒扣在茶碟上且茶杯把朝右，並與桌邊平行。

將杯墊擺放在茶碟上方，其間距為 2 釐米，且店徽須面向賓客，杯墊的上側邊緣與筷架須在同一直線上，飲料杯須倒放在杯墊的正中央。

⑷擺放煙灰缸、火柴、鮮花

①圓桌煙灰缸、火柴、鮮花的擺放

服務員先在主位與主賓之間靠近轉盤處擺放煙灰缸，然後按順時針方向依次在每兩位賓客之間靠近轉盤處擺放一個煙灰缸，且煙灰缸邊緣與轉台邊緣的間距為 7 釐米，其店徽須向外並面向賓客；火柴擺在煙缸上靠近轉盤側，火柴盒磷面向裏，店徽向上。

將鮮花擺放在圓桌轉台中央處，鮮花須新鮮，造型藝術美觀，無枯萎敗葉現象。

②方桌煙灰缸、火柴、鮮花的擺放

鮮花須擺放在方桌正中央，且鮮花須新鮮，造型藝術美觀，無枯萎敗葉現象。

在花瓶的兩側擺放兩個煙灰缸，且三者之間須呈品字形，店徽須朝外並面向賓客；火柴擺在煙灰缸上面，火柴盒磷面向裏，店徽向上。

⑸擺放椅子

①圓桌座椅的擺放：服務員須先擺放正主人的座椅，再依次擺放其他賓客的座椅，正、副主人的座椅須在一條直線上，且座椅的擺放間距須相等，且與圓桌上擺放的每套餐具對應擺齊，座椅與下垂台布的間距為 1 釐米。

②方桌座椅的擺放：在方桌的四邊擺放座椅，並與方桌上擺放的每套餐具對應擺齊，且座椅與下垂台布的間距為 1 釐米。

⑹檢查擺台

①工作結束後，服務員按照以上標準檢查擺台情況。

②若有不符合標準的地方，應及時改正。

三、領位服務環節

⑴問候賓客

①迎賓員按規定著裝，儀容端莊，站立於餐館正門一側，做好迎賓準備。

②見客前來，應面帶微笑，主動招呼：「您好，歡迎光臨。」對

熟悉的賓客用姓氏招呼，以示尊重。

(2)詢問是否預訂

①迎賓員問清賓客人數，是否有預訂，並問清預訂人姓名或電話號碼予以確認；若沒有訂位則根據賓客的人數合理帶位。

②若餐館已客滿，應有禮貌地告訴賓客需要等候的時間；若賓客不願等候，應向賓客推薦其他餐館並告知路線，同時應為賓客不能在本餐館就餐而表示歉意；若有賓客願意稍候，應引領賓客至候餐處，為賓客辦理排號手續，並提供茶水等飲料。

③如果是包間賓客，服務員要協助賓客存放衣物，並提示賓客自己保管貴重物品。

④詢問賓客是否吸煙，如賓客不吸煙，要請賓客在非吸煙區就座。

(3)引領賓客入座

①迎賓員走在賓客前方 1.5 米處，按賓客步履快慢行走，如路線較長或賓客較多應適時回頭，向賓客示意，以免走散。

②將賓客引至桌邊，徵求賓客(未預訂賓客)對桌子及方位的意見，待賓客同意後讓賓客入座。

③將座椅拉開，賓客坐下前，用膝蓋頂一下椅背，雙手同時送一下，使賓客保持與桌子的合適距離。

④招呼服務員接待賓客，並將就餐人數、主人的姓名或包間號碼等告知服務員，以便服務員能夠稱呼主人的姓名。

四、點菜服務環節

(1)遞上菜單

①賓客入座後，服務員詢問賓客需要什麼茶水。準備好茶水後，

按「女士優先，先賓後主」的原則從右邊為賓客斟上茶水。

②將菜單打開第一頁，按照「女士優先」原則，用雙手從賓客右側將菜單送至賓客手中，然後站在賓客斜後方能觀察賓客面部表情的地方，上身微躬。

⑵推薦介紹餐館菜品

①在賓客點菜前，服務員應留有時間讓賓客翻看菜單。

②在賓客翻看菜單時，應及時向賓客簡單介紹菜單上的菜，回答賓客的詢問。

③向賓客介紹今日特別推薦的菜品、其他特色菜、暢銷菜等菜品，並介紹其樣式、味道、溫度和特點。

⑶接受點菜

①服務員先在點菜單上記下日期、台號、就餐人數等。

②賓客點菜時，應注視賓客，聽清賓客點的菜名，適時幫助賓客選擇菜品和主動推介菜品，準確地記錄菜名。

③對於特殊菜品，應介紹其特殊之處，並問清賓客所需火候、配料、調料等。

④若賓客用餐時間較緊，點的菜需時間較長，則應及時向賓客徵求意見；若有賓客點相同的菜式，如湯和羹或兩個酸甜味型的菜時，應有禮貌地問賓客是否需要更換菜式。

⑤若賓客有特殊要求，應在點菜單上清楚註明，並告知傳菜服務員。

⑷覆述點菜內容

①賓客點菜完畢後，服務員應清楚地重覆一遍所點菜品內容，並請賓客確認。

②覆述完畢後，在點菜單的右上角寫明當時的時間，以便查詢。

③收回菜單並向賓客致謝，同時請賓客稍等，說明大致的等候時間。

⑸分送點菜單

①服務員將點菜單的第一聯送至收銀處。

②將點菜單的第二聯送至廚房。

③將第三、四聯交給傳菜員、值台服務員留底備查。

此外，隨著科學技術的發達，電子點餐設備已經開始在各類餐館中使用。中小餐館在有能力的條件下，可以同時利用紙質點菜單和電子點餐設備為賓客服務，這樣會更加有效。電子點餐設備的操作程序與紙質點菜單點菜操作程序基本相同。

五、點酒水服務環節

⑴詢問賓客灑水需求

①服務員為賓客上毛巾後，應主動走到賓客餐桌前，詢問賓客需要什麼酒水。

②若賓客難以決定喝何種酒水時，應主動向賓客介紹飲料和開胃酒，並注意賓客的國籍、民族和性別。

⑵填寫酒水單

①服務員在灑水單上寫清自己的姓名、賓客人數、台號及日期。

②站在賓客旁邊，注視賓客並仔細聽清每個賓客點的酒水，準確地記錄在酒水單。

③書寫時應站直身體，訂單放在左手掌心，注意不能將酒水單放在賓客餐桌上。

⑶覆述酒水名稱

①賓客點單完畢後，服務員重述訂單的內容，並請賓客確認。

②覆述完畢後，在酒水單的右上角寫明當時的時間，以便查詢。

⑷分送酒水單

①服務員將酒水單的第一聯送至收銀處。

②將酒水單的第二聯送至服務台取酒。

③將第三聯交給值台服務員留底備查。

六、傳菜服務環節

⑴準備工作

①傳菜員在傳菜台上準備好充足潔淨、無破損的長託盤和圓託盤。

②準備好潔淨、無破損的餐具。

⑵傳菜

①傳送冷菜

傳菜員接到訂單後，檢查訂單上是否寫清時間、服務員姓名、賓客人數、台號和日期。

檢查訂單上是否有賓客的特殊要求，如有，馬上通知廚房並將結果告訴服務員。

通知冷菜間製作冷菜，並保證冷菜在 5 分鐘內送到前廳。

②傳送熱湯預計賓客用完冷菜後，將熱湯送到前廳。

③傳送熱菜

先傳高檔菜(如魚翅、鮑魚、大蝦等)，後傳雞、鴨、肉類，最後傳送蔬菜、炒飯類。若賓客有特殊要求，則按特殊要求傳菜。

傳送小吃時，須注意送到前廳的小吃與熱菜之間的搭配，做到搭配一致。

傳送甜食接到訂單後，請廚師製作，送到前廳不得超過 10 分鐘。

⑶整理工作

①傳菜員將託盤及餐具送洗碗間清洗、消毒。

②及時清理並更換傳菜車、傳菜台上的口布、台布等。

七、客桌清潔服務環節

⑴用餐過程中的清潔

①賓客用餐過程中，服務員要隨時觀察餐桌上是否有空盤、空碗或空酒杯。

②若發現空盤、空碗或空酒杯，應徵得賓客同意後及時撤掉。

⑵就餐後的清潔

①賓客用完正餐後，服務員應詢問賓客是否清潔餐桌。

②賓客同意後，站在賓客的右側，身體側站，左手託盤(託盤應在賓客的背後，不得拿到賓客的前面)。

③撤掉餐具，分類擺放在託盤上。

④撤完餐具後，如餐桌上有菜汁跡或其他汙跡，應在上面鋪一塊乾淨的口布。

⑤賓客用完甜食或水果後，撤掉甜食或水果餐具。

⑶離去後的清潔

①賓客起身要離開，服務員應為賓客拉椅，並禮貌地向賓客道別，歡迎其再次光臨。

②撤掉口布，重新擺台，準備迎接下一批賓客。

48 自助餐的服務流程

自助餐是一種賓客自行挑選、拿取食物或部份自烹自食的就餐形式。這種就餐形式自由、菜餚挑選性強、不拘禮節，打破了傳統的就餐形式，迎合了賓客的心理，正被越來越多的人所接受。而對於提供自助餐的餐館(特別是西餐廳或中式火鍋自助餐等)來說，提供自助餐服務除了需要對餐館、餐桌和菜餚陳列進行特定的佈置、及時與週到的服務。

(1)準備工作

①服務員準備開餐需用的各類用品，要求清潔乾淨、齊全。根據賓客取食習慣合理擺放餐具，如餐盤、筷子、調羹、不銹鋼刀、取食夾等。主盤、甜食盤、湯碗、服務用叉勺、自助餐爐、酒精、裝飾品等。

②開餐前半小時，開始上菜

擺放保溫爐，並在保溫爐內添加開水(添加開水的量應保持接近內盤的底部)。開餐前 20 分鐘點燃酒精燃料。

準備冰鎮盒內的冰塊和特別食品所配的醬汁。

擺放口布疊制的蓮花座、花墊紙及取食品配套的叉子和勺子。

打開餐盤加熱機，並準備足量的餐盤。冷菜區及甜品區應準備足量的沙拉盤。

參照廚師所列出的菜單，在各種菜品前擺上相應的菜卡。

對各類食品配以台牌說明，需中英文對照，如飲料、粥車食品、自助餐爐必須在明顯的位置擺放。

準備煎蛋等各項物品，保證潔淨；廚房人員必須配戴廚帽、口罩、手套。

保證配備用具的潔淨，如自助餐爐、麵包機、咖啡機、粥車。

檢查餐桌，保證物品整潔齊全，如花瓶、煙盅、紙巾、牙籤。

再次檢查自己服裝穿戴是否整齊，開全場燈準備營業。

(2)迎接賓客

服務員在開餐前 10～15 分鐘到崗，開燈、開冷氣機進行準備工作，服務員站在門口迎接賓客。

賓客到達後，主動向賓客問好，並做好刷卡工作指引賓客取食用餐。

(3)開餐服務

自助餐開始後，服務員打開保溫爐蓋。賓客不多時，可適當將保溫爐蓋上，以免食品變乾、變冷。

賓客取菜時，為賓客遞上乾淨的碟；主動使用服務叉勺為其服務。遇有行動不便的賓客，應徵求意見，為其取來食物。

巡視服務區域，隨時提供服務，發現賓客要抽煙時，應迅速為其點煙。若發現煙灰缸內有兩個以上煙蒂時，要及時更換。

隨時撤去台上的空盤，賓客吃甜品時要及時將桌上的餐具撤去。

整理食品陳列台，以保持台面清潔衛生，並及時補充陳列台各區的餐盤，沙拉、甜品區要擺放冷的盤子。

及時補充陳列食品，要求菜盤不見底，即少於 1/3 時要及時補充，以免後面的賓客覺得菜餚不豐富。

留意酒精燃燒狀況，熄滅時要及時更換，並隨時整理菜盤中的食品，保持整潔美觀。

⑷送別賓客

①用餐結束後，服務員站在桌旁禮貌地目送賓客離開。

②賓客走後，服務員檢查座位和台面上是否有賓客的遺留物品。若有，應及時歸還給賓客。

⑸收拾工作

①將各種菜品收回廚房，並將餐具送洗碗間清洗。

②清潔包間，重新擺台，使其恢復原樣。

③妥善保管陳列台的裝飾品。

④關閉電、氣等設備。

49 賓客點菜的服務流程

點菜服務是整個餐館服務的開端，優質的點菜服務不僅會給賓客留下好的餐館印象，還能將餐館的菜品順利推銷給賓客，帶來賓主盡歡的良好效果；但是如果點菜服務不週到，不僅會造成賓客的不滿，嚴重的甚至會導致賓客的流失，對餐館的經營產生極為負面的影響。因此，餐館需要規範餐館的點菜服務程序，服務員要注意點菜的方法和技巧，引導賓客點菜，適時推銷餐館的產品。

⑴準備

①點菜單一般一式四聯，待收銀員簽字後第一聯送至廚房，第二聯收銀員自留，第三四聯由傳菜員、看台員留底備查。

②準備好紙、筆，畫好賓客座位示意圖。

③瞭解菜單內容：瞭解每日的鮮類，注意烹飪時間，為賓客介紹餐館的特色菜；賓客如趕時間，可提醒賓客點供應快的菜；如賓客要吃便餐，切勿推銷名菜。

⑵詢問

①賓客示意點菜後，緊步上前，首先詢問主人是否可以點菜:「請問，先生/女士，可以點菜了嗎？」

②得到主人首肯後，站在賓客身後右側，為其點菜。

⑶推薦

①根據賓客性別、年齡、國籍、口音、言談舉止等判斷賓客的飲食偏好、消費目的，結合用餐時間，用誠摯的語氣、清晰的口齒，有針對性地向賓客推介菜餚。

②使賓客瞭解菜品的主料、配料、味道及製作方法，引導賓客購買和享用。

⑷填寫點菜單

①站在賓客右側約 30 釐米處，左手持點菜單於身前，右手握筆隨時準備記錄。

②在食品訂單上寫清服務員姓名、賓客人數、台號、日期及送單時間。

③食品訂單的填寫順序為冷菜、湯、熱菜、小吃、炒飯或炒麵、甜食等，並註明甜食服務時間。

⑸覆述確認

賓客點菜完畢，服務員須清晰地重覆賓客所點菜餚的名稱和數量，並得到賓客確認。

⑹額外點菜的處理

①賓客點要菜單以外的菜餚時，在客觀條件允許的情況下，可對

賓客作出承諾，並在點菜單上加以明確說明。

②若條件不允許，應禮貌地加以拒絕。

⑺致謝

點菜結束後要及時收回菜單，並向賓客表示謝意。

⑻送出菜單

將賓客的菜單收回，放在服務台邊櫃上。用最快的速度把訂單分送到廚房、傳菜部、收銀處。

50 為顧客上菜的禮儀規範

1.上菜

上菜就是由餐廳服務人員將廚房烹製好的菜餚、點心送上桌。上菜要選擇正確的操作位置。在中餐宴會中上菜，要選擇在陪同人員之間進行，也可以在副主人的右邊進行，這樣有利於翻譯或副主人向來賓介紹菜名、口味。上菜不要在來賓之間進行。

上菜時要輕步向前，輕托上桌，到桌邊左腳向前，側身而進，託盤平穩，擺放到位。每上好菜後，服務員退後一步，站穩後報上菜名。菜名通報要準確，上菜動作要輕快，不可碰倒酒杯餐具。

上菜的順序一般是：先上冷盤，後上熱菜，之後依次是上湯、麵點，最後是上水果，冷盤一般是在開席前幾分鐘端上餐桌的。

客人入席後，當冷盤吃至一半左右時，上第一道熱菜，如賓客就餐速度快，應通知廚房出菜稍快一點。

上麵點的順序，各餐廳、各派系有所不同，有的在湯上完後再上，有的穿插在中間上，有的甜、鹹麵點一起上，有的交叉分開上，但甜麵點在湯後上比較適宜。

上菜還要講究藝術。在上菜過程中，要注意菜點擺放的位置。

在中餐宴會上，冷盤放在中間，如有若干小碟冷盤在週圍，那麼，服務員要根據菜的不同顏色擺成協調的圖案。

每上一道菜，都要將桌上的菜餚進行一次位置上的調整，將剩菜撤下或移向副主人一邊，將新上的菜放在主賓面前，以示尊重來賓，台面要保持「一中心」、「二平放」、「三三角」、「四四方」、「五梅花」的形狀，使台面整齊美觀。

上菜時，要注意將食物形態的正面朝向主人、主賓，以供主人、主賓欣賞：如孔雀、鳳凰等花式冷盤，以及整雞、鴨、魚的頭部就要朝主賓放置。

在上附帶佐料的菜餚時，應先上佐料，再上菜品。

2.分菜

分菜是指在中餐宴會中，對名貴菜、特殊菜、整體菜、湯類等，由服務員分給每位客人。分菜是一項技術性較高的工作，它反映了服務員的服務水準，同時也體現出服務人員的禮節禮貌。

在分菜之前，服務員要先將菜送上桌，讓客人觀賞一下。分菜既可在餐桌上進行，也可在工作台上分好後再送給客人。分菜的程序是先賓後主，分菜時要掌握好數量，做到鄰座一個樣，先分後分一樣。做到一勺清，一叉准，一勺一位。有鹵汁的菜餚，分菜要帶有鹵汁。給每位賓客分完後，菜盤內要留下 1/4 左右，以示菜的寬裕和準備給客人添加。

51 完善的餐飲業服務品質

在產品日趨同質化的今天，餐館要想贏得市場佔有率，保持在同行業中的競爭能力，創造最大的效益，歸根結底是要博得賓客的信任。在這之中餐館只有加強細節服務，任何時候都能眼明手快及時回應賓客的需要，才能贏得賓客的感動和讚譽，從而在激烈競爭中脫穎而出。

服務品質保持高水準是餐館長久取勝的法寶。品質是每一個細節的有機排列，餐館服務的內涵更多地表現在細微之處。一個淺淺的微笑、一句真誠的問候、一個小小的舉動，這些細節構成服務的完美，體現出餐館的真功夫。

(1)一絲不苟

如果餐館對每個部位的維修保養、清潔衛生做得十分到位，那怕是牆紙的一個小洞，天花的一點汙跡，地上的一片小紙屑，都得到及時處理，必然會帶給賓客常見常新的感覺；如果操作程序、食品品質、衛生品質、消防安全、時間控制都嚴格執行統一、細化、量化的標準，那麼賓客享受到的服務絕對不會走樣；如果在每次服務接待中，各個部門都能心往一處想，力往一處使，無阻溝通，無縫配合，每個環節都妥當落實，整個系統能健康運轉，其服務產品自然不留瑕疵。

(2)用心觀察

在工作中多一個心眼，對賓客的個性需求瞭若指掌，例如賓客喜歡的燈光亮度、茶水濃度、水果品種、飲食口味等生活習慣注意到了，並一一給予照顧，讓賓客在細微處充分感受到餐館服務的溫馨和魅力，很多時候能收到事半功倍的效果。相反，在工作中對服務細節不加注意，甚至認為無所謂，不經意間就會招來賓客的反感，導致賓客流失。

⑶熱情有禮

餐館所提供的產品不單是膳食，硬體固然重要，但餐館真正的產品還是服務。賓客在踏入餐館大門時，都希望見到服務人員親切的微笑、熱情的問候、快捷的幫助、彬彬有禮的舉止。即使有可口的飲食、完善的設施、豪華的大堂、名貴的裝飾，但這些仍舊代表不了賓客所期望得到的熱情。若賓客第二次到餐館就餐時，服務員便能叫出賓客的姓氏，這樣的親切服務定能讓每個人都有一種回家的感覺。事實上，讓賓客在接受服務時始終保持愉悅，並在心中留下難忘的美好印象，這樣才算完美的服務。

⑷真誠關懷

服務最重要的是要在點點滴滴中傳遞真誠。員工只有遵循「服務第一，賓客至上」的服務理念，做賓客的「知己」、「顧問」，竭力兌現承諾，為賓客排憂解難，時時處處方便賓客，給賓客無微不至的關懷，滿足賓客受尊重、受關注的心理需求，才能以真情感動賓客，以誠信留住賓客，建立良好的口碑。

在花源餐廳靠窗臨街的一張桌子前坐著幾位香港客人，那位戴眼鏡穿西服的中年人，一看便知道是今天做東的主人。

值台服務員在客人點完菜後便手托蠔油、薑汁、蒜蓉、醋等調味品到香港客人面前。

「徐先生，加點蒜蓉蠔汁吧？」她那自信的口吻絲毫不像詢問，也不像建議，而像早有所知似的。「好啊！」徐先生也沒有一點驚奇的樣子，似乎這應在情理之中。

但是在座的其他幾位客人都不明白，他們入廳之後沒向誰報告過姓名，這位服務員如何知道主人的姓氏呢？更令人捉摸不透的是他連徐先生的愛好都知道，豈不成了神機妙算？

一位朋友問徐先生，是否常來這家餐館吃飯，徐先生說：「不常來，大概來過兩次吧。不過在花源餐館餐廳消費那怕一次，服務員都能記住你的習慣愛好。我來第二次服務員已經為我送蒜蓉蠔汁了。」

徐先生的一席話把大家逗樂了，歡樂的氣氛已是濃濃的。

本例中花源餐廳員工連香港客人徐先生愛蘸蒜蓉蠔汁的癖好都知道，而很多餐館員工對賓客的一些因個人嗜好需特別添加調味料的要求都會婉言拒絕，因為這樣做一怕違反規範，二怕添麻煩。花源餐廳堅持品質第一，突破規範框框，要求服務員儘量多記一些賓客的姓名和愛好，這是個性服務在餐飲方面的體現。個性服務必然會超常規，也必然會增加工作難度，但反過來也必然會給餐館帶來不可估量的經濟效益。在市場競爭中，光靠常規服務這一手是絕不夠用的。

52 餐飲服務品質控制的三方法

根據餐飲服務的三個階段——準備階段、執行階段和結束階段，餐飲服務品質的控制可以按照時間順序相應地分為預先控制、現場控制和回饋控制。

一、餐飲服務品質的預先控制（第一階段）

所謂預先控制，就是為使服務結束達到預定的目標，在一餐前所作的一切管理上的努力。預先控制的目的是防止開餐服務中所使用的各種資源在數量和品質上產生偏差。

預先控制的主要內容包括人力資源、物質資源、衛生品質與事故。

1. 人力資源的預先控制

餐廳應根據自身的特點靈活安排人員班次，保證開餐時有足夠的人力資源。那種「閒時無事幹，忙時疲勞戰」、開餐中顧客與服務員在人數比例上大失調等都是人力資源使用不當的不正常現象。

在餐前，必須對所有員工的儀容儀表做一次檢查。開餐前 10 分鐘，所有員工必須進入指定的崗位，姿勢端正地站在最有利於服務的位置上，女服務員雙手自然疊放於腹前或自然下垂於身體兩則；男服務員雙手放在背後或貼近褲縫線。全體服務員應面向餐廳入口等候賓客的到來，為賓客留下良好的第一印象。

2. 物品的預先控制

開餐前，必須按規格擺放餐台，準備好餐車、托盤、菜單、點菜單、預訂單、開瓶工具及工作車小對象等。另外，還必須備足相當數量的「翻台」用品，如桌布、餐巾、餐紙、刀叉、調料、火柴、牙籤、煙灰缸等物品。

3. 衛生品質的預先控制

開餐前半小時，對餐廳的環境衛生從地面、牆面、柱面、天花板、燈具、通風口，到餐具、餐台、台布、台料、餐椅、餐台擺設等都要做一遍仔細檢查。發現不符合要求的地方，要安排迅速返工。

4. 事故的預先控制

開餐前，餐廳主管必須與廚師長聯繫，核對前後台所接到的客預報或宴會通知單是否一致，以免因信息的傳遞失誤而引起事故。另外，還要瞭解當日的菜餚供應情況，如個別菜餚缺貨，應讓全體服務員知道。這樣一來，一旦賓客點到該菜，服務員就可及時地向賓客道歉，避免事後引起賓客不滿和投訴。

二、餐飲服務品質的現場控制（第二階段）

所謂現場控制，是指監督現場正在進行的餐飲服務，使其流程化規範化，並迅速妥善地處理意外事件。這是餐廳管理者的主要職責之一。餐飲部經理也應將現場控制作為管理工作的重要內容。

餐飲服務品質現場控制的主要內容包括服務流程、上菜時機、意外事件開餐期間的人力。

1. 服務流程的控制

開餐期間，餐廳主管應始終站在第一線，通過親身觀察、判斷、監督、指揮服務員按標準流程服務，發現偏差，及時糾正。

2. 上菜時機的控制

掌握好上菜時機要根據賓客用餐的速度、菜餚的烹製時間等，做到恰到好處，既不要讓賓客等候太久（一般不宜超過5分鐘），也不能將所有菜餚一下全上。餐廳主管應時常注意並提醒服務員掌握上菜時間，尤其是大型宴會，每道菜的上菜時間應由餐廳主管親自掌握。

3. 意外事件的控制

餐飲服務是與賓客面對面直接交往，極容易引起賓客的投訴。一旦引發投訴，主管一定要迅速採取彌補措施，以防止事態擴大，影響其他賓客的用餐情緒。如果是由服務員方面原因引起的投訴，主管除向賓客道歉之外，還可在菜餚飲品上給予一定的補償。發現有醉酒或將醉酒的賓客，應告誡服務員停止添加酒精性飲料；對已經醉酒的賓客，要設法讓其早點離開，保護餐廳的和諧氣氛。

4. 開餐期間的人力控制

一般餐廳在工作時實行服務員分區看台負責制，服務員在固定區域服務（可按照每個服務員每小時能接待 20 名散客的工作量來安排服務區域）。但是，主管應根據客情變化，對服務員在班中進行第二次分工、第三次分工……如果某一個區域的賓客突然來得太多，應該從其他服務區域抽調人力來支援，待情況正常後再將其調回原服務區域。

當用餐高潮已經過去，則應讓一部份員工先休息一下，留下另一部份員工繼續工作，到了一定時間再進行交換，以提高員工的工作效率。這種方法對營業時間長的散席餐廳、咖啡廳等特別有效。

三、餐飲服務品質的回饋控制(第三階段)

所謂回饋控制，就是通過品質信息的回饋，找出服務工作在準備階段和執行階段的不足，採取措施，加強預先控制和現場控制，提高服務品質，使賓客更加滿意。

品質信息回饋由內部系統和外部系統構成，在每餐結束後，應召開簡短的總結會，以利不斷改進服務水準、提高服務品質。信息回饋的外部系統，是指來自就餐賓客的信息。為了及時獲取賓客的意見，餐桌上可放置賓客意見表；在賓客用餐後，也可主動徵求賓客意見。賓客通過大堂、旅行社、新聞傳播媒介回饋回來的投訴，屬於強回饋，應予以高度重視，切實保證以後不再發生類似的服務品質問題。建立和健全兩個方面信息回饋系統，餐廳服務品質才能不斷提高，從而更好地滿足賓客的需求。

53 餐飲業的生產品質控制

配菜的品質控制，不僅可以確保品質，同時也是原料成本控制的重要環節，也是出品品質的重要環節。如果每個 500g 的品種多配了 25g 的原料，就有 5%的成本被損失，這種損失即使只有銷售額的 1%，也會對餐飲經營效益造成極大的影響。在生產品質控制上，應做到下列：

1. 做好配菜標準

對每一個品種來說，重要的是做好配菜標準。不要以為這是多餘的工作，事實上，如果配菜標準做不好，就會影響原料成本的流失。

正確的配菜標準，是對構成品種的主料和配料進行標準核定。行業上俗稱「註腳」，每個廚師對品種的理解不同，因而對同一個品種，不同的廚師的「註腳」也不同；每個餐廳的經營要求不同，因而對同一個品種，其「註腳」也不盡相同。

無論怎樣，每個餐廳菜單上的所有品種都應有個「註腳」，這是行政總廚和營業部經理的責任。

2. 嚴格按配菜標準進行配菜

使用稱量、計量和計數等控制工具。即使是熟練的廚師，不進行計量也是很難做到精確無誤的。一般的做法是每配 2 份到 3 份稱量一次，如果配菜的分量是合格的可接著配，如果發現配菜分量不準，那麼後續的每份都要計量，直到合格為止。

按單配菜。廚師只有接到餐廳的入廚單後才可以配菜，以保證每份配菜都有正確的依據。

形成良好的工作習慣，將失誤減少到最低限度。

3. 對一個部門來說，製作方法只能是惟一的

大凡品種烹調，都可能不止有一種製作方法。對於同一個品種，首先，因地域差異會有不同的搭配，如「佛跳牆」在閩菜的正宗經典裏，是用魚翅、魚唇、海參、魚肚、鮑魚、蹄盤、乾貝、鴨肫、鴿蛋為主要原料，而新派粵菜「佛跳牆」則沒有鴨肫和鴿蛋。其次，因飲食偏好而有不同的制法，閩菜是用罎子煨燜出「佛跳牆」，而新派粵菜則是燉出來的。再次，因師傅理解不同而有不同的味道處理，如「京都排骨」的汁料配方，有的師傅認為把大紅淅醋、陳醋和茄汁及糖按

比例調和即可，也有的師傅認為應加上一些香料。

從行業整體來看，應該允許有不同的做法，應提倡在原料、刀工、火候和調味之間的組合關係上的百花齊放，百家爭鳴，只有這樣，烹調技術才得以豐富和發展，行業才有競爭可言。但是，對於某一烹調部門來說，具體品種的製作方法只能是惟一的。雖然從餐飲營銷角度去說，品種應不斷推陳出新，不過，在一定的時期內，任何食品在顧客心目中應保持穩定和連續的形象，假如「京都排骨」的汁醬今天是這個配方，明天是那個配方，一天一個味道，這個品種在顧客心目中就沒有持續的品質形象，這正是餐飲經營的大忌。所以，無論行業上有多少種做法，對一個廚房來說，只能允許一種做法的存在，也只有這樣，才能真正形成自己的食品特色。

4. 確立品種品質的技術標準

品種品質的技術標準通常是色、香、味、形、刀工、芡頭和搭配。

食品烹調是以手工操作為主，受到烹調方式、人為因素和管理方式的影響，其品質是不穩定的和不確定的。嚴格地說，難以實行標準化烹調，但食品品質管理的基本要求是必須進行標準化管理。因此，食品品質管理的基本矛盾是：一方面難以實行標準化烹調，一方面又要實行標準化的管理。怎樣解決這個矛盾呢？

首先要明白，食品烹調受到多方面原因的影響，不可能像以機械化、自動化生產為主的工業那樣，其品質標準是明確的、具體的、流程的、數量的和可控的，但這不是說食品烹調沒有品質標準可言，而是在某一層面上確立品質標準。如上述的色、香、味、形就是一個層面。對於具體某個品種來說，其品質標準只能是一種理解，或是一種經驗，而不太可能是數量的。

其次，品質標準是相對固定的，所謂相對是指行業與部門而言的。沒有相對固定的品質標準，就難以體現出其獨特的食品風格。管理者應根據自己部門的風格和特點，在某個工作範圍和層次上制訂出切實可行的食品品質標準。相對來說，點心和西廚的烹調比較容易制訂標準，菜餚烹調的品質標準比較為難。

最後，確立品質標準的許可權應該是惟一的和權威的，即由部門技術權威來制訂，否則難以貫徹執行。

5. 簡化技術流程

中國菜馳名世界，以其用料廣博、富於變化和製作精巧而令世人歎為觀止。但許多聰明人都意識到，值得中國烹調自豪的同時，也有其近憂遠慮，這就是烹調環節繁雜，時間過長，與現在社會節奏和時代要求漸見矛盾。解決這一問題的最佳選擇就是簡化技術流程。

簡化技術流程勢在必行，它至少能夠產生兩種效果：一是提高工作效率，變繁雜為簡單，必然會提高烹調的工作效率，同時也意味著減少了工作量。二是保證工作品質，越是簡單的流程，工作品質就越容易保證，因為在手工操作方式的條件下，簡單的烹調流程總要比複雜的烹調流程要容易控制。

簡化技術流程的方法可是多種選擇的，這裏提供幾點作為參考：第一，儘量使原料進貨半成品化，免去粗加工流程。第二，在原料的加工過程中，應儘量使用機械化或電氣化操作，這樣可以提高效率，還可以使原料加工標準化。事實上，現在的廚房設備條件已經能夠滿足這個要求，而且越來越廣泛應用。第三，利用現代科技成果，革新烹調方法，縮短烹調時間，如微波爐、高壓鍋和紅外線烤爐等。第四，招牌品種的烹調應做到流程化和標準化。

6. 調味醬汁化

食品品質最重要的標準是味道，顧客對食品的感覺最深刻的最直接的也是食品的味道。

在手工操作方式中，原料品質和人為因素互為影響變化，使調味容易產生偏離，時好時壞，尤其是在營業高峰期間的出品，味道不穩定已成為一個通病。所以，食品品質管理一個重要的問題是，怎樣從技術上保證調味的穩定？

此中，醬汁調味法是明智的選擇。

醬汁調味法事實上是傳統烹調的做法，經由粵菜近十幾年的發展，糅合了西餐調味精華而形成的一種調味方法，它可以認為是一種相當有影響的調味趨勢。使用醬汁調味法的好處有三：首先，醬汁調製定量化，每一種醬汁，根據不同的需要就有不同的配方，調製有相對固定的流程，這意味著味道穩定有了良好的基礎。其次，醬汁使用定量化，醬汁之於品種，都有確定的分量，每種分量，都有具體的形態，只要掌握使用分量，就能保證味道的穩定。最後，使用醬汁能提高工作效率，在出品高峰期間，醬汁調味比用炒勺調味的穩定性和效率要高。不過，只是大部份品種可以使用醬汁調味法處理，而不是所有品種都適宜使用。管理者要注意的是，要使醬汁調味法充分發揮作用，關鍵還是醬汁怎樣使用的問題。

7. 充分做好備料工作，確保出品速度

這是指在開餐之前的所有準備工作，技術流程中配菜環節之前的所有備料工作，它包括原料的初加工、刀工處理、醃製、半製作等。

專業烹調的規律之一是「即點即烹」，而且食品是不可儲存的，這意味著顧客沒有點菜之前，菜餚不能預先製好，除非是部份冷菜和湯類燉品，顧客點菜之後，必須以最快速度烹製好菜餚送上台。因此，必須做好原料的備料工作，才能保證應有的出品速度，特別是在出品高峰期間。

做好備料工作，要注意幾個問題：

第一，品種結構要合理。由於品種結構決定了物流過程的運作，所以品種結構越是複雜龐大。備料就越複雜，工作量就越大。從這個角度看，品種結構一般不適宜太多太複雜，「工夫菜」的比例應保持在合理的範圍，寧願把品種的週期縮短，否則只能增加烹調部門的工作難度。

第二，對於有相當銷量的品種的原料來說，其備料的程度以能馬上進行配菜為度。如「菜炒牛仔肉」的牛肉，其備料應以把牛肉醃好為度，而不是僅僅把牛肉切好，因為醃制好的牛肉能直接進行配菜，保證配菜的工作效率。

第三，對於「偶爾為之」的品種的備料也不能忽視。一些品種不可沒有，也沒可能有很大的銷量，若不注意，往往會因為這些「偶爾為之」的品種影響了整體。

第四，備料以原料的最佳儲存形態為原則。如一些原料經醃制後能儲存的（如牛肉）就醃制好儲存，一些原料不宜醃制儲存就不應醃制，一些原料需作半加工的就以半加工形態儲存，只有這樣，才能保證原料的加工品質和儲存品質及配菜效率。

54 經營成本要控制

開餐館的最終目的就是要盈利，而快速盈利也有多種不同的方法，況且一旦餐館開張，每天就會有進進出出的大量而複雜的現金流量，這個時候也是老闆最需要精打細算的時候，要懂得如何獲取確切真實的利潤核算；如何量入為出，降低經營成本；如何開源節流。

餐館老闆都希望餐館生意興隆，希望客人提供美食的同時也把成本降到最低，達到利潤最大化。面對日益激烈的市場競爭，餐館在成本控制的管理上，應籌劃一系列應對策略來降低成本。

一家餐館在經營過程中，只有時刻控制自身的經營成本，才能保證利益達到最大化。在瞭解降低成本的策略之前，我們先看看控制成本有那些具體方法。

成本是任何一家企業生存和發展的重要基礎。對於如今大部份的餐館來說，現在都處於一個「微利時代」，餐館如果不實行或者難以保證低成本運營，這家餐館就難以在競爭激烈的年代生存下去，可謂「成本決定存亡」。當今的市場競爭，是實力的競爭、人才的競爭、產品和服務品質的競爭，也是成本的競爭。

一家餐館的老闆要做好的只有兩件事，一是行銷；二是削減成本。從某種意義上講，成本決定一個企業的競爭力。作為餐館的老闆，更要轉變傳統狹隘的成本觀念，結合企業的實際情況，充分運用現代化的先進成本控制方法，以增強餐館的整體競爭力，迎接來自四面八方的挑戰。

控制餐館的成本，從任何一個角度來說都是有章可循的，總結起來，主要貫穿於以下幾個環節。

1. 可控費用

菜品成本分為可控成本和不可控成本。這裏所謂的不可控只是相對的，沒有絕對的不可控成本。不可控成本一般是指因企業的決策而形成的成本，包括管理人員薪資、折舊費和部份企業管理費用，因為這些費用在企業建立或決策實施後已經形成，在一般條件下它較少發生變化，所以無論花多大力氣去控制這些較固定的成本都是沒有多少意義的。在生產經營過程中，諸如原料用量、餐具消耗量、原料進價、辦公費、差旅費、運輸費、資金佔用費等都是可以人為進行調控的，對這些費用是要餐館老闆花力氣去控制的。

2. 採購

採購進貨是餐館經營的起點和保證，也是菜品成本控制的第一個環節，要搞好採購階段的成本控制工作，就必須做到以下幾點。

⑴制定採購規格標準，餐館的老闆要對應採購的原料，從形狀、色澤、等級、包裝要求等諸方面制定嚴格的標準。當然，這樣做也並不是要求對每種原料都使用規格標準，一般情況下，只要對那些影響菜品成本較大的重要原料使用規格標準就可以了。

⑵採購人員必須熟悉菜單及近期餐廳的營業情況，在採購時保證新鮮原料足夠當天使用就可以了，一定要避免不必要的浪費和損失。

⑶採購人員必須熟悉菜品原料知識，保證按時、保質保量購買符合餐館需要的原料。

⑷採購時，採購員一定要勤快，要做到貨比三家，儘量以最合理的價格購進優質的原料，另外還要注意儘量就地採購，以減少運輸等採購費用。

⑸餐館老闆要對採購人員進行經常性的職業道德教育，使其始終樹立一切為餐館發展著想，避免產生以次充好或私拿回扣的現象。

⑹在一些規模較大的餐館，餐館老闆可以制定採購審批程序。需要購買食品原料的部門必須填寫申購單，一般情況下由廚師長審批後交到採購部列入採購計劃。如果需求數量超過採購金額的最高限額，應報餐館老闆審批後執行。

3. 驗收

為了控制成本，餐館老闆應該制定一系列原料驗收的操作規程。原料驗收一般分質、量和價格三個方面的驗收。

⑴質。驗收人員必須檢查購進的菜品原料是否符合原先規定的規格標準和要求。

⑵量。驗收人員要對所有購回的菜品原料進行查點，統計、覆核總數量或總重量，主要是要核對交貨數量是否與訂購數量、發票數量一致。

⑶價格。這一點就比較明晰，主要檢驗購進原料的價格是否和所報價格一致。

經過驗收，如果以上三方面出現任何一點不符，餐館老闆都應拒絕接受出現問題部份的原料，餐館的財務部門也應拒絕付款。一旦出現這種情況，餐館老闆要及時與原料供應單位取得聯繫調換或進行其他處理。

4. 庫存

餐館的庫存是菜品成本控制的一個重要環節，如果庫存出現不當就會引起原料的變質或丟失等後果，從而造成菜品成本的增高和利潤的下降，餐館老闆的損失也不言而喻。

在一家餐館中，原料的儲存保管工作必須由專人負責。保管人員應負責倉庫的安全保衛工作，未經許可，任何人不得進入倉庫。

餐館業是一個快速消費的行業，餐館在購進菜品原料以後，要迅速根據其類別和性能放到適當的倉庫，並在適當的溫度中儲存。一般餐館都設置有自己的倉庫，如乾貨倉庫、冷藏室、冰庫等。原料不同，倉庫的要求也不同，總體來講，倉庫的基本要求是分類、分室儲存，保證菜品乾淨新鮮。

具體操作方面，餐館所有庫存的菜品原料都要註明進貨日期，以便做好存貨的週轉工作。在發放原料時一定要遵循「先進先出」的原則，即保證「先存原料早使用，後存原料晚使用」。

另外，倉庫的保管人員還必須經常檢查冷藏、冷凍設備的運轉情況以及各倉庫的溫度，做好倉庫的清潔衛生，從食品源頭防止蟲、鼠對庫存菜品原料的危害和破壞。

此外，每月月末，保管員必須對倉庫的原料進行盤存，該點數的點數，該過秤的過秤，堅決不能估計盤點。盤點時，原料的盈虧金額與本月的發貨金額之比原則上不能超過1%。

5. 原料發放

原料的發放控制工作有以下兩個重要方面。

(1)未經批准，餐館的任何人員不得隨意從倉庫領料。

(2)領取原料時，只准領取所需的菜品原料。

為此，餐館老闆在管理中必須健全領料制度，如今大部份餐館使用的最常見的方法就是使用領料單。領料單一式四份，一份留廚房，一份交倉庫保管員，一份交成本核算員，一份送交財務部。一般來說，廚房應提前將領料要求通知倉庫，以便倉庫保管員早作準備。

6. 粗加工

粗加工過程中的成本控制工作主要是要科學、準確地測定各種原料的淨料率，盡最大限度地降低原料成本。為提高原料的淨料率，就必須做到以下幾個方面。

⑴粗加工時，餐館老闆要督促廚房工作人員嚴格按照規定的操作程序和要求進行加工，達到並保持應有的淨料率。

⑵對成本較高的原料，可以先由有經驗的廚師進行試驗，提出最佳加工方法，然後在整個廚房中推廣執行，從而統一加工方法，降低不必要的物質消耗。

⑶對粗加工過程中的剔除部份（如肉骨頭等）應儘量做到回收利用，提高其利用率，做到物盡其用，以便降低成本。

7. 切配

切配是決定主、配料成本的重要環節。切配時應根據原料的實際情況，以整料整用、大料大用、小料小用、下腳料綜合利用為基本原則，盡可能降低菜品成本。

一般的餐館都實行菜品原料耗用配量定額制度，並根據菜單上菜點的規格以及品質要求嚴格進行配菜。所以在具體操作中，原料耗用定量一旦確定，就必須制定菜品原料耗用配量定額計算表，並認真執行。在餐館中一定要避免出現用量不足、過量或以次充好等情況。另外，菜品的主料要過秤，不能憑經驗隨手抓，力求保證菜點的規格與品質。

8. 烹飪

餐飲產品的烹飪，一方面直接影響菜品品質；另一方面也與成本控制密切相關。菜肴烹飪對菜品成本的影響主要有以下兩個方面。

⑴調味品的用量。以烹製一款菜為例，操作時所用的調味品越少，在成本中所佔比重就越低。但是，從餐飲產品的總量來看，所耗用的調味品及其成本也是相當「可觀」的，特別是油、味精及糖等大

眾調味品。所在在烹飪過程中，一定要指導廚師嚴格執行調味品的成本規格，這樣不僅能保證菜品品質較為穩定，也可以降低操作成本。

⑵菜品品質及其廢品率。在烹飪菜肴的過程中，應大力提倡一鍋一菜、專菜專做，並要求廚師嚴格按照操作規程進行操作，掌握好烹飪時間及溫度。

如果有客人來餐館就餐，對菜品提出意見並要求調換，就會影響餐館整體的服務品質和菜品成本。因此，餐館老闆一定要督促每位廚師努力提高自己的烹飪技術和菜品創新能力，做到合理投料，力求不出或少出廢品，只有這樣才能有效地控制烹飪過程中的菜品成本。

9. 銷售

餐館在銷售環節的成本控制主要包括兩方面的內容，一方面是如何更為有效的促進菜品的銷售；另一方面是如何確保售出的菜品全部有銷售利潤回收。

這一階段控制的重點是進行系列的銷售分析，及時處理銷量低和存在滯銷現象的菜品。為此，餐館老闆首先需要對菜品銷售排行榜進行分析，餐館老闆不僅能發現客人對菜品的有效需求，更能促進整體餐館菜品的銷售。實際操作上，餐館老闆要善於利用這一分析結果，對那些利潤高、受歡迎程度高的「明星菜肴」進行大力包裝和推銷，可以開發成「總廚推薦菜」，作為餐館的特色招牌；另外，對利潤高，受歡迎程度較低的菜品要查找原因，適當進行調整和置換，以提高銷售效率和利潤率。

10. 服務

在服務過程中，餐館服務人員產生的服務不當也會引起菜品成本的增加，主要表現為以下幾個方面。

⑴服務員在填寫菜單時沒有重覆核實客人所點的菜品，以至於上

菜時發生客人說沒有點此菜的現象。

⑵服務人員偷吃菜品而造成數量不足，引起客人投訴。

⑶服務人員在傳菜或上菜時打翻菜盤、湯盆，導致菜品成本翻番。

⑷傳菜差錯。例如，傳菜員將 1 號桌客人所點菜品錯上至 2 號桌，而 2 號桌客人又沒說明，導致菜品產生重覆成本。

鑑於上述現象，餐館老闆必須加強對服務人員的職業道德教育，可以進行經常性的業務技術培訓，使服務人員端正自己的服務態度，樹立良好的服務意識，提高服務技能，並嚴格按規程為客人服務，力求不出或少出差錯，儘量避免「人工」降低菜品成本的現象。

11.收款

控制成本，餐館老闆不僅要抓好原料採購、菜品生產、服務過程等方面，更要抓好收款控制，這樣才能保證盈利。收款過程中的任何差錯、漏洞都會引起菜品成本的上昇。因此，餐廳的經營管理人員必須控制好以下幾個方面。

⑴防止漏記或少記菜品價格和數量。

⑵在帳單上準確填寫每個菜品的價格。

⑶結帳時核算正確。

⑷防止漏帳或逃帳。

⑸嚴防收款員或其他工作人員的貪污、舞弊行為。

55 餐館環境衛生

人們對飲食的第一要求是「衛生」，其次要求食品營養均衡，再次才是對食品「色、香、味」的要求。常言道「病從口入」，餐館衛生直接關係到賓客的飲食健康，提供合乎衛生標準的餐飲產品是餐館的基本要求和重要職責。

衛生是餐館生存下去的基本條件，若不注意餐館衛生，不僅會影響個人的健康，也可能波及整個社會，其中問題的嚴重性及重要性，是每個餐館經營者都不應輕視的事情。清新幽雅、整潔衛生的飲食環境給賓客一種溫馨的感受，並能給餐館帶來更多的回頭客。及時有效的衛生管理需要餐館制定一個科學全面的衛生標準。

一、餐館的衛生問題

有的餐館雖然菜肴很可口，但餐館的環境很差，連日常消毒都達不到衛生要求，這就直接影響餐館服務的品質。所以餐館老闆要特別重視餐館服務的環境衛生，無論設備、條件多麼有限，都要把好衛生關，為顧客提供飲食安全，創造良好的用餐環境。

清新幽雅、整潔衛生的飲食環境給顧客一種溫馨的感受，並能給餐廳帶來更多的回頭客。整體的衛生管理需要餐廳制訂一個全面的衛生計劃。計劃包括：清潔的程序控制表、技術及方法、項目、區域、標準等。

1. 店面清潔

店面對於一家餐館來說是非常重要的一個部份，店面必須保持清潔。櫃台上的各種飲料及灑水必須保持整齊，這樣才能給人一種井然有序、有條不紊的感覺。店面保持清潔應做到以下幾點。

⑴地面須經常清潔打掃，並用拖把擦拭乾淨。如鋪設有地毯，則每月至少應對地毯做徹底的吸塵兩次，並加以消毒處理，以免積塵藏垢。

⑵桌上擺設品要保持清潔、乾淨，如有損壞，應立即更換。

⑶桌面、椅子要每日擦洗，如有損壞，則應立即更換，以免造成人員傷害。

⑷台布要每日換洗、消毒，如有破損，則應立即更換，不可繼續使用。

2. 菜單清潔

在餐館進餐，經常會碰到這樣一種情況，當您拿起菜單準備點菜時，卻發現菜單上沾滿了灰垢和油漬。由此可見，菜單不清潔是一種普遍存在的現象。而這恰恰是許多餐館老闆在衛生方面沒有考慮週全的一個弱點。

要知道，儘管菜單不是用來吃的，只是用來點菜用的，但沾滿油漬和灰垢的菜單同樣會使客人對餐館衛生狀況的「印象」大打折扣。

保持菜單清潔同樣是餐館衛生的一個重要組成部份，必須給予足夠重視。

3. 廚房清潔

對於一家餐館的經營和客人來店裏就餐來說，所有的飯菜都是在廚房裏做出來的。所以，廚房衛生直接反映整個餐館衛生水準的高低。也就是說，廚房衛生是餐廳裏一切衛生的基礎。廚房衛生應做到以下基本要求。

⑴廚房內應保持清潔、乾淨，不可堆放雜物。

⑵保持空氣流通，照明亮度適中。

⑶工作人員不可在工作台上坐臥，也不能在廚房內吸煙、飲食。

⑷廚房內不應含有灰塵及油垢堆積，產生的垃圾也應分類處理，並緊封垃圾袋口，以防蟲害及鼠、貓擾亂。

此外，只有加強對廚師及廚房其他工作人員的管理，才能達到廚房衛生的標準。因此必須做好以下工作：廚房工作人員應注重個人衛生，養成良好的衛生習慣；廚房工作人員患有傳染性疾病時，應立即中止工作；洗菜工、洗碗工要正確對待餐具的衛生保潔工作；餐館的老闆必須嚴格要求廚房工作人員，，讓他們認識到自己所做工作的重要性。

4. 設備清潔

設備清潔對一家餐館來說至關重要。有些設備是顧客能夠直接看見的，若不注重衛生，會影響顧客的食慾和整個餐館的形象；有些設備顧客雖然看不見，但同樣若不注重衛生，不僅會影響顧客的身體健康，同時也是餐館經營的隱患。設備清潔包括以下幾個方面。

⑴為了使冷氣設備達到合格的清潔標準，最好的辦法就是制定每週清洗過濾系統計劃。一套完善的冷氣系統，應能將可溶性物質、細小固體、懸浮物沉澱除去，並達到除去多餘水氣和恒溫的目的，同時使相對濕度達到一定標準。

⑵爐竈、烹飪器具應保持清潔，最好的辦法就是在使用後立即清洗乾淨。

⑶冷藏設備應定期除霜、清理，不要儲存過期物品。

⑷垃圾處理設備及抽油煙機也應定期清洗、保養。

⑸洗碗機保養與清洗，這項操作也很簡單，只要根據廠商所附保養使用手冊的程序操作。

⑹洗碗盤前，洗碗工可以先用橡皮刮刀將多餘的油污殘肴刮到餿水槽內，再放進洗碗機內清洗。這樣比較容易清洗，並節約用水、注意洗潔精的劑量，太少洗不乾淨，太多則會使碗盤殘留清洗劑，對人體產生重大的傷害。因此，可先試洗幾次，找出最佳的洗潔精劑量作為清洗標準。

二、廳面衛生常清理

餐館廳面是客人進入餐館的主要區域，也是客人等候就餐的區域，有的餐館的散台也設置在廳面。因此，廳面衛生是反映餐館整體形象的重要部位。

1. 餐館廳面的衛生清潔工作

餐館廳面的衛生清潔直接向客人反映出這家餐館整體的衛生程度，所以，做好廳面的衛生工作，可以為餐館帶來良好的口碑和信譽。餐館廳面的主要清潔工作是除塵、倒煙灰、整理客人坐席等幾個方面。

⑴除塵。廳面的服務員必須不斷地巡視各個地方，隨時抹塵，保證整體環境的清潔；隨時注意紙屑雜物，一旦發現要及時清理。

⑵推塵。餐館廳面的地面必須用拖把時刻不停地進行推塵，使地面保持光潔明亮。遇到下雨的天氣，服務員可以事先在大門口處鋪上腳踏毯和小地毯，同時還要注意增加拖擦次數，另外還要及時更換腳踏毯和小地毯。在餐館門口，也要放置雨傘架和備用塑膠袋，讓客人可以直接將雨傘、雨披等雨具存放在門口，從而最大限度地防止雨水滴漏到廳面地面，避免重覆清潔的次數。

⑶倒煙灰。對大多數餐館來說，很長一個時間段內還是會接納煙民的。所以，做好餐館廳面等侯區的煙灰清理工作也是餐館老闆需要注意的一個細節。廳面的服務員要注意及時傾倒離席客人留下的煙灰和煙蒂，擦拭煙灰缸，一般來說，煙灰缸內的煙蒂不能超過 3 個。到了非就餐時間，服務員要主動更換所有餐桌上的煙灰缸，更換時要使用託盤，注意用乾淨的煙灰缸蓋住髒的煙灰缸，一起放入託盤內，之後將煙灰缸清理乾淨後，同樣要使用託盤，將乾淨的煙灰缸擺回原處。

⑷整理坐席。餐館廳面人來人往，客人離去以後，服務員要對客人使用過的餐桌、餐椅等進行及時清理，調整歸位，保證廳面的客流量和桌椅使用效率。

⑸其他工作。另外，對在餐館營業高峰不便進行的清潔工作，可以調整時間，安排在客人活動較少或者晚間下班以後進行詳細的清理和整潔。

2. 廳面衛生管理十法則

⑴餐館廳面要保持整潔，廳面地面、牆壁、門窗、暖氣、冷氣機、桌椅等要做到整齊乾淨，客人就餐區內要保證沒有昆蟲和老鼠。

⑵在就餐前一小時以內將餐具擺上餐台，餐具擺台後或有客人就餐時不要清掃地面。

⑶如果超過當次就餐時間，還有一部份未使用的餐具，服務人員要把所有未使用的餐具統一回收，送至廚房經過再次消毒、保潔、儲存。

⑷服務人員發現或被顧客告知所提供的食品有異味或者變質時，要馬上把問題食品撤換，同時告知有關備餐人員。備餐人員需要立即檢查被撤換的食品和相關同類食品，做出相應處理，確保供餐安全衛生。

⑸在向顧客配送直接入口的食品時，服務人員要使用專用工具對食品進行分檢、傳遞，專用工具要定位放置，防止污染。

⑹消毒後的餐巾、餐紙在專台折疊，定位保潔存放，工作人員折疊前洗淨並消毒雙手；不向用餐者提供非一次性餐（紙）巾及非專用口布。

⑺餐桌上擺放供客人自取的調味料應符合相應衛生要求，盛放容器清潔衛生，做到一日一清洗消毒，盛放的調味料一日一更換。

⑻廳面空氣流通，保證空氣新鮮、沒有異味；供用餐者使用的洗手設施要保持整潔、完好，洗滌用品充足。洗手台應備有符合比例要求的消毒溶液供就餐者使用。

⑼餐館要提倡分餐方式供餐與就餐，做到每個菜品的容器中備有公用筷及公用勺。

⑽使用工具售貨，做到貨款分開，包裝紙、塑膠袋等食品包裝材料要符合衛生標準要求。

三、切勿輕視洗手間

一些經驗豐富的「食客」都有這樣的經驗，那就是看一家餐館夠不夠氣派，不要看它的門面，而要看它的廁所！

門面大家都會裝，但是在廁所這樣的細節部份，大多數的餐館還是無暇顧及的。這其中的道理很簡單，客人進餐館，首先關注的是店面的格局、裝潢、環境佈置；其次是菜譜、價格；再其次是餐桌、餐椅、餐具……一般到了末了才輪到廁所。所以絕大多數餐館不會願意把空間和錢放在一個被人遺忘的角落。

然而，作為反映一家餐館衛生狀況的最直接的地方，洗手間的衛生恰恰能映襯出這家餐館在細節上的成敗。因此，無論大餐館、小餐館，洗手間的衛生都是一個給自己一個好名聲、輕鬆證明自己的「亮點」。

那麼，洗手間都有那些衛生標準？餐館的老闆又該如何來保證這個小小空間裏的衛生情況呢？

一般來說，中檔規模的餐館可以根據客流量大小和洗手間設備的具體狀況確定一個清潔頻率，注意保證一個最基本的規格水準。另外，當餐館有重大接待活動或者其他事項時，餐館老闆要記得臨時安排一些服務員專門清理相關的洗手間。

在具體清潔工作上，洗手間主要是擦拭水跡、設備器件以及鏡面等部位，同時還要注意隨時補充清潔用品。如果需要進行特別清掃的地方可以暫時關閉洗手間，這時一般要在洗手間的門外放置一個明顯的告示牌，向客人提示說明關閉洗手間的原因，並詳細指明附近洗手間的具體位置。

洗手間佔地面積雖然很小，但一定要保證清潔衛生。對於洗手間的全面清潔，餐館老闆可以安排在晚間或者白天客人較少的時候進行，一般為 2～3 次，時間上來看，白天一般可以安排在上午 9～10 點鐘，下午可以安排在 3～4 點鐘。

成熟的餐館，應該在餐館洗手間內下功夫，中檔次餐館的洗手間應該達到如下衛生標準。

⑴首先，洗手間內不能有異味。

⑵洗手間的地面，洗手盆的台面要保證沒有積水、紙屑或其他汙物。

⑶洗手間的牆面，門應保持乾淨，沒有污痕。

⑷洗手盆的台面上不應擺放抹布、板刷等工具，這類清潔用具應

置於客人看不到的地方。台面上的綠化植物無黃葉，葉面清潔。綠化盆及底碟乾淨、潔白、無塵土、無積水。

(5)洗手盆的內側不能含有污垢。水龍頭應保持光亮。

(6)自動乾手器的外表要清潔乾淨，出風口不能充滿汙跡。洗手間裏的插座、電源線等要力爭乾淨，沒有黑跡。

(7)洗手間應備足洗手液，並保持盛放洗手液的器皿外表面清潔衛生。在洗手液的用量上也有「講究」，洗手液的含量在低於器皿的一半時，工作人員應該主動加液。

(8)洗手間內的燈具要保持完好，所安裝的排風扇也要能保持正常工作。

(9)洗手間應備有鏡子，鏡子的表面應沒有任何汙跡，沒有水珠，並且一定要有光潔度。

(10)建設洗手間的目的當然是為了人們「方便」使用的，所以在洗手間內，對大便池、小便池等主要設備，要保持使用正常，內、外壁保持乾淨，便池中沒有雜物和汙物。

(11)在洗手間的小便池內，工作人員可以放置 5～7 顆樟腦丸，以保持洗手間整體空氣清新自然。

(12)在洗手間的小便池旁邊應放置煙灰缸，同時，工作人員要時常留意煙灰缸，發現裏面有一個煙蒂就要及時更換乾淨的煙灰缸，以保護整體環境整潔。

(13)工作人員在發現洗手間的紙簍內便紙超過 1/2(自然狀態)時，要及時更換新垃圾袋。一般情況下，紙簍內的垃圾不可滿過其容積的 2/3。

(14)洗手間應備足衛生紙，方便客人隨時使用。

(15)洗手間內的清潔工具要擺放整齊，保證拖桶清潔。

⒃洗手間專用拖把與外場專用拖把應分開使用。

⒄男洗手間內立式尿槽應清潔光亮，槽內無異物、無污漬、無異味。

⒅晚班工作人員應將洗手間門口的地毯及洗手間的傢俱搬開清洗乾淨並晾乾，用地刷刷洗地面。

56 餐館銷售的內部控制

銷售控制的目的是要保證廚房生產的菜品和餐館向賓客提供的菜品都能產生收入。成本控制固然重要，但銷售的產品若不能得到預期的收入，則成本控制的效率就不能實現。

假如餐館售出金額為 1000 元的食品或菜肴，耗用原料的價值為 350 元，食品成本率為 35%。如果餐館銷售控制不好，只得到 900 元的收入，則成本率會提高至 38.9%，這樣毛利額就減少 100 元，成本率就提高 3.9%。

由此可見，對銷售過程要嚴格控制。如果缺乏這個控制環節，就可能出現有的人內外勾結、鑽制度空子、使餐館利潤流失等問題。銷售控制不力通常會出現以下現象。

①吞沒現款。對賓客訂的食品和飲料不記帳單，將向賓客收取的現金全部吞沒。

②少計品種。對賓客訂的食品和飲料少記品種或數量，而向賓客收取全部價款，二者的差額，裝入自己腰包。

③不收費或少收費。服務員對前來就餐的親朋好友不記帳也不收費，或者少記帳少收費，使餐館蒙受損失。

④重覆收款。對一位賓客的菜不記帳單，用另一位賓客的帳單重覆向兩位賓客收款，私吞一位賓客的款額。在營業高峰期往往容易造成這種投機取巧的空子。

⑤偷竊現金。收銀員(或服務員)將現金櫃的現金拿走並抽走帳單，使帳、錢核對時查不出短缺。

⑥欺騙賓客。在酒吧中，將烈性酒沖淡或售給賓客的酒水分量不足，將每瓶酒超額量的收入私吞。

1. 賓客帳單控制

⑴帳單的內容和作用

①使用賓客帳單幫助服務員記憶賓客訂的菜品，以便向廚房下達生產指令，廚房必須憑帳單生產。

②賓客帳單上記載賓客訂的菜品的價格，作為向賓客收費的憑證。

③書面記載各菜品銷售的份數和就餐人數，以利於生產計劃、人員控制、菜單設計等。

④用帳單核實收銀員收款的準確性，核實各項菜品的出售是否都產生收入。帳錢核實可控制現金收入的短缺。

⑤賓客帳單可作為餐館收入的原始憑證，將帳單上的銷售金額匯總，可統計出餐館各餐的營業收入，而且也是收取營業稅的基礎。

⑵帳單的編號

帳單編號制度的控制作用包括以下兩點。

①帳單編號能防止收入流失。若在營業結束時核對帳單編號，可以很快查出帳單是否短缺。如果帳單短缺，可能是賓客拿走帳單未付

帳而走，也可能是服務員或收銀員不誠實，拿走帳單，吞沒現金。採用帳單編號制度，可促使服務員監督賓客結帳付款，並控制服務員和收銀員嚴格按帳單刷款，防止現金短缺。一旦發現帳單短缺，管理人員要追查責任，採取措施，堵塞漏洞。

②帳單編號能規定各位服務員對那些帳單負責。帳單上的菜品價格不正確或帳單短缺，一般會追查到服務員。因而一些餐館規定各服務員對那些帳單本和帳單號負責並要求簽字。採取這種制度，在開餐前服務員領帳單本時要記下帳單的起始號；營業結束後要記下結束號。如果訂餐員或點菜員粗心或有意識地在帳單上開錯價格或帳單缺號，則透過查找帳單編號的負責人，就很容易追查責任。為加強控制，有些餐館要求成本控制員檢查每天的帳單有無漏號，價格填寫是否正確。發生差錯對收銀員或服務員要通報檢查。

⑶帳單副本制度

副本制度是指帳單二式二份或三份制度。帳單的正聯和副聯應以不同顏色印製，應具有相同的編號，並用複寫紙填寫。正聯為帳單，作為向賓客收款的憑據；副聯送廚房，作為廚房生產的指令。出菜控制人員要監督菜品的正確發出。廚房必須嚴格按照副聯上填寫的菜品和數量生產，這樣可防止廚房生產和出售的菜品得不到收入，減少訂菜服務員對賓客訂的菜不記帳而私吞收款的機會。副聯不能丟失，有的廚房在服務員取走菜後將訂菜單副聯放在一個帶孔並上鎖的盒裏。這樣可在營業結束時對照檢查有無空號。要求所有的副聯都有相對應的正聯，廚房發出的菜品都有帳單並都已收了款。

2. 出菜檢查員控制

具有一定規模的餐館，需要在廚房中設置一名出菜檢查員，崗位設在廚房通向餐館的出口處。出菜檢查員必須熟悉餐館的菜品品種與價格，要瞭解各種菜的品質標準。出菜檢查員是食品生產和餐館服務之間的協調員，是廚房生產的控制員。其責任如下：

(1)保證每張訂菜單上的菜都能得到及時生產，並保證傳菜員取菜正確和送菜到合適的餐桌。

(2)保證廚房只根據帳單副聯所列的菜名生產菜品，每份送出廚房的菜都應在訂菜單副聯上有記載。這樣可防止服務員或廚房無訂菜單私自生產並擅自免費把食品送給賓客。

(3)有的餐館要求出菜檢查員檢查賓客帳單上填的價格是否正確，防止服務員為某種私利或粗心將價格寫錯。

(4)大致檢查每份生產好的菜品的比率和品質是否符合標準。

(5)注意防止賓客帳單副聯丟失。

3. 收銀員控制

收銀員的職責是記錄現金收入和記帳收入，向賓客結帳收款。收銀處一般設在靠近出口處。如果有收銀機，每筆收入都要輸入收銀機，不管現金銷售還是記帳銷售。現金收入和記帳收入必須分別統計。賓客已付款的帳單要蓋上「現金收訖(Cash Paid)」章，有的企業要求將已收款的帳單鎖在盒子裏。這兩種方法都是為防止已收現金的帳單再次被收銀員或服務員使用而囊取企業的收入。

餐館往往要求收銀員統計各項菜品的銷售數、賓客人數及營業收入。在銷售匯總中，要求收銀員按帳單號登記。這樣帳單如有短缺會十分明顯地反映出來，以便於對菜品銷售進行控制。

銷售匯總表除了能對帳單進行控制外，由於對記帳收入和現金收入分別匯總，它還便於對現金進行控制。匯總表上的銷售信息不僅對會計統計有用，而且能及時反映餐館吸引客源和推銷高價菜的能力。

餐館銷售匯總表如表 56-1 所示。

表 56-1　某餐館銷售匯總表

年　月　日

帳單號	服務員工號	賓客數	銷售額 /元	現金銷售額 /元	記帳銷售額 /元	備註
101	6	2	40.00	40.00		
102	3	5	200.00		200.00	
103	2	1	30.00		30.00	
104	2	2	70.00	70.00		
105	6	4	120.50		350.50	
……						
總計						
賓客平均消費額：　32.89　　收銀員：						

4. 銷售指標控制

所謂餐飲銷售是指餐飲產品和服務的銷售總價值。此價值可以是現金，也可以是保證未來支付的現金值，如支票、信用卡等。銷售額一般是以貨幣形式來表示。影響餐飲銷售總額高低有一些主要的控制指標。

(1) 平均消費額

餐館管理人員要十分重視平均消費額。平均消費額是指平均每位賓客每餐支付的費用，這個數據之所以重要是因為它能反映菜單的銷售效果，反映餐飲銷售工作的成績，能幫助管理人員瞭解菜單的定價是否過高或過低，瞭解服務員和銷售員是否努力推銷高價菜、宴席和飲料。通常，餐館要求每天都分別計算食品的平均消費額和飲料的平均消費額。

⑵每座位銷售額

每座位銷售額是以平均每座位產生的銷售金額及平均每座位服務的賓客數來表示。平均每座位銷售額是由總銷售額除以座位數而得。

每座位銷售額這一數據可用於比較相同檔次、不同餐館的經營好壞的程度。例如，A 餐館的年銷售額為 400 萬元，具有餐座 200 座；而 B 餐館的年銷售額為 250 萬元，具有餐座 100 座；那麼 A 餐館的每座位年銷售額為多少？而B餐館的每座位年銷售額為多少？那個餐館的經營效益要好一些？經計算可以看出，B 餐館的經營效益要好一些。

⑶座位週轉率

座位週轉率即平均每座位服務的賓客數。由於餐館早、午、晚餐客源的特點不同，座位週轉率往往分餐統計。座位週轉率反映餐館吸引客源的能力。

⑷每位服務員銷售指標

服務員的銷售數據可由收銀員對帳單的銷售數據進行匯總，也可由餐館經理對帳單存根的銷售數據進行匯總而得出。一般有兩種銷售指標。

一是以每位服務員服務的賓客數來表示。這個數據反映服務員的工作效率，為管理人員配備職工、安排工作班次提供基礎，也是職工成績評估的基礎。當然，該數據要有一定的時間範圍才有意義，因為服務員每天、每餐、每小時服務的賓客數是不同的。不同餐別每位服務員能夠服務的賓客數也不同，一位服務員在早餐能服務的賓客數多於晚餐。不同餐館的服務員能夠服務的賓客數也不同，高檔餐館的服務員不如快餐館服務的人數多。

二是以每位服務員銷售額來表示。每位服務員的賓客平均消費額是用服務員在某段時間中產生的總銷售額除以其服務的賓客數而得。例如，某餐館在月終對服務員工作成績進行比較時，應用下列銷售數據。

	服務員 A	服務員 B
服務賓客數	1950 人	2008 人
產生銷售額	53625	51832.20
賓客平均消費額	26.50	25.81

上述數據明顯地反映了，服務員 B 無論在服務賓客數和產生的銷售額方面都超過了服務員 A，說明他在積極主動接待賓客方面以及他的工作量都比服務員 A 更為出色。但是他服務的賓客平均消費額為：服務員 B 比服務員 A 少 0.69 元(27.5 元－26.81 元＝0.69 元)。說明服務員 B 在推銷高價菜、勸誘賓客追加點菜和點飲料方面不如服務員 A。餐館管理人員可向服務員 B 指明努力方向，指出如果他在上述方面努力，則他在提高餐飲銷售額方面還有潛力，還能增加銷售額的潛力為：0.69×2008＝1385.52(元)。

⑸某時段銷售額

銷售額是顯示餐館經營好壞的重要銷售指標。由於各餐每位賓客的平均消費額相差較大，故銷售額的計劃往往要分餐進行。一段時間的銷售額指標可以透過下式來計劃。

一段時間的銷售額指標＝餐館座位數×預計平均每餐座位週轉率×平均每位賓客消費額指標×每天餐數×天數

57 員工「好壞」定成敗

俗話說:「沒有完美的個人，只有完美的團隊！」一家餐館的運營也是這樣，單純依靠老闆一個人的力量是無法成功的，此時，聰明的餐館老闆就要懂得理生、科學地積聚員工的力量，努力開發有限資源，獲取最大效益。

從另一方面來看，員工是餐館發展的有力支柱，餐館老闆也迫切需要一批與之同呼吸共命運的員工。那麼如何挑選、培養優秀的員工呢？這裏面還是有不少學問的。

1. 好廚師是餐館的財富

從一家餐館的服務角度考慮，廚師對整個餐館出品的菜式起著至關重要的作用。如果餐館老闆擁有一批一流的廚師，這些廚師烹製的高品質菜肴也就是這家餐館經營成功的重要保證。另外，餐館廚師製作菜品的風味和特色也是整個餐館的特色所在。可以說，廚師可以為餐館盈利創造條件，是餐館的一筆無形財富。

菜品的品質是一家餐館的生命線。廚師作為菜品的直接製作者，在菜品的烹製過程中，如果沒有良好的心情和健康的心態，菜品品質必然會受到影響，從而給顧客留下不好的印象，影響餐館整體的聲譽。

2. 餐飲業呼喚高素質的「掌門人」

隨著競爭行列，「行政總廚」這一新名詞便應運而生。因此，餐館業也沿用了這一稱呼，稍微大一點的餐館都會有自己的行政總廚，即便是小的餐館，也會有廚師長來負責餐館廚房的整體運作。

後廚的掌門人，是整個後廚運轉的高層管理人員，是後廚的「技術權威」。往往不管是行政總廚還是廚師長，都會炒得一手好菜，非常有悟性和靈性，能夠精通一種或多種菜系。廣泛吸納別人經驗，多方學習別人長處，是餐館廚房掌門人應該具備的基本素質。

我們必須清醒地認識到餐館行業是一個兩位一體的行業，其廳面部份是服務業，而其後廚則是加工製作業。餐館的管理工作不僅包括對廳面服務的管理，而更重要的是對後廚的生產管理，就需要有較強能力的後廚掌門人來撐起後廚的生產。

3. 服務員是餐館的活招牌

作為餐館的一線人員，服務員直接面對形形色色來餐館就餐的客人，向客人們第一時間展示這家餐館的形象和服務，因此，服務員在餐館中的角色並不是簡簡單單的「店小二」。在現代餐館業的發展中，服務員當之無愧變身為餐館的「活招牌」。在餐館的管理中，老闆們也要充分發掘服務員的熱情，提昇餐館整體的形象。

一名餐館服務員除了要按照工作程序完成自己的本職工作外，還應當主動地向顧客介紹餐館的灑水和菜肴，極力向顧客推銷。這既是充分挖掘服務空間、利用潛力的重要方法，也是體現服務意識，主動向顧客提供服務的需要。

58 餐館員工要培訓

餐館員工培訓就是餐館按照一定的目的，有計劃、有步驟地向員工灌輸正確的觀念、傳授知識和技能的學習型活動。

中小餐館往往由於沒有太多的培訓預算，所以對員工培訓較為忽視，但我們認為培訓卻總能夠為餐館提昇服務與管理水準助力。因此，中小餐館在培訓方面還是需要有一套屬於自己的標準。

在一般人看來，餐館工作屬於體力工作，從表面上看來，無論餐館規模多大，只要有一個老闆(或管事的)來支配店裏的所有工作人員就可以了，似乎培訓與否都是無關緊要的，甚至是畫蛇添足，浪費人力、物力的。然而事實並非如此，隨著生活水準的提高，消費者越來越注重消費品質，花錢去餐館吃飯，本身就圖個高興。但如果餐館員工服務品質不達標，就可能毀掉這一切。

缺乏培訓的餐館員工，表現出對自己餐館的經營和服務產品、工作的不熟悉，服務技能差、工作效率低、對賓客態度不好、團隊合作意識差、違反或減少工作程序及自律性差；對老闆也是一種負擔的增加，因為不實行培訓會直接導致員工流動性大、後繼無人、經理或主管受累、賓客對菜品或服務不滿意、員工的情緒不穩定等。凡此種種，都嚴重影響了餐館的聲譽和形象，從而減少了客源。

這些情況，都可以透過培訓來避免，所以餐館需要循序漸進地、系統地進行培訓！

餐館員工培訓是指餐館透過對自己員工進行有計劃、有針對性的教育和訓練，使其能改進目前知識水準和能力及服務品質的一項連續而有效的工作。

如今在餐館業的競爭日趨「火爆」的情況下，綜合素質和高服務技能的員工對自己的發展尤其重要。只有提供了優質的讓大家認可或滿意的服務和產品，才能招徠更多的客人，培訓正是讓員工很快瞭解和知道如何幫助餐館盈利的方法。

餐館應該把自己的餐飲辦出色，只有這樣才能在買方市場中有競爭力，才能得到生存和發展，而這個特色包括飲食產品的特色、服務的特色、產品和服務組合的特色以及就餐環境和氣氛的特色。這一系列的特色，便決定了我們要培訓的內容。透過有針對性的培訓，從而不斷滿足消費者求新求異的心理。

餐館培訓需要從準備階段開始。做好充分的準備，是高品質完成培訓任務、達到培訓目標的基礎。中小餐館可以根據如下標準來進行培訓前的準備工作。

1. 瞭解培訓需求

餐館老闆或經理需要根據自己餐館的具體情況，瞭解員工的基本情況，如存在那些方面的不足，有什麼樣的培訓需求，自己員工的文化程度如何，知識水準達到什麼樣的程度，有沒有相關的工作經驗等。

2. 制定培訓計劃與方案

瞭解了員工的具體情況之後，需要制定培訓的授課計劃與方案。授課計劃應對所要培訓的內容、所需時間和先後順序作出說明，並明確規定員工應掌握的基本內容；方案是用來指導培訓者授課的，主要說明授課的方法和內容，培訓者可利用培訓方案來確保完成講課的重點，並盡可能使課堂生動活潑。還需要說明的是，一般小型餐館培訓者可以是自己的經理甚至是老闆，稍微大一點的餐館可以考慮根據實際需要從外面聘請較為專業的培訓人員來對自己的員工進行培訓。

3. 準備培訓物品與場地

餐館培訓需要各種視聽工具、筆、紙等基礎物品，甚至有的時候對員工進行禮儀或形體培訓時還需要準備相應的物品(如化妝用具、全身鏡等)。另外，要挑選適合相應受訓員工人數的培訓場地。一般情況下，中小餐館最好選擇在客人結束用餐後，在餐館包間或者大廳內進行現場培訓，這樣可以很好地幫助員工在工作環境中解決實際問題。

4. 編印培訓講義或教程

餐館老闆安排的培訓者需要根據培訓計劃和方案來編制培訓講義或教程，以便員工在學習的時候能夠很好地參照。一般情況下，中小餐館培訓講義最好是能夠體現出本餐館的實際情況，能夠將重點放在解決實際問題方面。

儘管要培訓的內容千差萬別，但一般來說，分為以下三個方面：知識培訓、技能培訓和素質培訓。

(1) 知識培訓

一家餐館要培養一名好的經理，除了他本身具有的知識和經驗外，如果少了對他進行不斷的、系統的知識更新培訓，是很難實現的。餐館老闆要使自己的員工尤其是那些沒有接觸過這個行業的員工熟練地掌握一些專業術語，缺乏系統的知識培訓也是無法實現的。

知識培訓具有它本身的特點，如對日常行為規範、酒水知識、菜牌、各崗位職責、酒水和菜品的價格及品種等的培訓，都屬於知識培訓。這些內容的培訓進行起來形式簡單，也便於理解，但最大的弊端就是容易忘記，因此只停留在知識培訓這一層次上，效果很難提昇。

⑵技能培訓

技能培訓是餐館培訓中的第二個層次。因為它最行之有效，也是目前各個企業及餐館內部管理最為重視的一個培訓項目。技能培訓的目的就是提高員工實際操作的能力，技能一旦學會，很難忘記。如廚師切菜、配菜的速度，擺台、託盤、餐巾折花、走姿、站姿及服務流程等。餐館招進來的新員工都不可避免地需要進行技能培訓，主要是因為：一是工作的需要；二是抽象的知識培訓不可能馬上適應具體的操作。

只有透過對員工進行技能培訓，員工才能在已獲知識的輔助下順利完成實際操作。從這個意義上說，知識培訓與技能培訓是相輔相成的，知識培訓是形成技能的先決條件，技能又是知識的表現形式。

⑶素質培訓

素質培訓不僅僅是餐館培訓中的最高層次，也是所有企事業單位培訓中的最高層次。這裏所說的「素質」，是指個體能否正確地思維。所謂高素質的員工，是指具有正確的價值觀，有積極的工作、生活態度，有良好的思維習慣，有較高的人生目標的員工，素質高的員工可能會暫時缺乏知識與技能，但是他們會為實現目標而進行有效地、主動地學習，從而在使組織目標完成的同時使自己也得到更好的發展。但是素質低的員工，由於缺乏這種長遠的思維意識，即使已經掌握了相關的知識與技能，也極有可能將有利條件變成威脅。

並不是一旦員工獲得了知識、熟練了技能就不用再培訓。此時，需要對他們進行更高層次的培訓，改變他們的態度，提高他們的素質，從而使他們為客人提供更優質的服務。客戶滿意，消費自然提高，店裏的利潤也就增加了，員工的薪資和福利也相應增加了，達到客人、員工、餐館三者共贏的局面，這是每個餐館投資者追求的目標。

59 看員工制服，就知道餐廳生意旺不旺…

你的餐廳裝修越來越高大上了，可你的服務員穿著依然很 low？意識不到員工制服這個品牌符號的重要性，很可能是你再上一個臺階的絆腳石。

員工喜歡穿，下班了還要穿出去，這是因為美，還因為企業給了歸屬感。

員工穿上制服，不僅認可品牌傳遞的核心訴求（價值觀），並且自願會去傳遞。

這些餐廳的員工制服各有特色，而那些服務員也成為餐廳一道流動的風景線。

餐廳是秀場，服務員就是模特。好制服之所以能讓服務員美美地「秀」出來，真正的原因不在於它有多貴或多個性，而是跟餐廳的定位、環境、氣質融為一體，讓人穿上特別自信。服務員變成主角，自如地穿梭在專屬的秀場裏。

1. 符合餐廳定位

賣日料、做韓餐、做中餐、做火鍋……品類給制服定了基調。看到特色的服飾就知道這是家什麼餐廳，是最基本的功能。比如日料店的人穿和服就顯得很專業。

這裏主要是從需求層面考慮，也就是功能性。

再比如，掛脖圍裙幾乎是烤肉店的標配，一普遍就顯得實用有餘但特色不足。「爐小哥」就把烤肉店圍裙和背帶褲結合在一起，保留了圍裙前兜的實用性，又把背帶褲代表的活力和年輕化融入餐廳調性裏。如此設計，就是好工裝。

迎賓、傳菜、服務生……不同的工作職能對制服的需求也不同。這時候要考慮是否需要帽子、圍裙、領巾，選褲子還是裙子，布料要求是否耐髒、耐磨、透氣、不起球等。

2. 匹配餐廳的氣質

氣質配不配，取決於制服和品牌屬性、品牌主色調是否一致。

制服屬於流動的品牌視覺，一定要考慮到店面的整體感受。根據品牌屬性可以確定工裝的風格——如性冷淡風、新中式風……根據品牌色也就是 vi 色（標準色），確定工裝的主色彩，如果店內已經大量使用了品牌色，這時就要將工裝色更改為點綴色。

3. 那些讓服務員穿上就不想脫的制服

第一眼你很難把它當制服，沒有制服慣有的形式化的符號，但風格非常突出，讓看到的人一眼就辨別出餐廳品牌。

「設計上除了最基礎的實用性，通過極具中式風格的剪裁和設計，營造出一種文化意境，表現出沉穩感和力量感。」設計師說。

60 餐廳培養回頭客的必要性

顧客是餐廳最重要的資源，有一個 80/20 法則，80%的生意是靠20%的客戶帶來的，而這 20%的客戶就是餐廳的回頭客(老顧客)。可見餐廳培育自己的回頭客是很有必要的。

餐廳在與顧客結束交易關係後，還應該繼續對顧客給予適當的關注。如在重要節日或顧客的生日，為顧客寄上一束鮮花，或為顧客發送一條祝福的短信，等等，雖然花費不多，卻能使顧客高高興興地記住自己的餐廳。

因為工作忙碌，汪先生早就將生日忘到九霄雲外，然而他卻收到一封意想不到的生日賀卡:「親愛的汪先生，我們是泰國的東方飯店，您已經有三年沒有光顧我們這裏了，我們全體員工都非常想念您，希望能再次見到您。今天是您的生日，祝您生日快樂！」

自己忘了生日，遠在泰國的一個飯店的陌生人卻還記著！

汪先生激動得熱淚盈眶，他回憶起自己上一次入住東方飯店的情形來。

那天早上，當他正走出房門準備去餐廳用餐時，樓層服務生恭恭敬敬地問道:「汪先生，要用早餐嗎？」

汪先生好奇怪，反問:「你怎麼知道我姓於？」

服務生說:「我們飯店有規定，晚上要背熟所有客人的姓名。」

汪先生在驚訝之余高興地乘電梯到了餐廳所在的樓層。剛剛走出電梯，餐廳接應生就說:「汪先生，裏面請。」

汪先生更是疑惑：「你並未看我的房卡，也知道我姓于？」

接應生答：「上面的電話剛剛下來，說您已經下樓了。」天那，如此的高效率，令見多了世面的汪先生也嘆服不已！

走進餐廳，服務小姐立馬微笑著問：「汪先生，還是要老位子嗎？」

老位子？汪先生想自己差不多已有一年的時間沒有來這裏，上次坐在那里，連他自己都不是很清楚了，難道說這裏的服務員記憶力那麼好？還是因為自己有令人過目不忘的外表？

看到汪先生驚訝的表情，服務小姐馬上解釋說：「我剛剛查過電腦，您在去年的6月8日曾坐在靠近第二個視窗的位置上用餐。」

汪先生想起來了，馬上說：「老位子，老位子！」

小姐接著問：「還是老菜單？一個三明治，一杯咖啡，一個雞蛋？」

「老菜單，老菜單！」汪先生現在已經只有點頭的份了。

汪先生興奮之極，這是一頓他從未享受過的最美妙的早餐。

通過這種方式，能夠將顧客與餐廳緊緊相連，也可以進一步地鞏固和強化顧客的忠誠度，更有助於回頭客的培養。

隨著餐飲市場競爭的加劇，一些餐廳為了爭奪客源，紛紛採取降價行為。其實，適度的價格競爭作為基本的市場行銷策略之一，是符合市場競爭規律的，是一種正常現象。

然而，做任何事情都要講求一個「度」，價格競爭也是如此。如果餐廳對降價行為不加控制，就可能演變成一種惡性競爭，這種惡性競爭將會帶來嚴重的後果。而一些學者的研究也表明，爭取一名新顧客的成本是保留一名回頭客成本的 7 倍。因此，國外許多餐廳都十分重視培養自己忠誠的回頭客。

例如實施的「通向成功之路」戰略計劃中，就把建立顧客的忠誠感放在核心地位，並制定了一個具有戰略意義的旨在酬謝回頭客的「金環」計劃。

怎樣才能培育出餐廳的回頭客呢？餐廳要培養出忠誠的回頭客，應做好以下幾個方面的工作。

1. 使顧客的期望維持在合理的水準

顧客對餐廳服務評價的高低取決於他對餐廳服務的期望與他實際感受到的服務水準之間的差距。如果餐廳提供的服務水準超過了顧客期望的水準，那麼，顧客就會對餐廳的服務感到滿意；如果餐廳的服務水準沒有達到顧客期望的水準，顧客就會產生不滿。

顧客期望的形成，主要受市場溝通、餐飲店形象、顧客口碑和顧客需求 4 個因素的影響。其中，只有市場溝通這個因素，能夠完全為餐廳所控制，如餐廳的廣告、公共關係及促銷活動等。

市場溝通對於顧客的期望所產生的影響是顯而易見的。餐廳在對外宣傳時，若不切實際，盲目虛誇，必然導致在顧客心目中將對餐廳的服務產生過高的期望。

對顧客期望的管理，實質上就是要求餐廳在對外宣傳中必須實事求是，並認真兌現餐廳向顧客所提出的每一項承諾。

2. 提供個性化服務

餐廳應成為顧客的「家外之家」，因此，餐廳必須努力為顧客營造一種賓至如歸的感覺，讓顧客在餐廳裏能夠真正享受到溫馨、舒適及便利。顧客的需求有一定的共同性，如都希望獲得良好的服務，都希望吃到可口的菜品等。

但同時，顧客的需求又具有差異性。在當今的個性化消費時代，餐廳只推行標準化服務是遠遠不夠的，餐廳還應在推行標準化的基礎上開展個性化服務，這樣的服務才是優質的服務，才能真正抓住顧客的心。

3. 主動傾聽，妥善處理顧客的投訴

在餐廳的經營過程中，餐廳經營者常會遇到顧客的投訴。對於提出投訴的顧客，經營者應認真耐心聽取顧客的抱怨，並採取積極的方式，及時予以妥善的解決。

著名的 1：10：100 的黃金管理定理，如果在顧客提出問題的當天就加以解決，所需成本僅為 1 元，要是拖到第二天解決，就需要 10 元，再拖幾天則可能需要 100 元。所以，對於所有在餐廳就餐的顧客，餐廳必須設法瞭解顧客的真實感受。

餐廳要清楚顧客對餐廳的不滿。通過這種方式，既能夠體現出餐廳對顧客的關心與尊重，又能夠瞭解餐廳在某些方面存在的問題，並給予及時的改進。只要餐廳對顧客的投訴處理得當，不滿的顧客也能夠變成滿意的顧客甚至是忠誠的回頭客。

4. 加強顧客個人信息的管理

現代信息技術的發展，為餐廳的管理創新提供了堅實的物質和技術基礎。

餐廳在經營管理中，應充分利用現代信息技術的優秀研究成果，為每一位顧客建立起完整的資料庫檔案。通過顧客的個人檔案，有效地記錄顧客的消費喜好、禁忌、購買行為等特徵。

這樣，當顧客再次惠顧時，餐廳就能夠提供更有針對性的服務，從而進一步強化顧客對餐廳的滿意度和忠誠度。很多業績良好的餐廳，都十分重視顧客檔案的管理工作，其經營者均認為，瞭解顧客是餐廳生存與發展要做的首件大事。

5. 制定回頭客獎勵計劃

為刺激顧客重覆購買的慾望，餐廳在提供優質服務的同時，還應輔以一定的物質獎勵，以便對回頭客的消費行為加以回報，最終達到培育回頭客的目的。例如，餐廳可以通過會員制行銷、積分卡、顧客培訓等方式，以達到刺激消費的目的。

目前在餐飲業應用較為廣泛的一種獎勵策略，就是 FP 策略。FP(Frequency Program)，即常客計劃，是企業為了爭取回頭客而經常採用的一種激勵手段，而 FP 策略的主要形式就是會員積分制。

餐飲業也在逐步推行這種策略。但在運用該策略時，應注意，會員積分制提供的會員服務不能僅僅停留於表面，很多餐廳的會員積分制僅僅是建立在折扣、折扣價或特優價的基礎之上，而缺乏實質內容和深度，這種會員積分制只是一種變相的降價，一種簡單的促銷手段，而卻無法與顧客建立長久的關係。

6. 保持與顧客在購買後的溝通

在很多餐廳裏，顧客在結完帳離開餐廳後，餐廳與顧客之間就不再有任何的關係。這是餐廳在培養忠誠回頭客上的一個薄弱環節。

餐廳在與顧客結束交易關係後，還應該繼續對顧客給予適當的關注。如在重要節日或顧客的生日，為顧客寄上一束鮮花，或八折優待，贈送一盤菜，或為顧客發送一條祝福的短信，等等，雖然花費不多，卻能使顧客高高興興地記住自己的餐廳。

61 有序運轉的廚房管理制度

廚房是餐廳的核心，廚房不運作，餐廳就休想運營。當今的餐飲市場，競爭異常激烈，一家餐廳能否在競爭中站穩腳跟、擴大經營、形成自己獨特的風格，離不開嚴密的管理制度，而廚房的管理更是餐廳管理的重中之重。

廚房管理實際上就是廚房管理者根據本餐廳的實際狀況，結合市場環境，擬定具體的工作計劃並完成餐廳工作任務的過程。

1. 廚房值班、交班、接班制度

如果在餐廳高峰期的時候沒有妥善處理好交、接班的工作，是很影響餐廳的經營的，所以廚師長應建立健全完善的廚房值班、交班、接班制度。

- 根據工作需要，組長安排本組各崗人員值班。
- 接班人員應提前抵達工作崗位，保證准點接班。
- 交班人員須向接班人員詳細交代交接事宜，並填寫交接班日誌，方可離崗。
- 接班人員應認真核對交接班日誌，確認並落實交班內容。
- 值班人員應自覺完成工作，工作時間不得擅自離開工作崗位。
- 值班、接班人員應保證值班、接班期間的菜品正常出品。
- 值班、接班人員應妥善處理和保藏剩餘食品及原料，做好清潔衛生工作。
- 值班、接班人員下班時要記錄交接班日誌，不得在上面亂畫。

· 廚師長可不定時檢查值班交接記錄。

2. 廚房會議制度

廚師長應對廚房各項工作實行分級檢查制，對各廚房進行不定期、不定點、不定項的抽查。

檢查內容包括廚房考勤、著裝、崗位職責、設備使用和維護、食品儲藏、出菜制度及速度、原材料節約及綜合利用、安全生產等。

廚房的日常會議有：

· 衛生工作會：每週一次，主要內容有食品衛生、日常衛生、計劃衛生

· 廚房紀律：每週一次，主要內容有考勤、考核情況、廚房紀律

· 每日例會：主要內容有總結評價過去一日廚房情況，處理當日突發事件

· 安全會議：每半月一次，主要是廚房的安全工作

· 協調會議：每週一次，主要是相互交流、溝通

· 生產工作會：每週一次，主要內容有儲藏、職責、出品品質、菜品創新

· 設備會議：每月一次，主要內容有設備使用、維護

3. 廚房衛生管理制度

廚房的衛生是否達標關係著餐廳能否正常運行，所以制定嚴密的廚房衛生管理制度非常重要。

廚房的衛生管理制度包括：

· 廚房烹調加工食物用過的廢水必須及時排除。

· 地面天花板、牆壁、門窗應堅固美觀，所有孔、洞、縫、隙應予填實密封，並保持整潔。

· 定期清洗抽油煙設備。

· 工作廚台、櫥櫃下內側及廚房死角，應特別注意清掃，防止殘留食物腐蝕。

· 食物應在工作台上操作加工，並將生熟食物分開處理，刀、菜墩、抹布等必須保持清潔、衛生。

· 食物應保持新鮮、清潔、衛生，並於清洗後分類用塑膠袋包緊或裝在蓋容器內，切勿將食物在生活常溫中暴露大久。

· 調味品應以適當容器裝盛，使用後隨即加蓋，所有器皿及菜點均不得與地面或污垢接觸。

· 廚房工作人員工作前、方便後應徹底洗手，保持雙手的清潔。

· 廚房清潔掃除工作應每日數次，至少二次清潔，用具應集中放置，殺蟲劑應與洗滌劑分開放置，並指定專人管理。

· 不得在廚房內躺臥或住宿，亦不許隨便懸掛衣物及放置鞋屐，或亂放雜物等。

· 有傳染病時，應在家中或醫院治療，停止一切廚房工作。

4. 食品原料管理與驗收制度

· 根據餐廳廚房生產程序標準，實行烹飪原料先進先出原則，合理使用原料，避免先後程序不分或先入庫房原料擱置不用的現象發生。

· 高檔原料派專人保管，嚴格監督使用量。其他原料同樣做到按量使用。

· 未經許可，不得私自製作本餐廳供應菜品，杜絕浪費任何原料。

· 不得使用黴變、有異味等變質的烹飪原料。對原料做到先入先出，隨時檢查。

· 不得將腐敗變質的菜品和食品提供給客人。

· 不許亂拿、亂吃、亂做廚房的一切食品。處理變質原料，需經批准。

· 嚴格履行原料進入、原料烹製和菜品供應程序，確保酒店菜品操作流程正常運轉，做到「不見單，廚房不出菜」的原則。

· 驗收人員必須以餐廳利益為重，堅持原則、秉公驗收、不圖私利。

· 驗收人員必須嚴格按照驗收程序完成原料驗收工作。

· 驗收人員必須瞭解即將取得的原料與採購定單上規定的品質要求是否一致，拒絕驗收與採購單上規定不符的原材料。

· 驗收人員必須瞭解如何處理驗收下來的物品，並且知道在發現問題時應怎樣處理。如果已驗收的原材料出現品質問題，驗收人員應負主要責任。驗收完畢，驗收人員應填寫好驗收報告，備存或交給相關部門的相關人員。

5. 廚房防火安全制度

· 發現電器設備接頭不牢或發生故障時，應立即報修，修復後才能使用。

· 不能超負荷使用電器設備。

· 各種電器設備在不用時或用完後應切斷電源。

· 每天清洗淨殘油脂。

· 煉油時應專人看管，烤食物時不能著火。

· 煮鍋或炸鍋不能超容量或超溫度使用。

· 每天清洗爐罩爐灶，使之乾淨，每週至少清洗一次抽油煙機濾網。

· 下班關閉能源開關。

· 保證廚房消防措施齊全、有效。

· 廚房工作人員都應掌握處理意外事故的控制方法和報警方法。

廚房日常管理制度有：

· 交接班制度：保證餐廳的正常運營
· 會議制度：通知工作計劃、明確工作任務
· 衛生管理制度：硬性規定廚房衛生管理，保證廚房衛生
· 原料管理與驗收制度：促進原料合理運用
· 防火安全制度：保障廚房安全
· 設備管理制度：延長廚房設備的使用壽命

6. 廚房設備的管理制度

· 對廚房所有設備、設施、用具實行文明操作，按規範標準操作與管理。
· 人人都應遵守為廚房所有設備制定的保養維護措施。
· 廚房內一切個人使用器具，由本人妥善保管、使用及維護。
· 廚房內共用器具，使用後應放回規定的位置，不得擅自改變，同時加強保養。
· 廚房內一切特殊工具，如雕刻、花嘴等工具，由專人保管存放，借用時做記錄，歸還時要點數和檢查品質。
· 廚房內用具以舊換新時，必須辦理相關手續。
· 廚房的一切用具、餐具(包括零件)不准私自帶出。
· 廚房一切用具、餐具應輕拿輕放，避免人為損壞。
· 廚房內用具，使用人有責任對其進行保養、維護，因不遵守操作規程和廚房紀律造成設備工具損壞，丟失的，照價賠償。
· 定期檢查、維修廚房的用具，凡設備損壞後，須經維修人員檢查，能修則修，不能修需更換者，應向餐廳管理人報告審查批准。

制度建立以後，應根據餐廳的運作情況來逐步完善，員工的獎罰

等較為敏感的規定應界定清楚。

為避免制度流於形式，應加強督查力度，可設置督查管理人員協助廚師長落實、執行備項制度，確保日常工作嚴格按規定執行。廚房的規章制度是員工工作的指導，制定了崗位職責、規章制度、督查辦法後，在進一步加強對人員的管理時就有章可循了。

62 點菜單的控制

點菜單也稱「取菜單」或「出品單」，是餐廳根據顧客點菜的要求而開出的，用於烹調的憑證，同時也是餐廳收款結帳的依據，是餐飲營業收入的第一張單據。

一、點菜單的作用

1. 顧客的點菜記錄

做好餐廳服務和出品品質的一個環節就是要求將顧客的品種需求準確地傳送出品部門，因此點菜單就是顧客對品種需求的原始記錄。

2. 烹調依據

所有烹調部門的出品依據就是點菜單上的信息，烹調部門烹製什麼品種，惟一的依據就是點菜單上的記錄。

3. 上菜依據

備餐間進行劃單上菜的惟一依據也是點菜單上所記載的信息。

4. 收款依據

收款處營業收入的原始憑證也是點菜單上記錄，給顧客進行結帳操作時，統計該單的款項依據就是點菜單記錄的品種名稱、銷售數量和銷售價格。

5. 稽查依據

對烹調部門進行收入核算的依據就是點菜單上的出品記錄。根據點菜單上的記錄，可以把收入分為廚房、點心、燒鹵 3 個出品部門，以便進行相應稽查控制。

二、點菜單式樣

據現時流行的操作，點菜單式樣可分為兩種，一種是食品卡方式，一種是不用食品卡，直接在點菜單上抄寫，如表 62-1 所示。

表 62-1　某餐廳點菜單式樣(局部)

品種名稱	銷售規格	備註

台號：　　　　　　經手：　　　　　　時間：

食品卡方式就是先在食品卡寫上顧客的點菜信息，然後再分別抄寫成廚房單、海鮮單、燒鹵單、點心單(即分單過程)，送到備餐間，跟上台號標誌(夾子)再送到各個出品部門。這就是傳統做法。也是大部份餐廳所應用的做法，它的特點是環節較多，操作比較繁雜。

直接點菜單是新近流行的方式，它不用食品卡，顧客的點菜信息直接寫在單上(一式四聯或五聯)，然後撕下單子送到有關出品部門。這種方法取消了食品卡的環節，現時部份中檔餐廳流行的做法如表62-2。

表 62-2　直接點菜單式樣(局部)

台號：　時間： 名稱： No：　經手：	台號：　時間： 名稱： No：　經手：
台號：　時間： 名稱： No：　經手：	台號：　時間： 名稱： No：　經手：
台號：　時間： 名稱： No：　經手：	台號：　時間： 名稱： No：　經手：
台號：　時間： 名稱： No：　經手：	台號：　時間： 名稱： No：　經手：

台號：　經手：　茶葉：　餐巾：

無論是何種形式的點菜單，都要傳遞三種信息：

一是基本信息。如日期、台號、經手人、點菜時間，匯總這些信息能夠統計出每天餐廳服務的客人數、各時段服務的客人數，以及每個點菜人員的點菜成績等。

二是點菜信息。包括品種名稱、銷售數量、銷售價格，匯總這些信息可統計出餐廳每天的營業收入，並在銷售過程中起著核算和控制營業收入、現金收入的作用。在其他經營分析中，這部份信息可作為菜單分析的主要來源。

三是存根。如點菜單的編號、日期、經手人、點菜單總金額、收款員簽字這類信息主要是解決內部責任的歸屬問題。

三、點菜單操作流程

點菜單的操作流程表示了餐飲機構內部控制的一個層面。任何一位餐飲管理者都應該重視這個操作流程，如果點菜單操作流程不順暢，會直接影響各部門的正常運作。

按照點菜單操作形式可分為食品卡點菜單操作流程和直接點菜單操作流程兩種，食品卡點菜單操作流程如圖 62-1 所示，直接點菜單操作流程如圖 62-2 所示。

這兩種方式比較，圖 62-2 要比圖 62-1 要簡單得多，但後者沒有點心銷售的記錄，如果是要經營茶市的話，必須還要配上食品卡。

在點菜單操作流程的控制中，要注意如下幾點：

1. 所有點菜單必須要有經手人的簽名，這是餐廳內部控制的一個基本要求。有了經手人的簽名，也就有了責任的歸屬。

2. 必須寫上點菜時間，這是現時餐廳對顧客的一種承諾，也是內部控制的一個基本要求。有了點菜時間的限制，就能夠把握上菜時間，就能夠知道控制上菜的速度。

圖 62-1　食品卡菜單循環

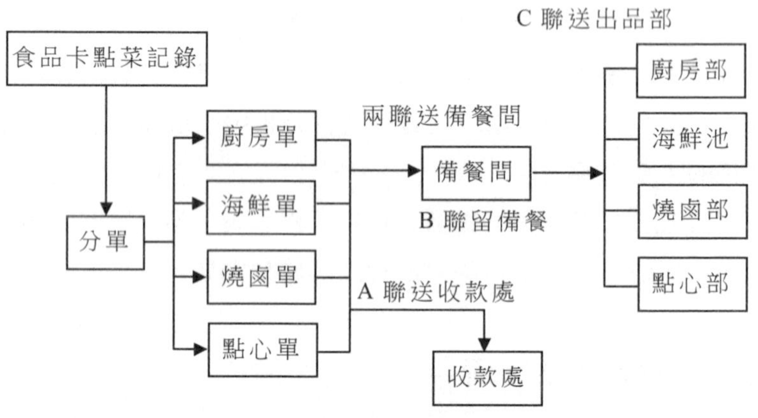

圖 62-2　直接　菜單循環

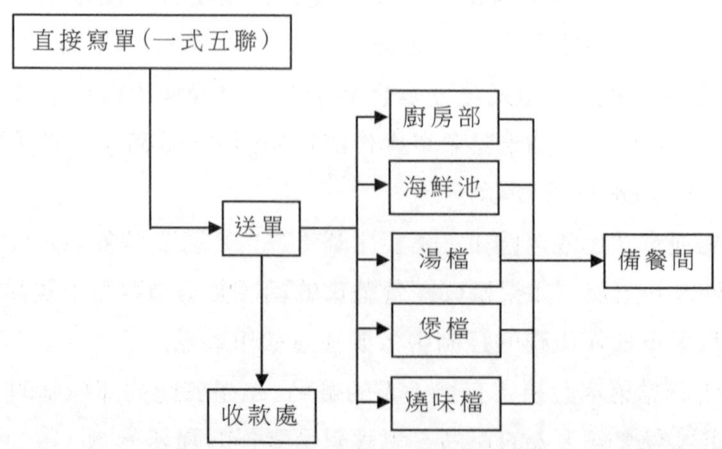

3. 對品種名稱的叫法應該統一，點菜人員在填寫品種名稱時應予以統一，以免引起出品部門的誤會。

4. 對銷售規格應該寫清楚，品種的銷售規格一般都有相應的規定，所以品種的銷售不能超出規格的限制，因此在填寫銷售規格時必須填清楚，否則引起部門之間的誤會。

5. 如有特別需求也應該寫清楚，有些顧客喜歡加辣、偏淡、偏鹹等，如遇到諸如此類的要求，應在點菜單上寫清楚。

6. 送單必須要及時，因為點菜單是手工操作，所以送菜單要及時，以免拖延上菜時間。

63 餐廳的結帳控制

餐飲的營業收入來源就是結帳，結帳控制是餐廳與財務部之間的合作問題，也是餐廳內部控制問題。

一、結帳操作

結帳操作流程如圖 63-1 所示。

圖 63-1 結帳操作流程

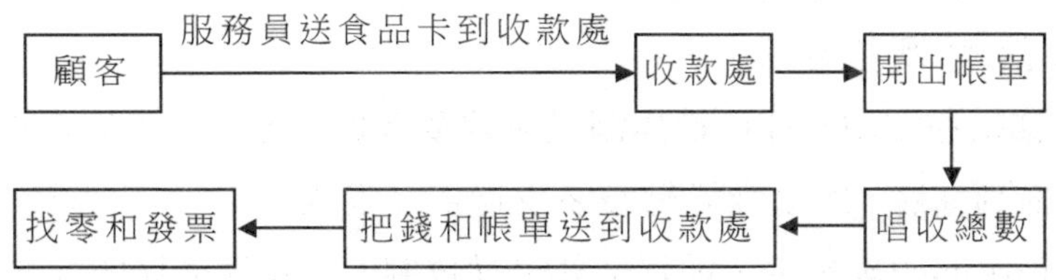

結帳操作一般是由顧客提出結帳，由服務員把顧客的食品卡送到收款處，由收款處根據各種單據開出帳單，交由部長(管理人員)送給顧客，唱收款項，再送回收款處，收款員憑單據結帳，找回零錢和票據(也有部份顧客不要票據的)，然後再由部長把零錢和票據送給顧客。如果是信用卡結帳、支票、內部簽單、外部簽單的結帳操作流程也基本一樣。

二、結帳控制的內容

餐飲收入的日常控制手段主要是結帳控制，必須設計和運用適當種類及數量的單據來控制餐飲收入的發生、取得和入庫，單單相符、環環相連。任何一單一環的短缺，整個控制可能脫節，差錯和舞弊可能隨之而來。餐飲收入活動涉及品種、單據、貨幣三個方面。

1. 收費項目

在餐廳時，收費項目包括出品營業收入、餐廳營業收入兩大類。出品營業收入可分為廚房部、點心部、海鮮池、燒鹵部等，如果是酒店餐飲部還有西餐等其他收入。餐廳營業收入可分為酒水、茶水、小食、紙巾、場租等。

在餐飲內部管理中，所有收費項目都是核定的，一般由決策層做出決定，其他人無權改變。

2. 許可權控制

在結帳控制中，許可權控制是個重要問題。因為在餐飲運作中，需要放權到基層，所以誰能夠簽多少折扣？誰能夠決定品種售價？必須做出相應的明確規定，這就是許可權控制。在餐飲機構內部必須明文規定許可權。

一般的餐廳運作，許可權有如下幾種：

⑴定價許可權，這是營業部經理和餐飲部經理的許可權。對餐廳裏銷售的菜單上的品種、海鮮品種、臨時增加的品種，營業部經理或餐飲部經理都應做明確的售價規定，並一式三份通知餐廳經理、收款處和財務部。售價一旦確定，任何人無權改動。收款處是以此作為收款的依據，財務部則以此作為稽查的憑證。

⑵品種取消許可權，這是餐廳主管（或餐廳部長）以上管理人員的許可權，在顧客點菜和就餐過程中，經常發生品種的增加、改動、取消的事情，此類處理一般由餐廳主管以上的管理人員在食品卡和點菜單上簽字生效。

⑶免茶許可權，這是餐廳主管（或餐廳部長）以上管理人員的許可權。在餐廳經營中，對熟客經常採取免茶的手法以優惠顧客。免茶操作一般是在食品卡上簽上管理人員的名字，並註明原因，然後交上收款處處理。

⑷折扣許可權，這是餐廳經理以上管理人員的許可權。餐廳運作一般都有折扣許可權，有些餐廳是把它放在餐廳經理手上，有些餐廳是牢牢控制在餐飲部經理手上。有些餐廳則是按不同的管理層次分解不同的折扣許可權，如餐廳經理可以有九折優惠許可權，餐飲部經理可有八五折優惠許可權。折扣優惠的範圍必須要明確，大餐廳的折扣範圍僅是局限在廚房部、燒鹵部和點心部的出品，海鮮品種和促銷品種則少見折扣優惠。也有些餐廳為了吸引顧客，採取「全單折扣」的，即消費總額的折扣優惠。折扣許可權的操作與免茶操作基本相同。

⑸贈品許可權，有些餐廳為了吸引顧客，採取送啤酒、送水果的優惠手段，這些贈品許可權一般放到餐廳主管以上層次。其操作是在食品卡寫上贈品內容並簽上名字即可生效。

(6)有爭議問題處理，這是超出餐廳既定的許可權範圍處的突發事件的處理。遇到此類事件時，一般都是由餐廳經理以上的管理人員出面解決，並立即做出相應的規定規定。

三、收銀機控制

大部份餐廳裏的收款操作都是用收銀機進行的，也有部份餐廳是採用電腦聯網系統進行控制的。採用收銀機進行收款的優點是：一旦帳款、品種等資料輸入收銀機裏，有關人員就不易改動，收銀機就會如實留下改動的相應記錄，在稽查人員清機審查時，收銀機裏的所有記錄都將全部列印出來。有疑點的記錄，自然會受到追查。

收銀機一般有兩條匙，一是開機匙，一是清機匙(或改錯匙)。開機匙是由收款員保管，作打開收銀機用。清機匙是由餐廳經理掌握，如果收銀機要收市清機或操作上改錯、取消操作，就必須要用到清機匙。

每次銷售應用正確的順序將明細項目的數額鍵入收銀機，切記任何時候都不能心算出總額，將總額鍵入收銀機，或將幾張單匯總後，鍵入收銀機。每張帳單都應仔細核對，保證列印出來的項目、金額及其總額正確無誤。收款員應能熟背各種品種和酒水價格。

向客人收款，應把實際收到的款項金額鍵入收銀機，按照收銀機的顯示找零，如果在收銀機或找零時出現問題，不要與客人爭吵，應請餐廳經理來處理。

顧客要求取消或退換某項出品處理。有時由於服務人員粗心大意，接受客人點菜時，聽錯或記錯品種名稱，或由於廚房太忙出了差錯，或由於某些客人比較挑剔，退菜時有發生。無論什麼原因發生退菜，輸入收銀機的項目要取消或者調整。這時就由餐廳經理在點菜單及其帳單上將取消的項目圈起簽字，然後用清機匙打開，收款員把取消的金額鍵入收銀機裏，再由餐廳經理在收銀機紙上簽字。未經餐廳經理批准，收款員無權私自取消帳單上的任何項目。

廚房取消某項出品處理。與客人退菜相反，廚房有時由於原料等原因無法製作某個品種，也需要在收銀機裏作取消項目處理。其操作與取消一樣。需要特別指出的是，降了餐飲部經理之外，餐廳任何人員無權取消收費項目和改動品種價格。

收款員不得自行開機修理，記錄紙帶應在即將用完之間換上新的，以保證收銀機記錄的完整性。

一般情況下，不得動用當班收入的現金付款，也不能用此發放找零用備用金。除非萬不得已，必須填寫現金支付單，並經財務主管批准。

收款主管和稽查人員應把監督檢查收銀機的操作作為日常控制工作的重要組成部份，經常查核收銀機，核對收銀機的金額讀數與實際盤點貨幣金額。核對時應剔除影響讀數的因素，盤點貨幣金額應剔除找零定額備用金等。在剔除這些因素後，如果實際盤點的貨幣金額大於收銀機的金額讀數，應查明原因。如果經常出現現金多餘的情況，應查明是否存在收款員在收銀機上少輸入或未輸入款項，企圖貪污部份款項的問題。

四、收款方式

結帳是餐廳對客服務技能之一，它直接關係到餐飲經營的經濟效益。服務員應熟練掌握餐廳結帳的形式和流程，瞭解本餐廳常見的結帳方式。一般餐廳常見的結帳方式有現金結帳、信用卡結帳、支票結帳和簽章結帳等。

1. 現金結帳

(1)當賓客用餐完畢、示意結帳時，服務員應迅速到收銀台取出帳單，並將帳單夾或收銀盤遞送給賓客。

(2)不要主動、大聲報帳單總金額。

(3)賓客付現金後，應禮貌致謝，並將現金用帳單夾或收銀盤送到收銀台；然後，把找回的零錢和發票用收銀夾或收銀盤送交賓客，並讓賓客當面點清。

(4)再次致謝。

2. 信用卡結帳

(1)當賓客示意結帳時，用帳單夾或收銀盤將帳單遞送給賓客。

(2)確認賓客的信用卡，檢查持卡人性別、信用卡有效期，持卡人本人身份證，並向賓客致謝。

(3)將信用卡、身份證和帳單送交收銀台。

(4)收銀員再次檢查信用卡有效期、持卡人姓名、身份證，並核對信用卡公司的註銷名冊等；確認無誤後，填寫信用卡表格，刷卡辦理結帳手續。現在很多信用卡公司的刷卡機是電腦聯網，可以直接查詢客戶。如果賓客的帳單總數超過規定金額，則需要信用卡公司授權。

(5)請賓客確認帳單金額，並在信用卡表格上簽名。

(6)核對賓客簽名是否與信用卡背後簽名相同。

(7)將表格的「顧客副本」的存根、信用卡、身份證交還賓客，正本表格交收銀員保管。

(8)再次禮貌致謝

64 餐廳的收款管理

準確收款結帳，歡迎客人再次光臨。客人用餐結束時，服務人員要備好帳單，禮貌地請客人付款，對掛帳簽單的客人，要核對帳款，請客人簽字。收款員和餐廳服務員要密切配合，通力合作，防止發生差錯。

在結帳操作中，容易出現舞弊和差錯，主要表現在：

1. 走單

是指故意使整張帳單走失，以達到私吞餐飲收入的目的。其作弊方法是：有意丟棄和毀掉帳單，私吞相應的收入；不開帳單，私吞款項；一單重覆收款。通常一張帳單只能用做一個對象，收一次錢，但收款員或其他人取出已收過錢的帳單向另一台顧客收款。由於同一張帳單收了兩次款，則可把其中一次裝入私囊。

2. 走數

是指帳單上的某一項目的數額或者該項目數額中的一部份走失。其作弊手法是：擅改菜價。在結算時把價格高的項目擅自減小，或者開帳單時把實際消費價格高的項目換為價格低的項目，使實際收取的款項大大小於應該收取的款項。漏計收入，在結算時故意漏計幾個項目，以減少帳單的消費總額。

3. 走餐

指不開帳單，也不收錢，白白走失營業收入。其手段是：餐廳服務人員與顧客串通一氣，顧客用餐後，讓其從容離去，而不向其結算餐費或者顧客實際消費的品種式樣多，而送到收款處的結帳和品種單少，使顧客少付款。在餐飲服務人員的親朋好友用餐時，這類作弊最容易發生。

餐飲收入工作繁雜，匯總環節較多，即使完全杜絕了舞弊問題，也不能絕對保證營業收入永遠正確，差錯時有發生。例如，帳單遺漏內容或電腦錯誤；外匯折算不正確；給予顧客的優惠折扣錯誤；帳單匯總計算發生錯誤等。

表 64-1　餐廳銷售中的舞弊及防範措施

項目	舞弊人	舞弊現象	防範
食品銷售	餐廳服務員	1. 客人訂菜不記訂單，從廚房領菜和飲料，將收到的款項私吞。	要求廚房必須憑訂單副聯生產和供應食品飲料
	服務員、廚房、收銀員溝通難控制	2. 向親朋好友供應食品飲料，訂單記代價或不記訂單不收款。	要求廚房必須憑訂單副聯生產和供應食品飲料，收銀員檢查訂單價。
	需經理現場監督	3. 使用用過的帳單或已向另一顧客收款的帳單向客人收款，私吞現款。	發給服務員訂單，編號記下，廚房按副聯供應食品飲料
	餐廳服務員及收銀員	4. 客人的款收到後，將訂單毀掉，吞下現金。	訂單必須編號
	如果廚房和餐廳服務員溝通難控制	5. 用私帶的客人訂單收款私吞現金；或使用兩種帳單，以高價帳向客人收錢，以正常價交款。	使用印有餐廳名字的特有訂單
		6. 按訂單收款，劃掉幾項菜註明退貨，實際私吞現款。	核對正副聯訂單，退貨要有記錄
	餐廳收銀員或服務員	7. 從客人處收款，說客人未付款溜走。	監視餐廳就餐區，防止客人溜走，要求記錄溜走事件。重新培訓和安排經常發生客人溜走事件的員工
		8. 收了現款，毀掉訂單，說未收訂單。	查清是收銀員還是服務員舞弊。要求收銀員在訂單存根上簽字

續表

食品銷售	餐廳收銀員或服務員	9. 按客人訂單收現款，訂單作無效處理。	記帳要求客人出示房卡，記上房號和客人簽字，使用信用卡要壓印並要求顧客簽字
		10. 按客人訂單收現款，按記帳處理。	派專人審計現金收入，核對訂單總額帳款和現金數額
		11. 漏記和少記總帳款，少算現金帳，吞下差額。	派專人審計現金收入核對訂單總額帳款和現金數額
		12. 私拿現金，說是不明原因短缺。	建立有效銷售收入記錄系統，將經常出現短缺現金者調離崗位
	調酒師、服務員	13. 克扣酒水量，扣下酒水的銷售收入裝進私囊，或將額外酒水私分。	要求用標準量器調配飲料，憑訂單收款，訂單要編號，憑空瓶領酒
		14. 多記流失量和免費贈送量，私吞這部份酒水收入或將額外酒水私分。	贈送酒要主管部門負責人簽字，退回的酒水不準倒掉。控制標準流失量，憑空瓶領酒
		15. 稀釋烈性酒或其他酒水，私吞額外收入或將額外酒水私分。	使用訂單收款並編號。憑空瓶領酒
		16. 以低質酒（如白蘭地）充當高質酒，將高價銷售的差額私吞。	要求訂單上寫清酒牌號，憑訂單收費
		17. 將零點酒合在一起算成整瓶的價格計算銷售收入，將差額裝入私囊。	使用收銀機打出帳單來收款或用訂單記錄各銷售項目的收款額
		18. 私帶酒水來銷售，使用私帶帳單收款私吞收入。	使用企業有標記的酒瓶銷售酒水，同時作好空瓶入庫存的管理。使用企業特有的訂單收款

65 餐飲服務品質的監督檢查

餐飲服務品質的監督檢查，是餐飲管理的重要內容之一，以責任和各項操作規範為保證，以提供優質服務為主要內容，並將部門所制定的具體品質目標分解到班組和個人，由品質管理辦公室或部門品質管理員協助部門經理負責對餐飲服務品質實施監督檢查。

一、餐飲服務品質檢查

根據餐飲服務品質內容對服務員禮節禮貌、儀表、儀容、服務態度、清潔衛生、服務技能和服務效率等方面的要求，將其歸納為「服務規格」、「就餐環境」、「儀表儀容」、「工作紀律」四個大項並按順序列一個詳細的檢查表。這種服務品質表既可以作為餐廳常規管理的細則，又可以將其數量化，作為餐廳與餐廳之間、班組與班組之間、個人與個人之間競賽評比或餐飲服務中考核的標準。

二、餐飲服務監督的內容

1.制定負責執行各項管理制度和崗位規範，抓好禮貌待客、優質服務教育，實現服務品質標準化、規範化。

2.通過回饋系統瞭解服務品質情況，及時總結工作中的正反典型事例的經驗和教訓並及時處理賓客投訴。

3.組織調查研究，提出改進和提高服務品質的方案、措施和建議，促進餐飲服務品質和餐飲經營管理水準的提高。

4.分析管理工作中的薄弱環節，改革規章制度，整頓工作紀律，糾正不正之風。

5.組織定期或不定期的現場檢查，開展評比和組織優質服務競賽活動。

三、提高服務品質的主要措施

1. 從餐飲部經理到各級管理人員都應具備豐富的品質管理經驗，並以身作則。有關品質的標準和準則，如無強有力的督查手段是不可能被所有員工自覺的全盤接受並加以維護的。

2. 關心和負責品質控制和品質維持的責任不僅是幾個人的事情，只有全員進行過程的管理和參與，才能有服務品質的穩定和提高。

3. 餐飲各部門應該有清晰的職能劃分，各個崗位的工作人員應該有明確的職責分工，並嚴格遵循服務規格的規程，才能為賓客提供高品質的服務。

4. 對已取得的品質成果要不斷加強和鞏固，並支援長期不懈地作出系統化的努力。

5. 前台品質與後台品質必須一致，對兩者的控制也應步調一致。前台品質管理的目的是確立並加強通向積極循環的機制；後台品質管理的目的是擁有可供選擇的各種品質管理和策略。

6. 隨著消費變革、價格波動和服務項目的變化而提出新的品質標準和實施計劃，並跟蹤監督實施。

7. 加強現場指揮，切實提高銷售水準和服務品質。

服務規範檢查表

1. 對進入餐廳的賓客是否問候、表示歡迎？
2. 迎接賓客是否使用敬語？
3. 使用敬語是否點頭致意？
4. 在通道上行走是否妨礙賓客？
5. 是否協助賓客入座？
6. 入席賓客是否端茶、送巾？
7. 是否讓賓客等候過久？
8. 回答賓客提問是否清脆、流利、悅耳？
9. 與賓客講話，是否先說「對不起，麻煩您了」？
10. 發生疏忽或不妥時，是否向賓客道歉？
11. 對告別結帳離座的賓客，是否說「謝謝」？
12. 接受點菜時，是否仔細聆聽並覆述？
13. 能否正確地解釋菜單？
14. 能否向賓客提出建議並進行適時推銷？
15. 能否根據點菜單準備好必要的餐具？
16. 斟酒是否按照操作規程進行？
17. 遞送物品是否使用托盤？
18. 上菜時，是否介紹菜名？
19. 賓客招呼時，能否迅速到達桌旁？
20. 撤換餐具時，是否發出過大聲響？
21. 是否及時、正確地更換煙灰缸？
22. 結帳是否迅速、準確、無誤？
23. 有否檢查賓客失落的物件？

24.是否在送客後馬上翻台？

25.翻台時，是否影響週圍賓客？

26.翻台時，是否影響作規程作業？

27.與賓客談話是否點頭行禮？

28.是否能根據菜單預先備好餐具及佐料？

29.持杯時，是否只握住下半部？

30.領位、值台、上菜、斟酒時的站立、行走、操作等服務姿態是否符合規程？

就餐環境檢查

1.玻璃門窗及鏡面是否清潔、無灰塵、無裂痕？

2.窗框、工作台、桌椅是否無灰塵和污漬？

3.地板有無碎屑及污痕？

4.牆面有無污痕或破損處？

5.盆景花卉有無枯萎、帶灰塵現象？

6.牆面裝飾品有無破損、污痕？

7.天花板是否清潔、有無污痕？

8.天花板有無破損、漏水痕跡？

9.通風口是否清潔，通風是否正常？

10.燈管、燈罩有無脫落、破損、污痕？

11.吊燈照明是否正常？吊燈是否完整？

12.餐廳溫度和通風是否正常？

13.餐廳通道有無障礙物？

14.餐桌、椅子是否無破損、無灰塵、無污痕？

15.廣告宣傳品有無破損、灰塵、污痕？

16.菜單是否清潔，是否有缺頁、破損？

17. 台料是否清潔衛生？

18. 背景音樂是否適合就餐氣氛？

19. 背景音樂音量是否過大或過小？

20. 總的環境是否能吸引賓客？

員工儀表儀容檢查

1. 服務員是否按規定著裝半穿戴整齊？
2. 制服是否合體、清潔？有無破損、油污？
3. 名牌是否端正地掛於左胸前？
4. 服務員的打扮是否過分？
5. 服務員是否留有怪異髮型？
6. 男服務員是否蓄鬍鬚、留大鬢角？
7. 女服務的頭髮是否清潔、乾淨？
8. 外衣是否燙平、挺括、無污邊、無褶皺？
9. 指甲是否修剪整齊、不露出於指頭之外？
10. 牙齒是否清潔？
11. 口中是否發出異味？
12. 衣褲口袋中是否放有雜物？
13. 女服務員是否塗有彩色指甲油？
14. 女服務員髮夾式樣是否過於花哨？
15. 除手錶戒指外，是否還戴有其他的飾物？
16. 是否有濃妝豔抹的現象？
17. 使用香水是否過分？
18. 襯衫領口是否清潔並扣好？
19. 男服務員是否穿深色鞋襪？
20. 女服務員著裙時是否穿肉色長襪？

工作紀律檢查

1. 工作時間是否紮堆閒談或竊竊私語？
2. 工作時間是否大聲喧嘩？
3. 工作時間是否有人放下手中的工作？
4. 是否有人上班時間打私人電話？
5. 有無在櫃檯內或值班區域內隨意走動？
6. 有無交手抱臂或手插入衣袋現象？
7. 有無在前台區域吸煙、喝水、吃東西現象？
8. 上班時間有無看書、幹私事行為？
9. 有無有賓客面前打哈欠、伸懶腰的行為？
10. 值班時有無倚、靠、趴在櫃檯的現象？
11. 有無隨背景音樂哼唱現象？
12. 有無對賓客指指點點的動作？
13. 有無嘲笑賓客失慎的現象？
14. 有無在賓客投訴時作辯解的現象？
15. 有無不理會賓客詢問？
16. 有無在態度上、動作上向賓客撒氣的現象？
17. 有無對賓客過分親熱的現象？
18. 有無對熟客過分隨便的現象？
19. 對賓客是否能一視同仁，又能提供個別服務？
20. 有沒有對老、幼、殘賓客提供方便服務？

66 店長如何改善服務的作法

一、設立服務品質的標準

若要改善服務品質，就必須事先清楚描繪出所希望服務人員之行為表現的模式，然後才能夠據以去評斷他們的表現。

當完成上述之工作底稿後，接著應對每一種職務的服務標準給予等級排序，並針對每種標準列出一種以上可觀察到的重要指標。

一旦獲得上述服務標準及其相關性的指標後，接下來則與現今經營管理與標準，予以對照考量是否契合。如果能更清楚地強調所要求的服務標準，員工將更能有效地提供出所期望的服務水準。

因此，為了清楚劃分出什麼是明確可計算的指標，什麼是無法計算的指標，表 66-1 詳盡加以列出，以比較兩者之差異性。

表 66-1 服務品質標準的重要手段

服務品質標準	重要指標例子
服務常是時機性	1. 顧客進入餐廳從下後，服務人員在 6 秒內趨前致意。 2. 西餐沙拉用完後，4～5 分鐘內上主菜。
服務動線順暢	1. 領櫃人員帶位時的權宜之計。 2. 在餐廳內每個服務區的服務環節先後進度不同。
制度可順應顧客的需求	1. 菜單可替換及合併點菜。 2. 顧客要求的事項，近 9 成是可以實現的。
預期顧客的需求	1. 主動替顧客添加飲料。 2. 主動替幼兒提供兒童椅。
與顧客及服務同仁做有效的雙向溝通	1. 每道菜都是顧客所點的菜。 2. 服務人員彼此間相互支援。
尋求顧客反應及意見	1. 服務人員至少問候 1 次用餐團體關於菜色或服務的意見。 2. 服務人員將顧客意見轉述給經理人。
服務流程的督導	1. 每個服務樓面有 1 位主管現場督導。 2. 現場主管至少與每桌顧客接觸問候 1 次。
服務人員表現出正面的服務態度	1. 服務人員臉上常掛著微笑。 2. 服務人員百分之百友善地對待顧客。
服務人員表現出正面的肢體語言	1. 與顧客交談時，必須雙眼正視對方。 2. 服務員的雙手盡可能遠離顧客的臉部。

續表

服務人員是發自內心來關心顧客	1. 每天至少有 10 位顧客提及服務良好。 2. 顧客指定服務人員。
服務人員做有效的菜色推薦	服務人員對每桌的顧客所點每道菜的特色能做正確的說明。
服務人員是優良的業務代表	除主菜這外，建議再點 1 道菜(例如飯後甜點、飯後酒、開胃菜)。
服務人員說話語調非常的友善、親切	主管認為服務人員的說話語調是滿分的。
服務人員使用適時合宜的語言	使用正確的語法，避免用俚語。
稱呼顧客的名字	顧客用餐中，至少稱呼其名 1 次。
對於顧客抱怨處理得當	所有抱怨的顧客都可以得到滿意的解決。

二、服務品質加以評估

在進行服務評估前，得先釐清現行提供給客人的服務如何？如何去衡量？

因此，亦即找出現行的服務準則，並指出現行服務標準的服務及弱勢點，藉此反映問題的癥結所在，同時也可比較出提供客人服務現行標準與理想期望值之間的差距。尤其身為餐飲業經理人或業主，必須將服務的一般觀念，轉換成為具體的服務手法，並加以排序其重要性。

表 66-2 服務評估範例

服務動線的整合	投入性
1. 每桌服務流程的步驟不同 2. 服務人員服務步調大方穩重。 3. 廚房或吧台準時遞送商品。 4. 顧客於特定時間內獲得服務。	1. 當顧客標中尚餘四分之一的飲料時，已要求多加另一杯飲料。 2. 隨時可提供確切的東西或設備。 3. 顧客無需要求任何種類的服務，服務人員已自動提供
時機性	**微笑的肢體語言**
1. 顧客入座後 6 秒內，即有服務人員趨身向前招呼。 2. 顧客點酒後 3 分鐘內即送上。 3. 主菜於沙拉碗用比後 3 分鐘內上桌。 4. 於最後一道菜收拾畢後，3 分鐘內給帳單。 5. 顧客用餐完畢離席後，桌面重新擺設，於 1 分鐘內完成。	1. 全體服務人員符合工作時的服裝儀容標準。 2. 全體服務人員面帶微笑。 3. 舉止行為文雅、平穩、收斂、有精神的。 4. 在顧客面前不抽煙、嚼口香糖。 5. 與顧客交談時，雙眼注視對方。 6. 手臂動作收斂。 7. 臉部表情適當。
順應性	**友善的語調**
1. 菜色順應顧客要求而調整。 2. 將特殊顧客的要求轉達給經理。 3. 順應行動不便顧客的要求。 4. 特殊節慶的認定及處理。	服務人員說話語氣隨時保持精神充沛及熱忱。 · 剛開始當班時 · 當班期間 · 快下班時

續表

督導	顧客反應
1. 餐廳樓面隨時可見一位經理於現場督導。 2. 經理親自處理顧客抱怨問題。 3. 經理當班時徵詢用餐顧客的意見。	1. 上菜後 2 分鐘內詢問顧客意見。 2. 要求顧客於用餐完畢後給予評語。
雙向溝通	**肯定的態度**
1. 服務人員填寫菜單時，字跡清晰、整齊，使用正確的簡寫。 2. 服務人員說話語氣清楚。 3. 服務人員具備傾聽技巧。	1. 服務人員完全地表現出愉悅及協調性。 2. 服務人員完全地表現出高度服務的熱忱。 3. 服務人員樂於工作。 4. 服務人員相互合作無間。
有效的銷售技巧	**機智的用字**
1. 服務人員有效的推薦菜色，使得顧客充分瞭解商品特色。 2. 推薦某樣菜色時，服務人員可以說出其特色及其優點。	1. 遣辭用字正確。 2. 使用正確的方法。 3. 服務人員之間避免使用俚語。4. 服務人員之間避免摩擦。
稱呼客人的名字	**圓滑的解決問題**
1. 稱呼常客的名字。 2. 假如以某人登記訂位時，一律尊稱所屬之某團體。 3. 顧客使用信用卡結帳後，一律稱呼顧客的名字。	1. 抱怨的顧客在離開餐廳時，問題都能圓滿地解決。 2. 經理親自與抱怨的顧客洽談。 3. 問題的解決方式，能針對顧客的所提出的問題來解決。
關心	**備註**
1. 關心每桌顧客的不同需求。 2. 關心年長顧客的需求。 3. 尊重顧客消費額度。	評分：C→持續性的 I→非持續性的 N→不存在的

三、評估後的獎懲

下列有 3 種方法可提供經理人及服務人員，作為他們改善服務方法的參考：

1. 以服務品質的標準，作為平日工作表現的評估。
2. 將銷售記錄製表。
3. 鼓勵有建樹性的顧客意見。

四、獎勵的方式

1. 給予特殊或促銷項目某一比例的現金，回饋獎勵。
2. 給予一筆現金，獎勵某項的銷售成績。
3. 以銷售量為基準，給予某一比例的紅利。
4. 針對團體所共創之業績，可給予團體獎勵。
5. 制定利潤分享制度，來鼓勵團體共創業績。
6. 提供一瓶洋酒，以為當日洋酒銷售冠軍的獎勵。
7. 提供洋酒銷售總冠軍者，公假免費的品酒鑑賞研討會。
8. 在雞尾酒銷售最佳的當日，提供員工免費的雞尾酒試飲。
9. 提供 2 人 3 天 2 夜的渡假免費食宿招待。
10. 免費招待 2 人用餐。
11. 針對每月、每季最佳銷售人員，提供特殊的獎勵。
12. 給予文化活動的招待券。
13. 額外給予休假。
14. 給予禮券。

15.給予免費運動衣。

16.舉辦團體慶祝活動或郊外烤肉。

17.公佈得獎人姓名、事蹟。

18.贈予獎牌。

19.予以免費停車特權。

20.加薪。

21.團體旅遊

22.給予特殊成就標誌的別針。

23.給予優先選擇工作輪班時段。

24.交由主客予以口頭獎勵。

67 餐飲業的投訴處理

經營餐飲業不可能沒有顧客投訴，顧客投訴並不都是壞事。從某種意義上說，如果沒有投訴，餐廳將得不到顧客對出品品質和服務品質的回饋，那麼可以想像得到的結果是，這個餐廳的顧客越來越少，因為顧客不投訴，有意見不提出來，自然就會流失顧客，喪失市場佔有率。

因此，顧客投訴只要處理妥善，可以讓壞事變好事。大量的事實說明，餐飲管理者只要能夠妥善處理好顧客的投訴，不僅可以將壞事變成好事，而且還可以為餐廳贏得更多的聲譽。

一、引起投訴的原因

在餐廳服務運用中，雖然我們力求服務怎樣規範、標準和靈活多變，但顧客投訴卻總是不可避免的。引起顧客投訴的原因有很多，歸納起來，主要有如下 5 類：

1.產品品質是常見的投訴原因之一。如服務態度不好、服務流程不對、上菜速度沒有達到預定的要求、上菜操作不當、餐廳突發事故、在結帳中產生疑問等。

2.服務品質也是常見的投訴原因之一。如服務態度不好、服務流程不對、上菜速度沒有達到預定的要求、上菜操作不當、餐廳突發事故、在結帳中產生疑問等。

3.情緒不穩定是指顧客喝醉酒，或者是顧客自己心情不好，無事找事，只是想發洩一下。

4.誤會也是引起投訴原因的一種。例如價格說明不清楚、優惠說明不清楚等。

5.法律責任。例如在餐廳裏丟了錢包、摔傷了而引起法律訴訟。

二、處理投訴的基本流程

儘管每次顧客投訴的問題都不一要樣，但對餐廳來說，處理顧客投訴的基本流程卻是一樣的。

1. 認真傾聽

發生顧客投訴，管理者首先要認真傾聽顧客的訴說，瞭解事件過程的真相，判斷事件的性質。

認真傾聽很重要，它能夠讓顧客感覺到你所是在傾聽他的訴說，說明餐廳對他的重視，同時也表現了餐廳的誠意。通過傾聽，管理者可以迅速瞭解顧客投訴的過程，掌握事件的發展情形，從而判斷該次投訴的性質是屬於一般投訴還是特別投訴。

認真傾聽就是將注意力集中到顧客所說的話上，神情要專注，要面帶微笑，使顧客覺得你是可信的。

2. 分析原因

通過傾聽，管理者判斷出顧客投訴的性質，也就能分析出造成顧客的原因，知道這一點很重要，它說明了你應該怎樣處理這個顧客投訴。

引起顧客投訴的原因也許是錯綜複雜的，但無論是何種原因，既然顧客投訴了，管理者就不能回避，不能視而不見。如果你在傾聽中對某些環節不清楚，就要用恰當的方式向顧客提問，以便瞭解事情的真相。

不管是一般投訴還是嚴重的投訴，既然顧客投訴了，就不是一件小事情。管理者應當從中找出引起顧客投訴的原因，知道了原因，管理者就有解決問題的辦法了。此中，要特別注意被包含在表像內部的投訴原因，有些投訴表面看來是這樣，其實顧客投訴的目的不是他所說的那樣，這就需要管理者有一定的經驗和分析事物的能力。

3. 道歉

道歉是處理顧客投訴必要的流程。

無論何種原因引起的顧客投訴，管理者在處理時，第一時間應該是道歉。儘管有時並不是餐廳本身的錯，但在引起顧客不滿意這一點上，管理者應該代表餐廳或代表企業向顧客道歉。

其中，「得理也讓人」是值得所有餐飲管理者遵守的道理。

4. 處理投訴

處理投訴就是做出處理決定。

如果是出品品質方面的投訴，最佳的效果是給顧客換一個品種，而且是無條件的更換。有時管理者不應該太側重於成本方面的考慮，而應該側重於企業聲譽角度來考慮出品品質方面的投訴。

如果是服務品質方面的投訴，最佳的效果是贈一些啤酒或是水果，以撫平顧客的不滿。餐飲管理者要記住，顧客永遠都不會拒絕餐廳給予的優惠。

如果是其他方面的投訴，管理者應迅速做出反應，控制事態擴大，儘量不要影響其他客人的用餐。

每個餐廳、每位管理者在每一次的顧客投訴中的處理手法都不盡相同的，這裏沒有金科玉律，也沒有可以模仿的方法，只有值得借鑑的方法。

5. 保證措施

顧客投訴從某個側面反映了餐飲運作方面的問題，聰明的管理者應該懂得從每一次顧客投訴中，總結經驗，吸取教訓，並能夠想到，以後有什麼措施保證不再發生此類事情。

三、投訴的處理原則

為服務人員將客訴的問題、采分類的方式來歸納解決，並學習較為專業的處理問題技巧，視需要再委任公司高層人員協助處理，下分六大類。

1. 菜色與品質

中西餐較難以比照速食作業方式，達到全產品菜色的標準化，由於廚師的手藝，對產品的調配、制程、份量很難達到均一的程度，常常會導致客訴的發生。發生此類狀況的時點，多半集中在尖峰時段客滿或人手不足的情況下。此外，尤其以中餐廳發生的頻率較高。

解決要領：解釋、增補、更換。

2.金錢與差額

這多半與人為疏忽有關，無論業者使用的收銀系統是屬於手動或自動化設備(如 TEC 或 MICROS 系統)，由於找錢的關卡仍舊必須是人為的行為，多退少補的情形自然容易產生。

公司內部應訂定出各階層營運人員對於差額補退的處理規定，譬如服務人員差額補退的處理埃塞俄比亞，譬如服務人員界定僅能處理平均單價在 300 元左右的差額，經理人員可處理 1000 元以內的差額等等。當然這項流程必須檢核相關的帳目及單據，並應列入記錄，以理作為每日、每月結帳時的依據。

解決要領：檢核、補退、記錄。

3.食物中異物

無論異物的產生來自何處，發生狀況的同時，倘若影響顧客的安全，必須妥善保存剩餘產品的完整性，並即刻送醫。在事件未獲得澄清之前，不得擅自承認過失或否認錯誤，應以安撫為重點，盡速取得顧客的相關資料，向上呈報。但若為一般性異常食物的抱怨，則改以更換為主，以示對顧客用餐的負責行為。

解決要領：瞭解、更換、送醫。

4.設施與安全

地面不平、樓梯易滑、廁所馬桶故障、燈具故障等等，店內的設備與材料或多或少會因施工及使用年限的問題，而導致顧客使用的不便，甚至影響老年人或幼齡兒童的安全，除設法增設老弱殘障者的相關附屬設施外，一旦餐廳內遇有故障或損壞，應儘快替換。

解決要領：道歉、換修、記錄。

5. 清潔與服務

這是營運上訓練的問題，服務的準則與執行是否貫徹，是相當重要的事，執行是否貫徹，是相當重要的事。台灣餐飲業自外食產業導入後，除了品質提昇外，易遭人詬病的就是服務與衛生方面的問題，因此對於應對禮儀及清潔流程，應不斷加以檢測，以維持店內的紀律與形象。

解決要領：

⑴訓練、檢測、考核。

⑵對顧客所垢病的項目要立刻改善，並建立制度，以杜絕類似情形的發生。

6. 座位與時效

這種情形最易發生於地狹人稠的台北市區，小店鋪開發是未來餐飲經營的趨勢，但面臨日益增多的人口與顧客流量，只有以軟性及較為科學化的辦法來解決，如加強座位的週轉率、調解座位與空間的安排、餐點供應速度的提高。

解決要領：規劃、電腦作業、促銷。

四、客訴處理流程

聰明的餐飲業從業人員都知道，迅速處理顧客抱怨，並且處理得當，可以把原本不滿意的顧客變為最忠實的顧客，甚至成為常客。

所以在處理抱怨之前，應該先研究其發生的原因以及防止的方法。

1. 顧客抱怨發生的原因

⑴對於餐廳從業人員而言，產品的知識也許是一種簡單的常識，但對於顧客卻不儘然。常見的情形是，因為服務人員或櫃檯人員疏於說明，譬如新的菜色、新的促銷回饋案、新的設施使用方式等等，而導致顧客的不滿。

⑵菜色本身有缺陷、美中不足之處。

⑶整體的服務態度不佳。

⑷在餐廳內用餐或外帶、外送的產品叫制錯誤，打單失誤或是結帳錯誤所產生的不滿。

⑸店內的硬體設施設置不週，或有導致顧客使用危險之虞。

2. 防止顧客抱怨的方法

⑴使自己成為顧客喜歡而且信任的服務人員

一般顧客對於具有好感的服務人員，多半不會提出太多的責難，但是假如服務人員語氣不悅，或面露難色，造成顧客印象不佳，則顧客吹毛求疵或雞蛋裏挑骨頭的情形就較易產生。

⑵切記利用時間，主動進行問候性的訪問

等待顧客用餐完畢，以水杯、飲料或贈品的方式，與顧客閒聊、就座，並試問餐廳軟硬體方面的看法與建議，這種方式收效頗大。

⑶充分確認所提供出去的餐點完整性及金額

為避免其後衍生不必要的糾紛，惟有從店舖品質管理、收銀管制做起，執行覆核工作，以減少出錯的機率。

⑷預先分析各種抱怨的類型以及追蹤研製對各種應對的技巧。

累積經驗與教訓，是磨練的不二法門，每週、每月將結果定期宣導，是杜絕客訴的好方法。

3. 杜絕顧客抱怨的方法

⑴絕對避免辯解，並立即表示歉意。

⑵傾聽顧客說話，並且要有耐心聽完，切忌打斷。

⑶保持自信，並將顧客帶離用餐環境以免影響他人用餐。

⑷如果瞭解問題的原因乃為能力之所及，必須立即予以解決，力求迅速而確實。

⑸如遇問題非自己能力所及者，切莫推拖，先行簡述公司的基本政策，然後給予答覆的時間，作成記錄，呈報總公司或管理人員來處理。

⑹追蹤抱怨做成案例，詢問訪談不同的顧客，找出重覆發生的機率及種類。

68 餐飲業的店長管理手冊

第一章　概述

一、崗位職責

崗位名稱：店長。

行政上級：總經理。

業務督導：總部督導。

直接下級：助理、出納、採購、庫管。

崗位描述：全面負責店鋪的經營及管理工作。

二、工作內容

⑴按照總部統一管理要求組織本店的經營管理工作。

⑵執行總部的工作指示及其制定的各項規章制度，擬訂本店的工作計劃及工作總結。

⑶代表本店向總部做工作彙報，接受總部的業務質詢、業務考評、工作檢查及監督。

⑷營業高峰期的巡視，檢查服務品質、出品品質，並及時採取措施解決。

⑸嚴格實施有效的成本控制及對財務工作的監控，落實本店經營範圍內的合約的執行，控制本店的各項開支及成本消耗。

⑹對下屬員工實施業務考評與人才推薦，合理安排人事調動、任免。

⑺確保下屬員工的人身、財產安全。

⑻加強員工的職業道德教育，關心員工的生活，加強員工的業務技能培訓。

⑼協調、平衡各部門的關係，發現矛盾及時解決。

⑽負責門店的年檢，督促分店出納辦理員工的各類證件。

⑾負責店鋪的週邊關係協調。

⑿分析每日經營狀況，發現問題及時採取措施。

⒀負責根據分店的經營狀況，制訂行銷計劃，報總部審批後實施及配合總部實施整體行銷。

⒁負責建立無事故、無投訴、無推諉、無派系的優秀團隊。

三、工作流程

1. 日常工作流程

(1) A 班運行方式

06：00 上班

06：00 問候早班員工

查看店長日誌

檢查昨天營業記錄

安排當天工作日程

06：30 檢查開市前的衛生

檢查原材料的預備情況

07：00 開早餐督導

10：00 收貨、驗貨

11：00 吃午飯

與員工溝通

新員工培訓

11：30 開中餐

餐中督導

13：30 檢查 A 班、B 班員工工作銜接

安排早班員工下班

14：30 與晚班助理交接工作

訂貨

下班

(2) B 班運行方式(晚班運行方式)

14：30 上班，與早班經理交接工作

14：30 檢查庫存及備貨情況

15：00 收貨、驗貨

16：00 檢查開餐準備情況

安排員工工作

17：00 開晚餐

營業督導

20：00 進餐，員工溝通

21：00 準備打烊

22：00 檢查收市情況，訂貨

23：00 下班

2. 週期工作任務

查看營業週報表：每週。

衛生檢查：每週。

員工培訓：每週。

工作例會：每週。

安排員工大掃除：每週。

盤存：每月。

訂貨：每月。

查看營業月報表：每月。

安排下月工作計劃：每月。

第二章　組織管理

組織系統主要用來說明崗位設置，以及各崗位之間的縱向隸屬關係和橫向協作關係。

一、組織結構設計的三大原則

(1)一個上級的原則。每個崗位只有一個上級。

(2)責權一致的原則，每個崗位的職責和權力相一致。

⑶既無重疊，又無空白。沒有崗位沒人，沒有人沒事幹，沒有事沒人幹。

二、垂直指揮系統設計

垂直指揮系統是權力下放和收回權力的管道，各種命令、政策、指示、文件都是透過這個管道下達的，各種意見和建議也是透過這個管道回饋上去的。

1. 垂直指揮的原則

在公司，垂直指揮原則是服從原則和逐級原則，服從原則是指下級服從上級，逐級原則指的是越級檢查，逐級指揮，越級申訴，逐級報告。

2. 垂直指揮形式

店長和店鋪內所有管理人員都可以採取命令、會議和公文的形式對下級進行指揮。

三、橫向聯繫系統設計

組織系統的高效運作，一方面需要縱向的垂直指揮系統透過下達命令、組織會議、下達公文等形式來實施業務；另一方面還需要橫向聯絡系統進行協調，理清運作程序，理順協作關係，減少摩擦，提高效率。

第三章　考勤與排班管理

考勤與排班管理就是對員工的工作時間合理、有效地利用。店鋪的員工薪資是根據工時來核算的，因此，排班時應注意，一方面，要合理地安排合適的人員，保證服務和產品品質，另一方面要儘量控制成本。

一、排班的程序

（略）

二、排班的技巧

⑴首先要根據理論和經驗制定出一個可變工時排班指南，即按照員工的素質能力，以及那個時段的客流量，合理安排員工數量。

⑵然後預估每個時段的客流量，確定需要的人數。

⑶注意在每個時段內保證各個崗位有合適的人選。

⑷同一崗位注意新老員工的搭配。

⑸儘量滿足員工的排班要求。

三、人手不足時的對策

⑴延時下班。

⑵調整人員，人盡其才。

⑶電話叫人上班。

⑷利用非一線人員，如出納、庫管、電工等人員，

四、人員富餘時的對策

⑴提前下班，指已經上班但工作熱情不足的員工。

⑵培訓。

⑶電話叫人遲上班或不上班。

⑷做細節衛生。

⑸促銷，發贈品、傳單等。

⑹公益活動，掃大街、擦洗公共設施。

第四章　物料管理

物料包括原材料、輔料、半成品等食品用料，還包括各種機械設備、辦公用品等所有餐廳財產。店長在物料管理中的目的是減少浪費、保證供應等。

一、訂貨

1. 訂貨的依據

店長在訂貨時，要有全面準確地盤貨記錄，以及前期的物料使用情況。根據前期營業情況來預測營業額。

2. 訂貨原則

店長在訂貨時應當注意，適當的數量、適當的品質、適當的價格、適當的時間、適當的貨源。

3. 訂貨職能

⑴保持公司的良好形象及與供應商的良好關係。

⑵選擇和保持供貨管道。

⑶及早獲知價格變動及阻礙購買的各種變化。

⑷及時交貨。

⑸及時約見供應商並幫助完成以上內容。

⑹審查發票，重點抽查價格及其他項目與訂單不符的品種。

⑺與供應商談判以解決供貨事件。

⑻與配送中心聯繫，以保證供貨管道的暢通。

⑼比價購買。

二、進貨

1. 進貨流程

⑴核對數量。進量＝訂量。

⑵檢查品質。溫度，特別是對溫度敏感的食品；有效期；箱子的密封性；一致的大小形狀；味道；顏色；黏稠改變；新鮮度。

⑶搬運。先搬溫度敏感產品。

⑷存放。在進貨之前，店長要通知庫房預先整理好庫房。貨品存放時必須按照時間順序依次存放。

2. 訂貨量的計算

下期訂貨量＝預估下期需要量－本期剩餘量＋安全存量

預估下期需要量：根據預估下期營業額和各種原輔料萬元用量來計算。

預估本期剩餘量：根據庫存報告計算出來。

安全存量：就是指保留的合理庫存量，以備臨時的營業變化的需要。

3. 訂貨時間安排

原料：每日。

調料、乾貨：每月。

低值易耗：每週。

辦公用品：每月。

酒水、飲料：每月。

第五章　衛生環境管理

餐廳衛生按營業階段可分為餐前衛生、餐中衛生和收市衛生；按時間間隔可分為日常衛生、週期衛生和臨時衛生；按對象可分為環境衛生、傢俱衛生、餐具用具衛生、電器及其他設備衛生；按場所可分為室外衛生、進餐區衛生、洗手間衛生、收銀台衛生、備餐間衛生及其他區域衛生。

一、日常衛生

指每天要清潔一次以上的衛生，也指營業中隨時要做的清潔工作，如掃地、擦桌子、洗餐具等。店長要制定《崗位日常清潔項目標準》，向員工培訓《崗位衛生工作流程》、《清潔衛生工作細則》，使員工的清潔衛生工作達到規定要求。清潔衛生工作的有關規範可參見《服務培訓手冊》日常衛生要抓好檢查關，餐廳管理人員每天都要抽查衛生工作。

二、週期衛生

也稱計劃衛生，一般指間隔兩天以上的清潔項目，由於餐廳的營業性質是不間斷營業，因此，店長要根據計劃衛生的內容制定週期衛生安排表，由專人負責安排和檢查，例如，窗簾每月 15 日清潔一次；人造花 10 日和 25 日清潔一次；地面每週五消毒一次等。週期衛生由於不是連續操作，容易忘記，所以要定好各項目的負責人，將《週期衛生工作表》張貼在工作信息欄。

三、衛生檢查

⑴建立三級檢查機制：員工自查；領班逐項檢查，可對照檢查表進行；部門負責人(助理)和店長抽查，對主要部位、易出問題的部位或強調過的部位重點檢查，抽查也可隨機進行。

⑵店長要對店面進行全面檢查，從門口停車場、迎賓區、進餐區、洗手間、備餐區、生產區等逐一巡視，對檢查出的問題要做好記錄並及時採取補救措施。

四、自助管理

餐廳的衛生工作較多，要求細緻，涉及幾乎所有前廳人員的工作，完全依靠檢查會增大管理的成本，而且仍會造成遺漏。所以要注重培養員工的責任意識和自我管理意識，如對衛生工作長期無差錯的員工給予衛生免檢榮譽等。

第六章　營業督導

一、督導的內容

1. 人員管理

根據不同的營業情況，調整人員數量。

觀察、瞭解員工的工作精神狀態，有必要作出相應調整。

檢查員工的工作技能，根據不同情況進行正式事後督導，如做記錄等。

評估員工的工作效率。

激發員工的積極性，關注有無違反公司制度的情況。

檢查工作中員工的儀容儀表。

2. 設備管理

觀察各種設備是否正常運行，如溫度、氣味、光線等。

檢查安全隱患：用電、用氣、設備等。

核實設備的維修、保養是否按計劃進行。

3. 物料管理

根據每日不同的營業狀況準備充足的營業物料。

營業中隨時關注物料的使用狀況，並作出相應的調整。

4. 服務管理

時刻關注客人反應，立即行動。

關注各崗位的工作狀況，是否按操作標準操作。

觀察各工作崗位之間、各班次之間的工作銜接。

5. 衛生管理

時刻關注重點衛生區域、衛生間、清洗間門口、洗手台區域。

檢查營業中受影響較大的部份，如地面、桌椅、餐具等。

6. 出品管理

上菜速度如何？是否有台位需要催單？

客人進餐時的感受如何？

出品是否符合標準？

二、一日督導流程

1. 餐前督導

即餐前檢查，主要檢查各部門的衛生工作(日常衛生和計劃衛生)、物品的準備工作、餐廳的裝飾佈置等。嚴格的檢查機制，可大大減少營業中的失誤，提高員工的責任心。

2. 餐中督導

檢查衛生的保潔、服務規範、出品品質。

環境品質：餐廳的溫度、光線、背景音樂、各崗位(檔口)人員到位。

衛生品質：地面有無垃圾、水跡？備餐櫃、餐車是否整潔？洗手間是否乾淨？

服務品質：服務人員的儀容儀表、服務流程、服務規範、服務效率。

出品品質：出品是否製作標準？出品是否及時、符合標準？營業預估量是否合適？

人員協助：各崗位工作的忙閑情況、人員是否需要調動？

關鍵部位：不同的營業時間要重點關注不同的崗位。營業剛開始時，觀察客人是否及時得到了服務；營業高峰在後廚和出品口，要保證出品順利；次高峰在收銀處、洗手間。餐中督導時，店長要與助理協調好督導的區域，以保證督導工作到位。

3. 收市督導

處於營業低峰，客人走的多，來的少，容易忽視客人，衛生也會出現問題，如地面水跡或因地面清掃給客人帶來不便等。

第七章　人員管理

人員管理始於人員招募，在於工作過程，止於人員離店。有效的人員管理能實現人力績效的最大化，為店鋪創造更多財富。

店長對人員管理的職責有以下幾方面。

保證店鋪人力資源能夠「人盡其才，才盡其用」。

店長負責人員招募與人員培訓。(人力資源協助)

在人員訓練的基礎上實施梯級的人員昇遷制度。

在制度、實務、操作層次上留住勝任工作的員工。

一、人力資源管理

1. 總部人事制度

連鎖總部的人事制度是對各加盟店人事政策所做的規定。店鋪人事管理包括：參與人員招募、實施人員訓練；執行薪資制度、福利制度、獎懲制度；合理使用與梯級昇遷。

2. 總部訓練制度

人員訓練是指讓自然人轉變為職業人的過程，貫穿於店鋪經營的全過程。店鋪訓練的根據是總部所擬定的訓練制度，包括新員工訓練，老員工訓練，基層管理人員、中層管理人員、高層管理人員所實施的梯級培訓規定。

3. 總部昇遷制度

總部昇遷制度是指在梯級訓練的基礎上經過考核、試用對員工和管理組所進行的梯級昇遷制度。

總部昇遷制度對人員晉昇依據、晉昇形式、晉昇形式、晉昇程序、晉昇待遇等都有明確規定，店長應注意梯級培訓制度與昇遷制度相結合運用。

二、人員基礎管理

1. 人員招聘

人員預算表、職務說明書、崗位說明書是人員招募的依據。店長在人員招募中的責任是：確定人員招募條件；選擇人員招募途徑；制定人員招募程序、參與人員具體招募。

店長在員工的招聘和挑選過程中肩負著很重的擔子，在員工招聘的過程中，店長要做的幾項重要工作如下。

⑴店長必須確定員工的工作任務，以及員工要做好工作所必須具備的條件。這一點，店長可以參照營業手冊中所制定的各個崗位的職務說明書確定。

⑵店長要熟悉招聘和甄選員工的基本步驟。

⑶店長要對應聘的員工進行挑選。不少飯店是採用「排隊頂替」的辦法來解決人力需求的。

⑷應付緊急需求辦法。解決緊急需求的問題的一個簡單辦法是手頭經常留有預先篩選過的基本上符合條件的求職者的卡片。這就是說，當有人進來找工作但一時沒有空缺時，可讓他填寫一份求職登記表，並對他進行非正式的面試。一旦出現空缺需要人員時，店長就可以查閱這些資料。

⑸制訂長期需求計劃。

①制訂人力需求計劃的步驟。制定餐廳目標，預估未來營業額。店長必須瞭解餐廳的發展目標，制訂年度的經營計劃，才能確定出具體的人力需求計劃和實施方案。

②對現有人員進行清理。確定了人力需求計劃之後，就需要在餐廳內部進行人員的「清理」。清理的對象可以是全體員工也可以是管理崗位的員工。這樣就可以在餐廳內部發現人才。

③預測人員的需求。透過人員需求分析，應該預測各種崗位需要的員工人數和類型。人員需求的預測需要依靠判斷、經驗和對長期預算目標及其他一些重要因素的分析。

④實施計劃。確定了人員需求的數量，就可以制訂招聘計劃，並在經營的過程中實施這些計劃。

2. 人員培訓

對招募的員工按培訓體系實施具體訓練。

(1)新員工培訓

大量的離職發生在員工入職後的前幾個星期或前幾個月，這表明員工的挑選和新員工的培訓工作十分重要。

員工開始工作時，一般熱情都很高，很積極，他們希望達到餐廳的要求。因此店長完全有責任利用新員工的這種早期願望使他們在新崗位上做好工作。

如果新員工的培訓工作做得不好，會使新員工感到管理人員不關心他們，他們並沒有找到一個理想的工作場所，他們的這種感覺很快會影響最初他們對一份新工作的熱情。

迎接新員工的步驟如下。

在新員工到達前店長應該確定好他的工作位置，並通知相關部門準備員工工作服、工具等工作用具。還可以安排一名有經驗的員工(訓練員)與新員工密切配合工作，訓練員必須真心願意幫助新員工適應新環境。

《員工手冊》中詳細介紹了餐廳的規章制度，諸如何時休息、何時發薪資等與員工息息相關的內容，在新員工學習《員工手冊》時，店長或者店長指派的訓練員應該隨時回答員工的問題。當新員工學習完了之後，店長應對《員工手冊》上的內容作一個簡單的口試，以確保學習的效果。

店長應該帶新員工熟悉工作場所，使新員工能區分各個不同的工種，碰到人要作介紹。一路上還可以向他指點員工休息室、更衣室等位置。

現在可以將新員工交給訓練員了，這名訓練員必須是即將與他在工作中密切配合的人。在第一天工作結束時，店長要看望一下新員工，並回答他提出的問題，同時對他的生活和前途表示一下關心。幾天後，可以安排一次與新員工的非正式會見，分析這幾天學習的進展情況。

⑵在崗培訓

培訓無論對新員工還是老員工都很重要。店長可以利用培訓向員工教授工作技巧，擴大他們的知識面，改變他們的工作態度。

在崗培訓的時間一般安排在上午 9：30～10：30 和 14：00～15：00。

⑶人員昇遷。

⑷人員流動。

⑸人員儲備。

第八章　財務管理

財務管理直接關係到店鋪營業收入、運營成本、運營費用。店長在財務管理工作上主要完成以下內容。

保證店鋪財務工作按總部及店鋪的規定進行。執行財務制度，防止違反制度的行為或事件發生。負責財務信息的處理與總部或上級保持信息溝通。發現財務問題及時制止和處理。

一、財務制度

財務制度是財務管理的基礎，店長應執行連鎖總部或店鋪制定的制度約定，即會計年度、會計基礎、成本計算、會計報告、會計科目、會計賬簿、會計憑證、處理準則、作業流程等。

二、成本管理

餐飲店的成本控制，其實也不難，只要科學合理制定相關制度並徹底執行它，再加上下面的控制策略，那就會更加得心應手。

1. 標準的建立與保持

餐飲店運營都需建立一套運營標準，沒有了標準，員工們各行其是；有了標準，經理部門就可以對他們的工作成績或表現，作出有效的評估或衡量。一個有效率的營運單位總會有一套運營標準，而且會印製成一份手冊供員工參考。標準制定之後，經理部門所面臨的主要問題是如何執行這種標準，這就要定期檢查並觀察員工履行標準的表現，同時借助於顧客的反應來加以檢驗。

2. 收支分析

這種分析通常是對餐飲店每一次的銷售作詳細分析，其中包括餐飲銷售品、銷售量、顧客在一天當中不同時間平均消費額，以及顧客的人數。成本則包括全部餐飲成本、每份餐飲及勞務成本。每一銷售所得均可以下述會計術語表示：毛利邊際淨利(毛利減薪資)以及淨利(毛利減去薪資後再減去所有的經常費用，諸如房租、稅金、保險費等)。

3. 菜品的定價

餐飲成本控制的一項重要目標是為菜品定價(包括每席報價)提供一種適當的標準。因此，它的重要性在於能借助於管理，獲得餐飲成本及其他主要的費用的正確估算，並進一步制定合理而精密的餐飲定價。菜品定價還必須考慮顧客的平均消費能力、其他經營者(競爭對手)的菜單價碼，以及市場上樂於接受的價碼。

4. 防止浪費

為了達到運營業績的標準，成本控制與邊際利潤的預估是很重要的。而達到此一目標的主要手段在於防止任何食品材料的浪費，而導致浪費的原因一般都是過度生產超過當天的銷售需要，以及未按標準食譜運作。

5. 杜絕欺詐行為的發生

監察制度必須能杜絕或防止顧客與本店店員可能存在的矇騙或欺詐行為。在顧客方面，典型而經常可能發生的欺詐行為是：用餐後會乘機偷竊而且大大方方地向店外走去，不付賬款；故意大聲宣揚他的用餐膳或酒類有一部份或者全部不符合他點的，因此不肯付賬；用偷來的支票或信用卡付款。而在本店員工方面，典型欺騙行為是超收或低收某一種菜或酒的價款，竊取店中貨品。

三、費用管理

在餐飲店成本中，除了原料成本、人力資源之外，還包括許多項目，如固定資產折舊費、設備保養維修費、排汙費、綠化費及公關費用等。這些費用中有的屬於不可控成本，有的屬於可控成本。這些費用的控制方法就是加強餐飲店的日常經營管理，建立科學規範的制度。

1. 科學的消費標準

屬於成本範圍的費用支出，有些是相對固定的，如人員薪資、折舊、開辦費攤銷等。所以，應制定統一的消耗標準。它一般是根據上年度的實物消耗額度以及透過消耗合理度的分析，確定一個增減的百分比，再以此為基礎確定本年度的消費標準。

2. 嚴格的核准制度

店鋪用於購買食品飲料的資金，一般是根據業務量的儲存定額，由店長根據財務報表核定一定量的流動資金，臨時性的費用支出，也必須經店長同意，統一核准。

3. 加強分析核算

每月店長組織管理人員定期分析費用開支情況，如要分析計劃與實際的對比、同期的對比、費用結構、影響因素的費用支出途徑等。

四、營業信息管理

監察制度的另一項重要作用是提供正確而適時的信息，以備製作定期的營業報告。這類信息必須充分而完整，才能作出可靠的業績分析，並可與以前的業績分析作比較，這在收入預算上是非常重要的。

1. 營業日報分析

營業日報表全面反映了店鋪當日及時段的營運績效，是營運走勢控制、人員控制、費用控制的重要依據。營業日報分析包括營業額總量分析、營業額結構分析、營業額與人力配比分析、營業額與能源消耗比率分析、營業額與天氣狀況分析、營業額與其他因素分析等內容。

2. 現金報告分析

每日現金報告是店鋪每日營業額現金的永久記錄，是分析每日、每週、每月和每年營運績效的工具。店長負責檢查每日現金報告的填寫。現金報告的填寫應以收銀機開機數、收機數、錯票數為依據。

3. 營業走勢分析

匯總特定時期的營業日報，運用曲線圖或表格的形式呈現，店長很容易把握每週營業走勢、每日飯市走勢。透過對店鋪營業走勢分析，店長可根據營業走勢擬訂相應的拉動和推動銷售策略，以實現營業額的穩中有昇。

4. 營業成本分析

將店鋪應達到的目標成本與實際成本相比較，找出差異並進行控制。差異是由實際成本不準確、店鋪安全有問題、不正確調校與運作、生產過程控制較差、不正確的生產程序、缺乏正確的職業訓練、處理產品的程序不當等原因造成。根據差異制訂出店鋪減少或消除差異的行動計劃，包括：提昇營業額預估與預貨的準確性；控制食品成本和相關成本；嚴格執行生產過程控制計劃；杜絕生產過程的跑、冒、滴、漏現象。

5. 營業費用分析

營業費用分析也是透過費用標準與實際消耗的比較實現的，主要是對可控費用的分析。費用成本差異主要是由內部管理不善造成的，因而可透過強化管理來改進。

69 速食店的店長工作手冊

一、店長的身份

⑴公司營業店的代表人。從你成為店長的一刻起，你不再是一名普通的員工，你代表了公司整體的形象，是公司營業店的代表，你必須站在公司的立場上，強化管理，達到公司經營效益的目標。

⑵營業額目標的實現者。你所管理的店面，必須有盈利才能證明你的價值，而在實現目標的過程中，你的管理和以身作則，將是極其重要的，所以，營業額目標的實現，50%依賴你的個人的優異表現。

⑶營業店的指揮者。一個小的營業店也是一個集體，必須要有一個指揮者，那就是你，你不但要發揮自己的才能，還要負擔指揮其他員工的責任，幫助每一個員工都能發揮才能，你必須用自己的行動來

影響員工，而不是讓員工影響你的判斷和思維。

二、店長應有的能力

⑴指導的能力。是指能扭轉陳舊觀念，並使員工發揮最大的才能，從而使營業額得以提高。

⑵教育的能力。能發現員工的不足，並幫助員工提高能力和素質。

⑶數據計算能力。掌握、學會分析報表、數據，從而知道自己店面成績的好壞。

⑷目標達成能力。指為達成目標而須擁有的組織能力和凝聚力，以及掌握員工的能力。

⑸良好的判斷力。面對問題有正確的判斷，並能迅速解決。

⑹專業知識的能力。對於你所賣商品的瞭解和營業服務時所必備的知識和技能。

⑺營業店的經營能力。指營業店經營所必備的管理技能。

⑻管理人員和時間的能力。

⑼改善服務品質的能力。指讓服務更加合理化，讓顧客有親切感、方便感、信任感和舒適感

⑽自我訓練的能力。要跟上時代提昇自己，和公司一起快樂成長。

⑾誠實和忠誠。

三、店長不能有的行為

⑴越級彙報，擅作主張(指突發性的問題)。

⑵推卸責任，逃避責任。

⑶私下批評公司，抱怨公司現狀。

⑷不設立目標，不相信自己和手下員工可以創造營業奇蹟。

⑸有功勞時，獨自享受。

⑹不擅長運用店員的長處，只看到店員的短處。

⑺不願訓練手下，不願手下員工超越自己。

⑻對上級或公司，報喜不報憂專挑好聽的講。

⑼不願嚴格管理店面，只想做老好人。

四、店長一天的活動

1. 早晨開門的準備(開店前半小時)

①手下員工的確認：出勤和休假的情況，以及人員的精神狀況。

②營業店面的檢查：存貨的覆核、新貨的盤點、物品的陳列、店面的清潔、燈光、價格、設備、零錢等狀況。

③昨日營業額的分析：具體的數目，是降是昇(找出原因)、尋找提高營業額的方法。

④宣佈當日營業目標。

2. 開店後到中午

⑴今日工作重點的確認，今日營業額要做多少，今日全力促銷那樣產品。

⑵營業問題的追蹤(設備修理、燈光、產品排列等)。

⑶營業店近期的商品進行銷售量/額比較。

⑷今天的營業高峰是什麼時候？

3. 中午

輪班午餐。

4. 下午(1：00～3：00)

⑴對員工進行培訓和交談，鼓舞士氣。

⑵對發現的問題進行處理和上報。

⑶四週同行店的調查(生意和我們比較如何)。

5. 傍晚(3：00～6：00)

⑴確認營業額的完成情況。

⑵檢查店面的整體情況。

⑶指示接班人員或代理人員的注意事項。

⑷進行訂貨工作，和總部協調。

6. 晚間(6：00 至關門)

⑴推銷產品，盡力完成當日目標。

⑵盤點物品、收銀。

⑶製作日報表。

⑷打烊工作的完成。

⑸做好離店的工作(保障店面晚間的安全)。

五、店長的權限

1. 從業人員的管理

⑴出勤的管理：嚴禁遲到、早退，嚴格遵守紀律。

⑵服務的管理：以優質的服務吸引回頭客。

⑶工作效率管理：不斷提高每個員工的工作速度和工作品質。

⑷對不合格的管理。一般分兩種情況：對不合格的員工進行再培訓；對無藥可救的員工進行辭退工作。

2. 缺貨的管理

缺貨是造成營業額無法提昇的直接原因，所以，在下訂單時，必須考慮營業的具體情況。每隔一段時間，應有意識地增加訂貨數量，以避免營業額原地不動或不斷滑坡。

3. 損耗的管理

損耗分為內部損耗和外部損耗。

店長必須明白損耗對於盈利的影響是極其嚴重的，在商品的經營中，每損耗一元錢，就必須多賣出 3～5 元的物品才能彌補損失，所以控制損耗，就是在增加盈利。

(1) 內部損耗

營業店主要以收取現金為主，是門店的主要收入。如果在收銀的環節上，由於人為的因素而造成損耗，將直接影響你所管理店面的營業額，其中最大的人為因素是偷竊現金或更為隱蔽地盜竊公司財物。

①當店員發生下列情況時，店長應提高警覺，觀察店員是否有損耗動機。

· 員工沒有請假就擅自離開門店。

· 店員無證據卻懷疑他人不誠實。

· 收銀機內零錢過多(或當天收銀不進銀行)。

· 店員的工作態度異常。

· 店員抱怨報表難以和現金收支核對起來。

· 店員抱怨收銀機有問題。

當發生以上問題時，店長應及時調查，發現問題的根本原因，並迅速解決。

②店員誤入歧途時，有以下幾種表現。

· 先進短溢，所收現金總是少於報表數額，甚至為了配合現金收入製作虛假報表。

· 產品短缺，所收商品數目或結算核查數目時總和報表數目不符。

· 員工自己購物，通常將高價物以低價購入。

· 員工給顧客找零時，故意少給。

· 店員監守自盜。

· 開門和關門時偷竊產品。

· 下班或輪休時，偷竊產品或現金。

當發生以上情況時，第一要抓住有利證據，第二要堅決開除（上報公司後執行）。

③作業疏忽產生損耗。

· 價格牌放置或標識錯誤。

· 賬目檢查錯誤。

· 店門沒鎖好。

· 物品有效期已過。

⑵外部損耗

①供貨、搬運或勾結員工造成的損耗。

· 出貨單有改過的痕跡。

· 出貨單模糊不清。

· 在沒有點收之前，產品上了貨櫃。

· 搬運工快速點收自己送來的產品，並留下出貨單。

· 不讓營業員仔細點收。

· 產品進入店面時，不通知店員。

· 搬運工快速給店員或店長免費樣品，施小恩小惠。

· 企圖威脅檢查他的店員。

・店員私自向工廠訂貨。

・店員對他的工作不快或對公司強烈不滿。

・員工有不尋常的財務壓力。

②訂貨和驗收不當造成的損耗。

・應該訂貨的產品未訂貨，而不該訂貨的卻訂了。

・沒有驗收品名、個數、品質、有效期、標籤。

・忘記將驗收好的產品上架。

解決的方案如下。

——訂貨要適量，但一段時間要有意識多訂一些數目，以提高營業額。

——訂貨前，要嚴格檢查存貨量和賣出量。

——參考以前的訂單。

——單筆大訂單，應當追蹤情況。

——核對送貨的出貨單。

——問題產品一律拒收，拒收產品應寫明原因並同時簽下送貨和店長的名字。

——暫時沒有出貨單的產品，必須記下產品的名稱數目，以便日後核對。

③退貨處理不當造成的損耗。

・商品的保質期已過的必須退貨。

・髒、破損的產品必須退貨。

・沒有訂貨而送到的(除新產品、有通知外)必須退貨。

・退貨單要和實際數目相符，一起送到總部，不能私自處理。

・對由人員故意損壞而造成的退貨，要追究當事人責任。

④商品被顧客偷竊的損耗。

· 顧客帶大型的包進店。

· 顧客攜帶物品離店，沒有付錢。

· 顧客邊走邊吃，不付錢。

· 顧客數人一起進店購物，掩護偷竊。

遇到以上情況，店員應隨時注意，主動上前服務，以降低偷竊機會。

⑤作業錯誤的損耗。

· 其他營業調貨產品沒有記錄。

· 對顧客的賠償沒有記錄。

· 對顧客的優惠沒有記錄。

· 臨時退、換貨沒有記錄。

· 促銷商品沒有記錄。

· 自身用的各類易損耗品沒有記錄(如掃帚、抹布等)。

⑥搶劫而造成的損耗。

防止搶劫是夜間營業的必知事項。

· 店面要明亮。

· 收銀機僅保持一定的現金。

· 夜間燈光要開亮。

· 保持警覺性。

發生搶劫，應注意事項如下。

· 聽從劫匪指示。

· 保持冷靜、不驚慌。

· 仔細觀察劫匪特徵：年齡、性別、外貌、服色、衣著、身高、車子、車牌等。

· 事後第一時間報警，維護保持現場，對在場的人，做好劫匪搶劫過程的筆錄。

· 同時通知上級(不要越級通知)，暫停營業，張貼內部調整的通告。

· 靜待警方和上級的意見。

⑦意外事件造成的損耗。

· 火災。

· 水災。

· 風災。

· 停電。

· 打架鬥毆。

· 人員意外受傷。

發生以上情況，店長應彙報直接上級後，再找相關人員解決問題。

4. 收銀的管理

⑴收銀操作不能誤輸、錯輸。

⑵收銀機清零要由店長負責。

⑶收銀的現金如和賬目不符，應找出原因。

⑷收回的現金要安全保存。

⑸收銀要防止個別員工的偷竊行為。

5. 報表的管理

⑴報表填寫必須正確，簽名後不能更改。

⑵要仔細，發現塗改要問明原因。

⑶報表錯誤，要嚴格審查。

· 那些賣得好。

· 那些賣得不好。

· 找出原因。

6. 衛生管理

衛生包括店內衛生和店外衛生。

⑴店內的衛生必須隨時清掃，讓顧客有一塵不染的感覺，顧客才會有好感，並再次光顧。

⑵店外的衛生，也要主動清掃，以免妨礙顧客的走動。

清潔衛生是做好工作的重要條件，現代的門店競爭越來越激烈，所以，必須將清潔衛生做得比別人更好，才能吸引顧客。

7. 促銷的管理

⑴促銷前

①促銷宣傳單張、海報、POP 等是否發放。

②所有店員是否知道促銷活動的各項細節。

③促銷產品是否供應充足。

④促銷產品價格是否已經改動。

⑵促銷中

①產品陳列是否吸引人。

②顧客是否注意促銷商品的 POP。

③促銷產品的品質是否良好。

④店面佈置是否突出了促銷氣氛。

⑤整個促銷是否有吸引顧客的效果。

⑥促銷中的收銀是否發生問題。

⑶促銷後

①過期的海報、POP、宣傳單張(DM)等是否撤下。

②產品是否恢復原價。

③促銷是否達到預期目標。

④有什麼可以改進。

8. 培訓的管理

對於新店員和不合格的店員必須進行培訓。

(1)訓練的方式

①就職前訓練：講授、觀摩、試做、見習、討論、實做。

②就職後訓練：指示、示範、研究、競賽、總結、評分。

(2)訓練的項目

①服裝、儀容、禮儀。

②正確的服務態度、服務心態。

③溝通技巧。

④正確的職業道德。

⑤衛生的理解——店面清潔。

⑥各類工具的使用方法。

⑦熟悉各種產品。

9. 獎懲的管理

對於優秀的店員，要及時進行口頭和物質的獎勵。有時，口頭的鼓勵往往能振奮人心。

對於不合格的員工，要及時處罰，包括口頭上的批評、幫助他認識錯誤，以及扣錢的處罰。

獎懲的及時正確，可以幫助店長樹立威信，更好地完成營業任務。

對於獎懲的處置，店長應及時和上級溝通，以得到上級支持。

10. 目標的管理

從事營業銷售，一定要制定目標，沒有目標，營業額不會提高，制定目標時要相信自己和整個店面的能力。相信自己可以帶領員工創造別人意想不到的效果。

(1)大多數人不能達到目標是因為有心理障礙，認為自己辦不到。

⑵目標不能脫離現實。

⑶目標不能徘徊不前。

⑷要從店面是否盈利的角度制定目標。

11.情報的管理

⑴密切注意四週同行店的動向。

⑵同行店有什麼產品暢銷的，應及時彙報。

⑶注意人流變化和四週居民的變化。

⑷收集同行的各類信息(銷售額、房租、薪資等)。

⑸收集顧客意見。

· 來店次數。

· 從家裏到本店需要多少時間。

· 光臨本店的原因。

· 對本店產品的感覺和建議。

· 對本店服務的感覺和建議。

· 對本店不滿的地方。

收集情況應不動聲色，留心收集。

收集的情況應及時彙報上級，讓上級可以作出適當調整。

12.投訴的管理

⑴一般顧客投訴的項目

①產品變質、變味、損壞、有異物。

②收銀員缺乏訓練，結賬時間過久。

③營業員或裱花師沒有穿工作服。

④產品缺貨。

⑤產品陳列、價格不合理、標價不明確。

⑥店員態度不友善。

⑦產品標名與實物不符。

⑧對顧客的詢問，拒而不答。

⑨對產品的性質，一無所知。

⑩產品裝袋技術太差。

⑪店員拋下顧客，做個人社交活動。

(2)處理顧客投訴的方法

①絕對不和顧客爭執，如果你贏得了一場爭執，你便會失去一位顧客。

②學會傾聽，瞭解事件的過程。

③如果錯在己方，一定要真誠地道歉，對給顧客帶來得麻煩要將心比心。

④即使錯在對方，也要委婉地告訴顧客可能問題真正的原因，並感謝顧客對本店的信任。(如果不信任，顧客就不會來投訴了。)

⑤記錄下顧客的個人資料，對於當場無法解決的問題，應告訴顧客一個明確的解決時間。

⑥彙報上級，並附上自己的意見。

13.突發事件的管理

(1)突發事件，店長應保持冷靜。

(2)以安全第一的原則，阻止事件的發展。

(3)第一時間通知上級和有關部門。

(4)盡店長職責，維護店面形象和公司的利益。

(5)在力所能及的範圍裏，第一時間獨立處理。

14.降低成本的管理

成本分為人員成本和營業成本。

(1)店面必須時刻注意電力、水力、電話的浪費。

⑵在合理範圍裏，儘量以最少的人力經營店面。

⑶對於辦公用品，紙張要嚴格控制、專人保管。

⑷預防突發事件，特別是火災。

15.安全的管理

許多情況下，損耗是由於忽視安全而造成的。

⑴店面安全：防火、防水、防風、防盜竊。

⑵人員安全：防止店員因不必要的意外而受傷。

16.和總部的聯繫

產品的數量和品質的好壞，直接影響店面的營業額。

所以，店長有時必須要直接找到具體的生產負責人，闡述自己的觀點及想法，從而提高產品的品質，保證產品的數量。

17.店面設備的管理

⑴店面設備要每天清潔。

⑵設備要懂得使用及維護，在不懂的情況下，絕不能亂動設備。

⑶設備一旦損壞，應立即通知上級，派人修理，並跟蹤整個過程，直到修好。

⑷店面設備要定期清點，發現遺失，須找出原因。

⑸店面設備發現異常，應及時反映，檢修。

18.保密管理

⑴對店面的營業額、房租、薪資等要嚴格保密。

⑵對本店的店長手冊須嚴格保密。

⑶對本店的經營狀況和趨勢要嚴格保密。

⑷對本店產品的生產過程要嚴格保密。

⑸對本公司的內部信息、資料嚴格保密。

保密工作應以警覺為宗旨，一切不利於店面發展和經營的信息都應保密，甚至對店員也適當保密，以防無意洩密。

六、店長的自我檢查

1. 開店前

⑴店員是否正常出勤。

⑵店員是否按平日計劃預備工作。

⑶店員的服裝儀容是否依照規定。

⑷產品是否及時送到。

⑸產品是否陳列整齊。

⑹產品陳列是否有品種遺漏。

⑺標價牌是否做錯。

⑻入口處、營業區是否清潔。

⑼地面、玻璃、收銀機、設備等是否清潔。

⑽燈光是否適宜。

⑾收銀找零是否準備充足。

⑿包裝材料是否準備充足。

⒀前一日報表是否做好，送出。

⒁產品盤點是否無誤。

⒂產品是否缺貨。

⒃產品品質有無檢查。

⒄通道是否暢通。

⒅櫃台內是否有店員。

⒆陳列是否過多。

⒇如有促銷，促銷準備工作是否完成。

⒇店員是否只顧聊天或做私事。

(22)海報、壁報、營業衛生執照是否完成。

(23)貨櫃是否清潔、冰櫃有無積水。

(24)前一日營業額達成狀況的分析。

2. 開店中

⑴服務用語是否親切。

⑵地面、入口、桌面是否清潔。

⑶冰櫃是否夠冷。

⑷招牌燈是否須打開(視天氣情況)。

⑸燈光是否充足。

⑹產品擺放是否整齊。

⑺暢銷產品是否足夠。

⑻店員是否有異常表情和態度。

⑼交接班是否正常。

3. 關店

⑴是否有顧客滯留。

⑵收銀機是否清零。

⑶現金是否放置恰當。

⑷報表是否製作。

⑸營業額是否達成目標。

⑹店面是否保持清潔。

⑺電力、水力、煤氣是否關閉。

⑻保安措施是否完備。

⑼離店前店員是否異常。

七、店長的考核

⑴營業額完成情況。

⑵營業額上昇趨勢。

⑶店面服務品質。

⑷店面的清潔程度。

⑸店員的精神狀況。

⑹營業損耗的降低。

⑺對公司的忠誠度。

146	主管階層績效考核手冊	360 元
147	六步打造績效考核體系	360 元
148	六步打造培訓體系	360 元
149	展覽會行銷技巧	360 元
150	企業流程管理技巧	360 元
152	向西點軍校學管理	360 元
154	領導你的成功團隊	360 元
155	頂尖傳銷術	360 元
160	各部門編制預算工作	360 元
163	只為成功找方法，不為失敗找藉口	360 元
167	網路商店管理手冊	360 元
168	生氣不如爭氣	360 元
170	模仿就能成功	350 元
176	每天進步一點點	350 元
181	速度是贏利關鍵	360 元
183	如何識別人才	360 元
184	找方法解決問題	360 元
185	不景氣時期，如何降低成本	360 元
186	營業管理疑難雜症與對策	360 元
187	廠商掌握零售賣場的竅門	360 元
188	推銷之神傳世技巧	360 元
189	企業經營案例解析	360 元
191	豐田汽車管理模式	360 元
192	企業執行力（技巧篇）	360 元
193	領導魅力	360 元
198	銷售說服技巧	360 元
199	促銷工具疑難雜症與對策	360 元
200	如何推動目標管理(第三版)	390 元
201	網路行銷技巧	360 元
204	客戶服務部工作流程	360 元
206	如何鞏固客戶（增訂二版）	360 元
208	經濟大崩潰	360 元
215	行銷計劃書的撰寫與執行	360 元
216	內部控制實務與案例	360 元
217	透視財務分析內幕	360 元
219	總經理如何管理公司	360 元
222	確保新產品銷售成功	360 元
223	品牌成功關鍵步驟	360 元
224	客戶服務部門績效量化指標	360 元

226	商業網站成功密碼	360 元
228	經營分析	360 元
229	產品經理手冊	360 元
230	診斷改善你的企業	360 元
232	電子郵件成功技巧	360 元
234	銷售通路管理實務〈增訂二版〉	360 元
235	求職面試一定成功	360 元
236	客戶管理操作實務〈增訂二版〉	360 元
237	總經理如何領導成功團隊	360 元
238	總經理如何熟悉財務控制	360 元
239	總經理如何靈活調動資金	360 元
240	有趣的生活經濟學	360 元
241	業務員經營轄區市場（增訂二版）	360 元
242	搜索引擎行銷	360 元
243	如何推動利潤中心制度（增訂二版）	360 元
244	經營智慧	360 元
245	企業危機應對實戰技巧	360 元
246	行銷總監工作指引	360 元
247	行銷總監實戰案例	360 元
248	企業戰略執行手冊	360 元
249	大客戶搖錢樹	360 元
252	營業管理實務（增訂二版）	360 元
253	銷售部門績效考核量化指標	360 元
254	員工招聘操作手冊	360 元
256	有效溝通技巧	360 元
258	如何處理員工離職問題	360 元
259	提高工作效率	360 元
261	員工招聘性向測試方法	360 元
262	解決問題	360 元
263	微利時代制勝法寶	360 元
264	如何拿到 VC（風險投資）的錢	360 元
267	促銷管理實務〈增訂五版〉	360 元
268	顧客情報管理技巧	360 元
269	如何改善企業組織績效〈增訂二版〉	360 元
270	低調才是大智慧	360 元

272	主管必備的授權技巧	360 元
275	主管如何激勵部屬	360 元
276	輕鬆擁有幽默口才	360 元
278	面試主考官工作實務	360 元
279	總經理重點工作（增訂二版）	360 元
282	如何提高市場佔有率（增訂二版）	360 元
283	財務部流程規範化管理（增訂二版）	360 元
284	時間管理手冊	360 元
285	人事經理操作手冊（增訂二版）	360 元
286	贏得競爭優勢的模仿戰略	360 元
287	電話推銷培訓教材（增訂三版）	360 元
288	贏在細節管理（增訂二版）	360 元
289	企業識別系統 CIS（增訂二版）	360 元
290	部門主管手冊（增訂五版）	360 元
291	財務查帳技巧（增訂二版）	360 元
293	業務員疑難雜症與對策（增訂二版）	360 元
295	哈佛領導力課程	360 元
296	如何診斷企業財務狀況	360 元
297	營業部轄區管理規範工具書	360 元
298	售後服務手冊	360 元
299	業績倍增的銷售技巧	400 元
300	行政部流程規範化管理（增訂二版）	400 元
302	行銷部流程規範化管理（增訂二版）	400 元
304	生產部流程規範化管理（增訂二版）	400 元
305	績效考核手冊(增訂二版)	400 元
307	招聘作業規範手冊	420 元
308	喬・吉拉德銷售智慧	400 元
309	商品鋪貨規範工具書	400 元
310	企業併購案例精華(增訂二版)	420 元
311	客戶抱怨手冊	400 元

312	如何撰寫職位說明書(增訂二版)	400 元
314	客戶拒絕就是銷售成功的開始	400 元
315	如何選人、育人、用人、留人、辭人	400 元
316	危機管理案例精華	400 元
317	節約的都是利潤	400 元
318	企業盈利模式	400 元
319	應收帳款的管理與催收	420 元
320	總經理手冊	420 元
321	新產品銷售一定成功	420 元
322	銷售獎勵辦法	420 元
323	財務主管工作手冊	420 元
324	降低人力成本	420 元
325	企業如何制度化	420 元
326	終端零售店管理手冊	420 元
327	客戶管理應用技巧	420 元
328	如何撰寫商業計畫書（增訂二版）	420 元
329	利潤中心制度運作技巧	420 元
330	企業要注重現金流	420 元
331	經銷商管理實務	450 元
332	內部控制規範手冊（增訂二版）	420 元
333	人力資源部流程規範化管理（增訂五版）	420 元
334	各部門年度計劃工作（增訂三版）	420 元
335	人力資源部官司案件大公開	420 元
336	高效率的會議技巧	420 元
337	企業經營計劃〈增訂三版〉	420 元
338	商業簡報技巧（增訂二版）	420 元
339	企業診斷實務	450 元
340	總務部門重點工作（增訂四版）	450 元

《商店叢書》

18	店員推銷技巧	360 元
30	特許連鎖業經營技巧	360 元
35	商店標準操作流程	360 元
36	商店導購口才專業培訓	360 元

37	速食店操作手冊〈增訂二版〉	360 元
38	網路商店創業手冊〈增訂二版〉	360 元
40	商店診斷實務	360 元
41	店鋪商品管理手冊	360 元
42	店員操作手冊（增訂三版）	360 元
44	店長如何提升業績〈增訂二版〉	360 元
45	向肯德基學習連鎖經營〈增訂二版〉	360 元
47	賣場如何經營會員制俱樂部	360 元
48	賣場銷量神奇交叉分析	360 元
49	商場促銷法寶	360 元
53	餐飲業工作規範	360 元
54	有效的店員銷售技巧	360 元
55	如何開創連鎖體系〈增訂三版〉	360 元
56	開一家穩賺不賠的網路商店	360 元
58	商鋪業績提升技巧	360 元
59	店員工作規範（增訂二版）	400 元
61	架設強大的連鎖總部	400 元
62	餐飲業經營技巧	400 元
64	賣場管理督導手冊	420 元
65	連鎖店督導師手冊（增訂二版）	420 元
67	店長數據化管理技巧	420 元
69	連鎖業商品開發與物流配送	420 元
70	連鎖業加盟招商與培訓作法	420 元
71	金牌店員內部培訓手冊	420 元
72	如何撰寫連鎖業營運手冊〈增訂三版〉	420 元
73	店長操作手冊（增訂七版）	420 元
74	連鎖企業如何取得投資公司注入資金	420 元
75	特許連鎖業加盟合約（增訂二版）	420 元
76	實體商店如何提昇業績	420 元
77	連鎖店操作手冊（增訂六版）	420 元
78	快速架設連鎖加盟帝國	450 元
79	連鎖業開店複製流程（增訂二版）	450 元
80	開店創業手冊〈增訂五版〉	450 元
81	餐飲業如何提昇業績	450 元

《工廠叢書》

15	工廠設備維護手冊	380 元
16	品管圈活動指南	380 元
17	品管圈推動實務	380 元
20	如何推動提案制度	380 元
24	六西格瑪管理手冊	380 元
30	生產績效診斷與評估	380 元
32	如何藉助 IE 提升業績	380 元
46	降低生產成本	380 元
47	物流配送績效管理	380 元
51	透視流程改善技巧	380 元
55	企業標準化的創建與推動	380 元
56	精細化生產管理	380 元
57	品質管制手法〈增訂二版〉	380 元
58	如何改善生產績效〈增訂二版〉	380 元
68	打造一流的生產作業廠區	380 元
70	如何控制不良品〈增訂二版〉	380 元
71	全面消除生產浪費	380 元
72	現場工程改善應用手冊	380 元
77	確保新產品開發成功（增訂四版）	380 元
79	6S 管理運作技巧	380 元
84	供應商管理手冊	380 元
85	採購管理工作細則〈增訂二版〉	380 元
88	豐田現場管理技巧	380 元
89	生產現場管理實戰案例〈增訂三版〉	380 元
92	生產主管操作手冊(增訂五版)	420 元
93	機器設備維護管理工具書	420 元
94	如何解決工廠問題	420 元
96	生產訂單運作方式與變更管理	420 元
97	商品管理流程控制(增訂四版)	420 元
101	如何預防採購舞弊	420 元
102	生產主管工作技巧	420 元
103	工廠管理標準作業流程〈增訂三版〉	420 元

105	生產計劃的規劃與執行（增訂二版）	420 元
107	如何推動 5S 管理（增訂六版）	420 元
108	物料管理控制實務〈增訂三版〉	420 元
111	品管部操作規範	420 元
112	採購管理實務〈增訂八版〉	420 元
113	企業如何實施目視管理	420 元
114	如何診斷企業生產狀況	420 元
115	採購談判與議價技巧〈增訂四版〉	450 元
116	如何管理倉庫〈增訂十版〉	450 元
117	部門績效考核的量化管理（增訂八版）	450 元

《醫學保健叢書》

1	9 週加強免疫能力	320 元
3	如何克服失眠	320 元
5	減肥瘦身一定成功	360 元
6	輕鬆懷孕手冊	360 元
7	育兒保健手冊	360 元
8	輕鬆坐月子	360 元
11	排毒養生方法	360 元
13	排除體內毒素	360 元
14	排除便秘困擾	360 元
15	維生素保健全書	360 元
16	腎臟病患者的治療與保健	360 元
17	肝病患者的治療與保健	360 元
18	糖尿病患者的治療與保健	360 元
19	高血壓患者的治療與保健	360 元
22	給老爸老媽的保健全書	360 元
23	如何降低高血壓	360 元
24	如何治療糖尿病	360 元
25	如何降低膽固醇	360 元
26	人體器官使用說明書	360 元
27	這樣喝水最健康	360 元
28	輕鬆排毒方法	360 元
29	中醫養生手冊	360 元
30	孕婦手冊	360 元
31	育兒手冊	360 元
32	幾千年的中醫養生方法	360 元
34	糖尿病治療全書	360 元
35	活到 120 歲的飲食方法	360 元
36	7 天克服便秘	360 元
37	為長壽做準備	360 元
39	拒絕三高有方法	360 元
40	一定要懷孕	360 元
41	提高免疫力可抵抗癌症	360 元
42	生男生女有技巧〈增訂三版〉	360 元

《培訓叢書》

11	培訓師的現場培訓技巧	360 元
12	培訓師的演講技巧	360 元
15	戶外培訓活動實施技巧	360 元
17	針對部門主管的培訓遊戲	360 元
21	培訓部門經理操作手冊（增訂三版）	360 元
23	培訓部門流程規範化管理	360 元
24	領導技巧培訓遊戲	360 元
26	提升服務品質培訓遊戲	360 元
27	執行能力培訓遊戲	360 元
28	企業如何培訓內部講師	360 元
31	激勵員工培訓遊戲	420 元
32	企業培訓活動的破冰遊戲（增訂二版）	420 元
33	解決問題能力培訓遊戲	420 元
34	情商管理培訓遊戲	420 元
35	企業培訓遊戲大全（增訂四版）	420 元
36	銷售部門培訓遊戲綜合本	420 元
37	溝通能力培訓遊戲	420 元
38	如何建立內部培訓體系	420 元
39	團隊合作培訓遊戲（增訂四版）	420 元
40	培訓師手冊（增訂六版）	420 元

《傳銷叢書》

4	傳銷致富	360 元
5	傳銷培訓課程	360 元
10	頂尖傳銷術	360 元
12	現在輪到你成功	350 元
13	鑽石傳銷商培訓手冊	350 元
14	傳銷皇帝的激勵技巧	360 元
15	傳銷皇帝的溝通技巧	360 元
19	傳銷分享會運作範例	360 元

20	傳銷成功技巧（增訂五版）	400 元
21	傳銷領袖（增訂二版）	400 元
22	傳銷話術	400 元
23	如何傳銷邀約	400 元

《幼兒培育叢書》

1	如何培育傑出子女	360 元
2	培育財富子女	360 元
3	如何激發孩子的學習潛能	360 元
4	鼓勵孩子	360 元
5	別溺愛孩子	360 元
6	孩子考第一名	360 元
7	父母要如何與孩子溝通	360 元
8	父母要如何培養孩子的好習慣	360 元
9	父母要如何激發孩子學習潛能	360 元
10	如何讓孩子變得堅強自信	360 元

《成功叢書》

1	猶太富翁經商智慧	360 元
2	致富鑽石法則	360 元
3	發現財富密碼	360 元

《企業傳記叢書》

1	零售巨人沃爾瑪	360 元
2	大型企業失敗啟示錄	360 元
3	企業併購始祖洛克菲勒	360 元
4	透視戴爾經營技巧	360 元
5	亞馬遜網路書店傳奇	360 元
6	動物智慧的企業競爭啟示	320 元
7	CEO 拯救企業	360 元
8	世界首富　宜家王國	360 元
9	航空巨人波音傳奇	360 元
10	傳媒併購大亨	360 元

《智慧叢書》

1	禪的智慧	360 元
2	生活禪	360 元
3	易經的智慧	360 元
4	禪的管理大智慧	360 元
5	改變命運的人生智慧	360 元
6	如何吸取中庸智慧	360 元
7	如何吸取老子智慧	360 元
8	如何吸取易經智慧	360 元
9	經濟大崩潰	360 元
10	有趣的生活經濟學	360 元
11	低調才是大智慧	360 元

《DIY 叢書》

1	居家節約竅門 DIY	360 元
2	愛護汽車 DIY	360 元
3	現代居家風水 DIY	360 元
4	居家收納整理 DIY	360 元
5	廚房竅門 DIY	360 元
6	家庭裝修 DIY	360 元
7	省油大作戰	360 元

《財務管理叢書》

1	如何編制部門年度預算	360 元
2	財務查帳技巧	360 元
3	財務經理手冊	360 元
4	財務診斷技巧	360 元
5	內部控制實務	360 元
6	財務管理制度化	360 元
8	財務部流程規範化管理	360 元
9	如何推動利潤中心制度	360 元

為方便讀者選購，本公司將一部分上述圖書又加以專門分類如下：

《主管叢書》

1	部門主管手冊（增訂五版）	360 元
2	總經理手冊	420 元
4	生產主管操作手冊（增訂五版）	420 元
5	店長操作手冊（增訂六版）	420 元
6	財務經理手冊	360 元
7	人事經理操作手冊	360 元
8	行銷總監工作指引	360 元
9	行銷總監實戰案例	360 元

《總經理叢書》

1	總經理如何經營公司(增訂二版)	360 元
2	總經理如何管理公司	360 元
3	總經理如何領導成功團隊	360 元
4	總經理如何熟悉財務控制	360 元
5	總經理如何靈活調動資金	360 元
6	總經理手冊	420 元

《人事管理叢書》

1	人事經理操作手冊	360 元

2	員工招聘操作手冊	360 元
3	員工招聘性向測試方法	360 元
5	總務部門重點工作（增訂三版）	400 元
6	如何識別人才	360 元
7	如何處理員工離職問題	360 元
8	人力資源部流程規範化管理（增訂四版）	420 元
9	面試主考官工作實務	360 元
10	主管如何激勵部屬	360 元
11	主管必備的授權技巧	360 元
12	部門主管手冊（增訂五版）	360 元

《理財叢書》

1	巴菲特股票投資忠告	360 元
2	受益一生的投資理財	360 元
3	終身理財計劃	360 元
4	如何投資黃金	360 元
5	巴菲特投資必贏技巧	360 元
6	投資基金賺錢方法	360 元
7	索羅斯的基金投資必贏忠告	360 元
8	巴菲特為何投資比亞迪	360 元

《網路行銷叢書》

1	網路商店創業手冊〈增訂二版〉	360 元
2	網路商店管理手冊	360 元
3	網路行銷技巧	360 元
4	商業網站成功密碼	360 元
5	電子郵件成功技巧	360 元
6	搜索引擎行銷	360 元

《企業計劃叢書》

1	企業經營計劃〈增訂二版〉	360 元
2	各部門年度計劃工作	360 元
3	各部門編制預算工作	360 元
4	經營分析	360 元
5	企業戰略執行手冊	360 元

請保留此圖書目錄：

未來在長遠的工作上，此圖書目錄可能會對您有幫助！！

在海外出差的……

台灣上班族

愈來愈多的台灣上班族，到大陸工作（或出差），對工作的努力與敬業，是台灣上班族的核心競爭力；一個明顯的例子，返台休假期間，台灣上班族都會抽空再買書，設法充實自身專業能力。

［**憲業企管顧問公司**］以專業立場，為企業界提供最專業的各種經營管理類圖書。

85%的台灣上班族都曾經有過購買（或閱讀）［**憲業企管顧問公司**］所出版的各種企管圖書。

尤其是在競爭激烈或經濟不景氣時，更要加強投資在自己的專業能力，建議你：

工作之餘要多看書，加強競爭力。

給總經理的話

總經理公事繁忙，還要設法擠出時間，赴外上課進修學習，努力不懈，力爭上游。

總經理拚命充電，但是員工呢？

公司的執行仍然要靠員工，為什麼不要讓員工一起進修學習呢？

買幾本好書，交待員工一起讀書，或是買好書送給員工當禮品。簡單、立刻可行，多好的事！

商店叢書 (81)　　售價：450 元

餐飲業如何提昇業績

西元二〇二一年八月　　初版一刷

編輯指導：黃憲仁

編著：吳應權

策劃：麥可國際出版有限公司（新加坡）

編輯：蕭玲

校對：劉飛娟

發行人：黃憲仁

發行所：憲業企管顧問有限公司

電話：(02) 2762-2241　(03) 9310960　0930872873

電子郵件聯絡信箱：huang2838@yahoo.com.tw

銀行 ATM 轉帳：合作金庫銀行　帳號：5034-717-347447

郵政劃撥：18410591　憲業企管顧問有限公司

登記證：行政業新聞局版台業字第 6380 號

本公司徵求海外版權出版代理商（0930872873）

本圖書是由憲業企管顧問（集團）公司所出版，以專業立場，為企業界提供最專業的各種經營管理類圖書。

圖書編號 ISBN：978-986-369-101-3